高职高专“十二五”规划教材

啤酒生产技术

● 姜淑荣 主编

● 肖和云 主审

化学工业出版社

·北京·

内 容 提 要

本教材以啤酒生产过程为主线，以啤酒生产各工序即啤酒生产原辅料、麦芽制备技术、麦汁制备技术、啤酒发酵技术、成品啤酒的操作原理、设备、技术参数控制及操作方法为主要内容。教材由啤酒生产企业工程师及具有企业实践经历的教师共同设计，以当前实际的啤酒生产技术和技能运用为对象，按照啤酒生产的工艺过程对教学内容进行组织，清晰、合理地表述与啤酒生产相符的技能与操作的细节，贴近技术、贴近生产、贴近工艺，尽可能地使教材的内容与真实的工艺流程一致，保证教材的针对性和职业性。本教材插入大量啤酒生产相应设备图，图文并茂，将适度的理论与实际操作紧密结合。

本教材是高职高专食品类专业、成人高校相关专业的教学用书，也可作为啤酒工厂工程技术人员的参考书。

图书在版编目（CIP）数据

啤酒生产技术/姜淑荣主编. —北京：化学工业出版社，2012.4（2024.2重印）
高职高专“十二五”规划教材
ISBN 978-7-122-13705-0

Ⅰ.①啤… Ⅱ.①姜… Ⅲ.①啤酒酿造-高等职业教育-教材 Ⅳ.①TS262.5

中国版本图书馆CIP数据核字（2012）第034903号

责任编辑：李植峰 刘阿娜　　文字编辑：汲永臻
责任校对：宋 夏　　装帧设计：关 飞

出版发行：化学工业出版社（北京市东城区青年湖南街13号 邮政编码100011）
印 装：北京盛通数码印刷有限公司
787mm×1092mm 1/16 印张12 字数291千字 2024年2月北京第1版第7次印刷

购书咨询：010-64518888　　售后服务：010-64518899
网 址：http://www.cip.com.cn
凡购买本书，如有缺损质量问题，本社销售中心负责调换。

定 价：38.00元

《啤酒生产技术》编写人员

主　　编　姜淑荣

副 主 编　李成刚

编写人员　（按姓名汉语拼音排列）

姜淑荣（黑龙江旅游职业技术学院）

李金宝（黑龙江生物科技职业学院）

李成刚（黑龙江旅游职业技术学院）

王　弓（呼和浩特市制酒厂）

主　　审　肖和云（哈尔滨啤酒集团）

前 言

啤酒生产技术是高职高专食品类专业一门重要的专业技术课程。本教材以啤酒生产过程为主线，以啤酒生产各工序即啤酒生产原辅料，麦芽制备技术，麦汁制备技术，啤酒发酵技术，成品啤酒的操作原理、设备、技术参数控制及操作方法为主要内容，在编写过程中主要突出了如下特点。

1. 教材内容选取特点

教材的体例和内容设计以当前实际的啤酒生产技术和技能运用为对象，按照啤酒生产的工艺过程对教学内容进行组织，清晰、合理地表述与啤酒生产相符的技能与操作的细节，贴近技术、贴近生产、贴近工艺，尽可能地使教材的内容与真实的工艺流程一致，保证教材的针对性和职业性。

2. 教材编写特点

本教材插入大量啤酒生产相应设备图，体现了图文并茂、文字与真切的图像相结合、适度的理论与实际操作相结合等特点，强调理论的直接运用，把握好理论够用、实用，最大限度地方便教学，讲求教学效果。

3. 教材编写人员组成特点

本教材编写人员由啤酒生产企业工程师及具有企业实践经历的教师组成，突出了工学结合、校企合作的高职教育特色，保证了教材的实用性。

本教材是高职高专食品类专业、成人高校相关专业的教学用书，同时本教材为模块式教材，各单元既相互联系，又相对独立，每一单元都可以作为独立的教材使用，因此也可作为啤酒工厂工程技术人员的工作参考书。

本教材由黑龙江旅游职业技术学院姜淑荣任主编，李成刚任副主编。全书共分六章。其中，第一章、第四章由黑龙江旅游职业技术学院姜淑荣编写；第二章、第六章由黑龙江生物科技职业学院李金宝编写；第三章由黑龙江旅游职业技术学院李成刚编写；第五章由呼和浩特市制酒厂工程师王弓编写。

本教材特邀哈尔滨啤酒集团质量总监、高级工程师肖和云担任主审，在此深表谢意。

本教材在编写过程中参考了同仁公开出版的文献资料，在此，向这些作者致以衷心的感谢！

由于编者水平有限，不足之处在所难免，敬请读者批评指正。

编者

2012 年 1 月

前言

目 录

第一章 啤酒概论

学习目标

- 了解啤酒生产工艺流程；中国啤酒发展简史。
- 掌握啤酒的定义；啤酒的营养价值。
- 熟悉啤酒的分类方法。

第一节 啤酒工业发展简史

一、啤酒的起源

啤酒是一种很古老的酒，是当今世界上产量最大的酒。啤酒最早出现于公元前3000年左右的古埃及和美索不达米亚（今伊拉克）地区，这一历史事实可以在王墓的墓壁上得以证实。史料记载，当时啤酒的制作只是将发芽的大麦制成面包，再将面包磨碎，置于敞口的缸中，让空气中的酵母菌进入缸中进行发酵，制成原始啤酒。

古代原始啤酒的特点：

(1) 利用空气中的酵母自然发酵而成的浊酒（今比利时、德国）。

(2) 不用酒花而用不同种类的香料和草药，可加糖、柠檬，自加自饮。

公元6世纪，啤酒的制作方法由埃及经北非、伊比利亚半岛、法国传入德国。那时啤酒的制作主要在教堂、修道院中进行。

公元11世纪，啤酒花由斯拉夫人用于啤酒制作。

1480年，以德国南部为中心，发展出了下面发酵法，啤酒质量有了大幅提高，啤酒制造业空前发展。

1516年，由巴伐利亚公国的威廉四世提出世界著名的“啤酒纯粹法”。

1800年，随着蒸汽机的发明，啤酒生产中大部分实现了机械化，产量得到了提高，质量比较稳定，价格较便宜。

1830年，德国的啤酒技术人员分布到了欧洲各地，将啤酒工艺传播到全世界。

1850～1880年，法国巴斯德确定了微生物的生理学观点，得出了发酵的本质是由微生物进行的一种化学变化的结论，并创立了巴斯德灭菌法。

1878年丹麦的汉逊确定了啤酒酵母的纯粹培养法，冷冻机也开始应用，从此，啤酒酿造逐步进入工业化时代，啤酒学作为一项科学技术在世界上设立了啤酒研究机构。

二、中国啤酒工业发展简史

啤酒属外来酒种，于19世纪末传入中国，并逐渐发展壮大，进入国际市场，其发展历程如下：1900年俄国人在哈尔滨首先建立了中国最早的啤酒厂乌卢布列希夫斯基啤酒厂；1903年捷克人在哈尔滨建立了东巴伐利亚啤酒厂；1903年德国人和英国人合营在青岛建立了英德啤酒公司（青岛啤酒厂前身）；此后，不少外国人在东北、天津、上海、北京等地建厂，如1910年法国人在上海建立了国民啤酒厂（上海啤酒厂前身），1920年丹麦在上海建立了斯堪的那维亚啤酒厂，1936 年日本在沈阳先后建了三个啤酒厂，分别是太阳啤酒厂、麒麟啤酒厂（沈阳啤酒厂前身）和亚细亚啤酒厂（沈阳酿酒厂前身），1936 年，英商怡和洋行在上海创建了怡和啤酒厂（华光啤酒厂前身），1941 年，日本在北京建了北京啤酒厂等，这些酒厂分别由俄国、德国、日本等国商人经营。

中国最早自建的啤酒厂是1904 年在哈尔滨建立的东北三省啤酒厂，1915 年建立的北京双合盛啤酒厂，1920 年建立的山东烟台醴泉啤酒厂（烟台啤酒厂前身），1935 年建立的广州五羊啤酒厂（广州啤酒厂前身）。当时中国的啤酒业发展缓慢，分布不广，产量不大，生产技术掌握在外国人手中，生产原料麦芽和酒花都依靠进口，1949 年以前，全国啤酒厂不到十家，总产量不足万吨，1949 年后，中国啤酒工业发展较快，并逐步摆脱了原料依赖进口的落后状态，至 1988 年全国有啤酒生产企业 813 家，1990 年后，啤酒生产企业的规模不断扩大，数量逐渐减少，至 1996 年企业数减少到 589 家。1985 年全国啤酒产量 310.4 万吨，1990 年 692.1 万吨，1995 年 1568.6 万吨，每五年啤酒产量的增幅都是翻一番还多，1995～2000 年的 5 年中啤酒产量每年以 100 多万吨的速度增长，2001 年至 2010 年，啤酒产量连续 10 年稳居全球最大产量规模，2010 年啤酒产量为 4483.04 万吨，2011 年 1～11 月份，全国啤酒产量达 4610 万吨，同比增长 9.87%。

三、啤酒行业现状及发展趋势

（一）我国啤酒行业现状

我国啤酒产量已连续多年保持世界第一，是世界上啤酒市场增长最快的地区之一。

自 20 世纪 90 年代以来，中国啤酒行业进入了快速发展的阶段，行业发展至今，中国的啤酒产量和人均消费量均有大幅度提升。世界前十大啤酒消费市场如图 1-1 所示。

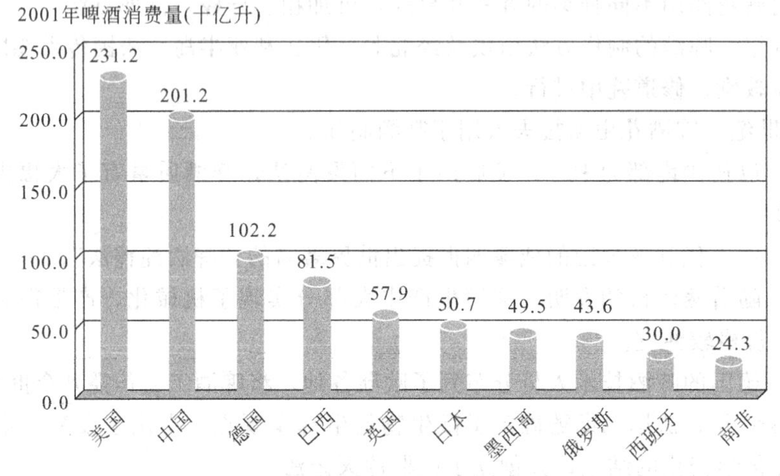

图 1-1　世界前十大啤酒消费市场

综观我国啤酒行业，可以发现在改革开放以后涌现出了一大批具有品牌、技术、装备、管理等综合优势的优秀企业，如“青啤”、“燕京”、“华润”、“哈啤”等国内外的知名企业，但与啤酒发达国家相比，在集团化、规模化、质量、效益、品牌等方面还比较落后。

1. 我国啤酒厂的企业规模普遍偏小

由于个别啤酒厂规模太小，投资低，装备水平较为落后，再加上管理不善、产品质量不稳定，这类企业大多处于被淘汰的边缘，经济效益十分不理想。

2. 技术经济指标同世界先进国家相比，还存在一定差距我国啤酒厂在防止泡、冒、滴、漏、废水再循环使用，煮沸二次蒸汽的回收，热能回收，改蒸汽发生炉为高压热水炉，全厂计算机控制等方面与啤酒发达国家相比均存在较大的差距。

3. 机械装备水平不高

一些啤酒生产企业由于建厂时条件所限，设备陈旧、老化，生产能力不足，自动化程度不高，工艺落后；又由于缺乏资金，不能添置新的仪器与设备，更无法进行扩建。

4. 科研水平不高

随着啤酒工业的发展，我国啤酒生产技术水平显著提高，但是研究水平和技术储备水平较低，新的超前课题很少，这同科研经费短缺和国家安排科研项目投入计划有关，而企业在这方面的投入也非常少，因而严重影响了高水平、较长远课题的研究工作。

5. 环保问题亟待解决

目前国内对啤酒生产造成的废气、废渣以及噪声的污染还没有引起人们足够的重视，如煮沸时排放废气，工厂瓶装车间、压缩机等产生噪声，碎瓶、废瓶、再制瓶等的有效治理还未得到足够的重视和应用。现在，我国大中型啤酒企业也开始治理污染，主要进行废水污染的处理，但与国际水平相比仍有很大差距。

(二) 我国啤酒发展趋势

随着中国成为世界第一大啤酒生产国和最重要的消费市场，外资开始加大对中国市场的投资力度，世界三大啤酒巨头在中国市场的攻势引起业界广泛关注。中国啤酒企业将进入一个不出国门的国际竞争时代，各大企业之间将由过去的产品、质量、服务竞争上升到品牌、战略、资本竞争的层面，而与此同时，中小企业在巨头竞争的夹缝中将面临被淘汰的危险。中国啤酒产业的整合刚刚拉开序幕。

中国啤酒行业向集团化、规模化迈进，啤酒企业向现代化、信息化迈进；除产品制造外，品牌和资本越来越显现其重要性；外资对中国啤酒行业的影响已经向纵深发展，表现出积极的作用，使中国啤酒业加快和国际接轨的步伐。中国啤酒业发展趋势如下。

1. 企业并购潮进一步高涨，产业集中度进一步提高

中国啤酒产业正向垄断竞争和寡头竞争阶段发展，所以今后产业内的并购仍将继续，而且并购的规模会越来越大。并购潮的进一步高涨将加速中国啤酒产业向规模化、集团化的方向快速发展，企业数量会继续下降。

2. 行业寡头逐渐形成

在未来十年内经过进一步的规模整合后，将形成青啤、燕京、华润、珠啤、哈啤、金星等十家左右的大型企业集团垄断国内啤酒市场的局面。

3. 竞争日趋国际化

自从中国加入了WTO之后，国内的政治和经济体制都发生了较大的变化，政府职能进一步转化，市场经济体系逐步得到了完善，这些都为国际资本进入中国啤酒市场提供了一个宽松的外部环境。国外资本运用其在管理和市场方面丰富的经验进一步加大了在中国啤酒产业方面的投资。如朝日啤酒株式会社除了与青啤合作之外，还将进一步投资使朝日（中国）国际啤酒有限公司的生产能力快速提升，华润及外资合作伙伴 SAB 公司将联手增资 20 亿元用于今后 5 年内在中国啤酒收购预算；英特布鲁公司入股珠啤后，又放言中国的二线啤酒企业都将可能是其下一步的收购对象；麒麟、札幌啤酒也在加紧实施在中国的增产计划。随着青啤、燕啤等民族啤酒企业的快速发展，在不断巩固国内市场的同时，也会进一步加快国际

化战略实施步伐。一方面青啤、燕啤等著名品牌的出口量会不断增长；另一方面青啤、燕啤海外生产基地的建设速度会进一步加快，尤其是青啤在东南亚、非洲、美国海外企业健康发展的基础上，将会在进一步增加海外投资。

4. 一业为主，多元发展化

大多数啤酒企业集团开始积极实施多元化战略，在把啤酒业做强的同时依靠自己优势进入其他行业进行多元化发展。如青啤已经进入茶饮料业和葡萄酒业，燕啤进入生物制药业，蓝剑下属20多家其他产业等。

5. 管理信息化

知识经济时代，企业对信息的利用效率和程度成为提高企业竞争力的重要方面，啤酒企业对加快企业信息化建设更加重视，一方面加快内部信息化建设，如青啤、珠啤、燕啤、哈啤投资数千万元上ERP系统，许多企业建立内部局域网等；另一方面加快外部信息沟通和利用。更多的企业成立信息中心，加强对外部商业情报的收集分析和利用。

6. 工艺技术现代化

科学技术永远是第一生产力，加快科技进步是啤酒企业未来竞争的焦点之一。在纯生技术进步的同时，啤酒企业会在啤酒保鲜度、延长保鲜期等方面进行科技创新。

7. 产品多样化，结构合理化

传统的普通啤酒虽然依然会是主流，但随着消费需求的多样化和个性化，越来越多的个性化产品会不断出现。功能性保健啤酒、果汁啤酒、无醇啤酒等特色啤酒的消费量会越来越大。虽然在产业成长阶段，由于市场需求力旺盛，众多的啤酒企业都非常热衷于产品档次系列化和产品品种多样化，大量新产品不断上市，同时由于许多企业在新产品的开发上没有认真地研究市场的有效需求，部分产品上市后并没有达到预期的消费需求量，还有的企业是新瓶装旧酒，只是在做包装翻新的游戏，产品内在本质没有变化，并没有受到消费者的欢迎。品种过杂、过滥使许多企业产品特色和品牌形象不突出，影响了企业的市场竞争力的有效提高。但在产业成熟期环境下，这种情况开始发生变化，产品结构开始趋于合理。因为，这一时期随着市场竞争程度的加剧，企业更加注重以消费者的需求为新产品开发的根本出发点，企业开始不断地从产品系列中删除那些没有利润和市场需求低下的产品，努力使产品结构合理化。

第二节　啤酒的类型

一、啤酒的定义

啤酒是根据英语“Beer”译成中文“啤”，称其为“啤酒”。啤酒是以麦芽为主要原料，以大米或其他谷物为辅助原料，加啤酒花（包括酒花制品），经酵母发酵酿制而成的含有二氧化碳、起泡的、低酒精度的发酵酒。

二、啤酒度数的表示方法

啤酒度数有两种表示方法，即原麦汁浓度表示法和酒精度表示法。

原麦汁浓度是指麦汁进入发酵罐时的浓度，原麦汁浓度的国际通用表示单位为柏拉图度，符号为°P，即表示100g麦汁中含有浸出物的克数。

酒精度是指啤酒中乙醇的百分含量。酒精度的表示方法有两种，即：体积分数（%）表示法和质量分数（%）表示法。

三、啤酒的类型

（一）根据所用原料分类

1. 加辅料啤酒

加辅料啤酒是指啤酒生产所用原料除麦芽外，还加入其他谷物作为辅助原料，利用浸出或煮出糖化法酿制的啤酒。

2. 全麦芽啤酒

全麦芽啤酒是指啤酒生产所用原料全部采用麦芽，不添加任何辅料，采用浸出或煮出糖化法酿制的啤酒。

3. 小麦啤酒

小麦啤酒又称白啤酒。是以小麦为主要原料（占总原料40%以上），采用上面发酵法或下面发酵法酿制的啤酒。

（二）按原麦汁浓度分类

1. 低浓度啤酒

原麦汁浓度低于7°P。

2. 中浓度啤酒

原麦汁浓度7～11°P。

3. 高浓度啤酒

原麦汁浓度12°P以上。

（三）按酵母性质分类

1. 上面发酵啤酒

上面酵母是指在发酵结束时酵母浮在发酵液上面的一类酵母，用这类酵母发酵生产的啤酒叫上面发酵啤酒。用此法酿制的啤酒典型代表是国际上最畅销的英国爱尔淡色啤酒、爱尔浓色啤酒。

2. 下面发酵啤酒

下面酵母是指发酵结束时酵母凝聚沉于器底，形成紧密层的一类酵母，用这类酵母发酵生产的啤酒叫下面发酵啤酒。用此法酿制的啤酒国际上有捷克的比尔森淡色啤酒、德国慕尼黑黑色啤酒。我国绝大多数啤酒属这类啤酒。

（四）按生产方式分类

1. 鲜啤酒

鲜啤酒是指不经巴氏杀菌或瞬时高温灭菌，成品中允许含有一定量活酵母菌，达到一定生物稳定性的啤酒。

2. 扎啤

经瞬时高温灭菌达到一定生物稳定性，冷却注入封闭不锈钢桶，使用制冷机出售，既有低温特色，又保留鲜啤酒（Draught Beer）的营养、风味，所以中国人取其英文谐音称为“扎啤”。

3. 熟啤酒

熟啤酒是指经巴氏杀菌或瞬时高温灭菌的瓶装、听装啤酒。

4. 纯生啤酒（生啤酒）

纯生啤酒是指啤酒包装后，不经巴氏杀菌或瞬时高温灭菌，而采用物理方法进行无菌过滤（微孔薄膜过滤）及无菌灌装，从而达到一定生物、非生物和风味稳定性的啤酒。

（五）按啤酒的色泽分类

1. 淡色啤酒

淡色啤酒的色泽呈淡黄或金黄色，色度为2.0～14.0EBC。以捷克的比尔森啤酒为典型代表。

2. 浓色啤酒

浓色啤酒的色泽呈红褐色或红棕色，色度为15.0～40.0EBC。这类啤酒麦芽香味突出，回味醇厚，苦味较轻。

3. 黑色啤酒

黑色啤酒的色泽多呈红褐色乃至黑褐色，色度≥41.0EBC。这类啤酒麦芽香味突出，回味醇厚，泡沫细腻，苦味则根据产品类型有较大的区别。以德国的慕尼黑啤酒为代表。

（六）按包装容器分类

1. 瓶装啤酒

瓶装啤酒所用瓶制材料为玻璃瓶，中国瓶装啤酒主要有640mL、500mL、350mL及330mL等规格。

2. 听装啤酒

听装啤酒所用罐制材料一般为铝合金或马口铁，灌装啤酒规格主要有355mL、500mL两种，以355mL为多。

3. 桶装啤酒

扎啤和鲜啤适于桶装，桶装啤酒所用桶一般有木桶、铝桶、塑料桶、不锈钢桶。

（七）特种啤酒

特种啤酒是指由于原辅料、工艺的改变，使之具有特殊风格的啤酒。

1. 低醇啤酒

酒精度为0.6%～2.5%（体积分数）的啤酒。

2. 无醇啤酒

酒精度≤0.5%（体积分数）、原麦汁浓度≥3.0°P的啤酒。

3. 干啤酒

真正发酵度不低于72%，口味干爽的啤酒。

4. 冰啤酒

将过滤前的啤酒经过专门的冷冻设备进行超冷冻处理（冷冻至冰点以下），使啤酒出现细小冰晶，然后经过过滤，将冰晶过滤除去的啤酒。

5. 头道麦芽汁啤酒

利用过滤所得到的麦芽汁直接进行发酵，不掺入冲洗残糖的二道麦芽汁。

6. 果蔬类啤酒

在后酵中加入菠萝、葡萄或沙拉等提取液，使啤酒有酸甜感，富含多种维生素、氨基酸，酒液清亮，泡沫洁白细腻，属于天然果汁饮料型啤酒。

7. 暖啤酒

后酵中加入姜汁或枸杞，有预防感冒和胃寒的作用。

8. 浑浊啤酒

在成品中含有一定量的酵母菌或显示特殊风味的胶体物质，浊度≥2.0EBC 的啤酒。

9. 绿啤酒

在啤酒中加入天然螺旋藻提取液，富含氨基酸和微量元素，啤酒呈绿色。

第三节　啤酒的成分及营养价值

一、啤酒的主要成分

啤酒除含有酒精和二氧化碳外，还含有糖类、多种氨基酸、维生素、无机盐等成分。以 12°P 啤酒为例，其主要成分如下：酒精 3.5%～4.0%，浸出物 4.0%～4.5%，浸出物中 80%为糖类物质（绝大部分是糊精，其次是寡糖，可发酵性糖很少），8%～10%是含氮物质（包括蛋白质、蛋白胨、多肽、氨基酸等），3%～4%是矿物质（包括钙、磷、钾、钠、镁等无机盐）；二氧化碳含量为 0.35%～0.45%，此外，啤酒中还含有高级醇、乙醛、有机酸、酯类、苦味质、色素、双乙酰等各种风味物质。

二、啤酒的营养价值

啤酒因营养丰富，而有“液体面包”之称，在 1972 年墨西哥召开的世界第九次营养食品会议上，被推荐为营养食品。

啤酒是一种营养丰富的低酒精饮料，啤酒的营养价值来源于啤酒中所含有的能发热的碳水化合物、含氮化合物、维生素和矿物质等成分。

以 1L 12°P 啤酒为例，1L 啤酒中所含碳水化合物可提供 1800kJ 热能，它相当于 6～7 个鸡蛋，800mL 牛奶，500g 马铃薯或 250g 面包所产生的热量；所含蛋白质提供的热量相当于 25g 牛肉，60g 面包或 120g 牛奶所产生的热量；啤酒中含 17 种有氨基酸，人体所需的 8 种必需氨基酸均含有（除色氨酸外）；啤酒中含有的磷酸盐等矿物质是人体不可缺少的营养素；啤酒中维生素含量丰富，主要有维生素 B_1、维生素 B_2、维生素 B_6、维生素 B_{12}、烟酸、泛酸、叶酸、生物素、肌醇、胆碱、对氨基苯甲酸等 11 种，啤酒中的维生素具有增进食欲、帮助消化的作用，其中烟酸有软化血管的作用，并有助于降低血压及利尿作用；啤酒中含有的少量酒精，不仅可提供热能，而且有促进血液循环和刺激胃液分泌、帮助消化的功能；啤酒所含的二氧化碳与酒花的爽快的苦味相结合，具有消暑解热、生津止渴和帮助消化之功效。

第四节　啤酒生产工艺简介

啤酒生产分为麦芽制备、麦汁制备、啤酒发酵及包装四个部分。啤酒生产工艺流程如图 1-2 所示。

麦芽制备是大（小）麦经过浸麦、发芽、绿麦芽干燥及干燥麦芽除根等一系列加工制成麦芽的过程；麦汁制备是将固体的原辅料通过粉碎、糊化、糖化、过滤、煮沸、麦汁后处理等过程制成具有固定组成的成品麦汁；啤酒发酵是将麦汁冷却至规定的温度后送入发酵罐，并接入一定量的啤酒酵母进行发酵；发酵成熟啤酒经过一段时间的低温贮存，大部分蛋白质和酵母已经沉淀，这些物质会对啤酒的质量产生不良影响，因此，后酵结束，要对啤酒进行过滤，使成品啤酒澄清透明并富有光泽，然后，按照所生产的啤酒类型进行相应处理及包装。

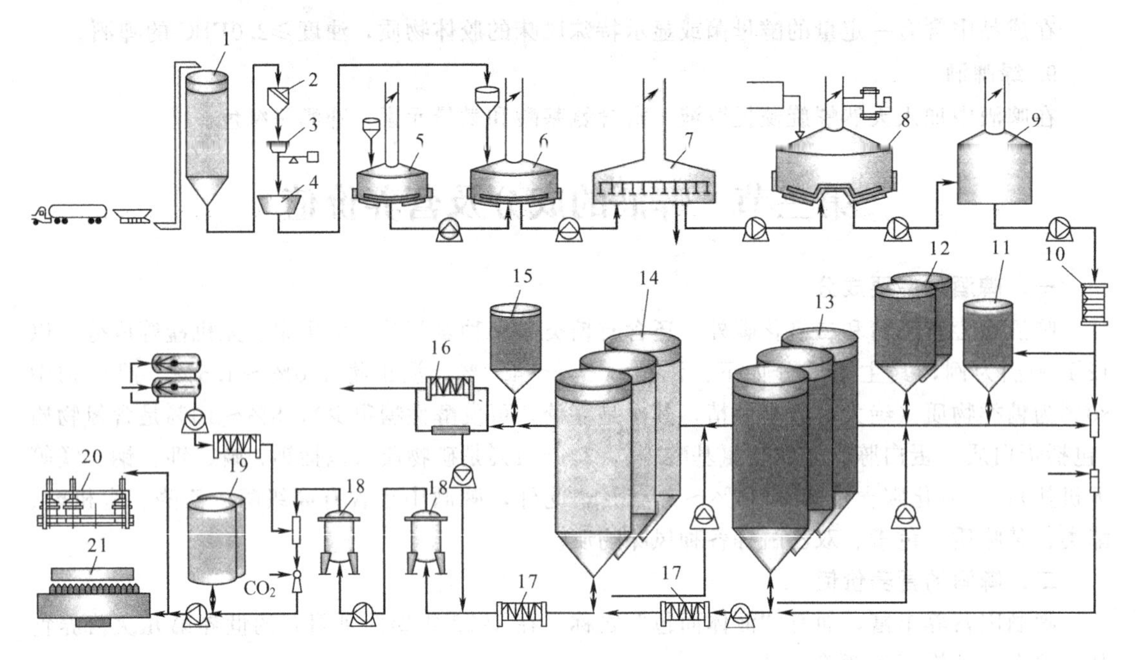

图 1-2　啤酒生产工艺流程

1—麦芽立仓；2—麦芽筛选机；3—麦芽称重机；4—麦芽粉碎机；5—糊化锅；6—糖化锅；
7—过滤槽；8—煮沸锅；9—回旋沉淀槽；10—板式换热器；11—一级酵母培养罐；
12—二级酵母培养罐；13—前发酵罐；14—后发酵罐；15—酵母贮存罐；16—酵母过滤器；
17—硅藻土过滤机；18—啤酒精滤机；19—清酒罐；20—灌装机；21—贴标机

思　考　题

1. 啤酒的定义。
2. 简述啤酒的主要成分。
3. 简述啤酒的种类。
4. 说明啤酒生产工艺流程。

第二章　啤酒生产原辅料

学习目标

- 了解啤酒生产原料大麦及辅助原料、酒花的基本构造及其与啤酒酿造的关系；啤酒酿造用水的意义；啤酒生产中使用添加剂的种类及作用。
- 掌握大麦的化学成分及其在啤酒酿造中的作用；酒花的化学成分及其在啤酒酿造中的作用。
- 熟悉啤酒酿造原辅料及酒花的选用；能够选择合适的添加剂进行啤酒生产。

第一节　大　麦

大麦可以食用、饲料用和作为啤酒生产原料用，不作为主粮。用于啤酒酿造的大麦品种很多，按麦穗生长形态分为二棱大麦、四棱大麦、六棱大麦，二棱大麦和六棱大麦是啤酒酿造的常用原料（其结构见图 2-1，图 2-2），其中二棱大麦籽粒大而整齐，谷皮较薄，淀粉含量高，蛋白质含量相对较低，发芽均匀，浸出物收得率高，是啤酒酿造的最好原料。

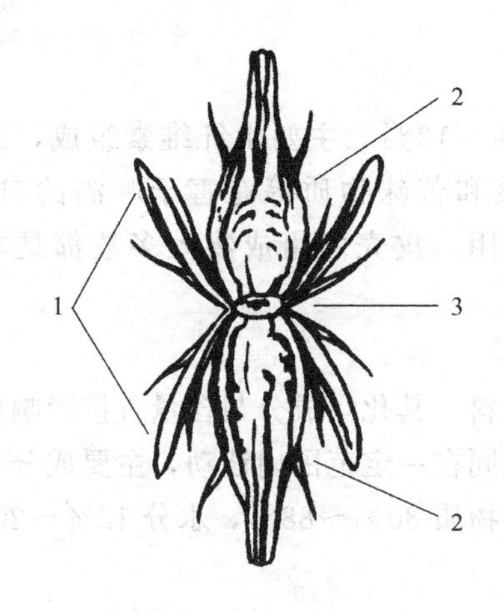

图 2-1　二棱大麦

1—不育侧部小穗；2—大麦麦粒；3—叶轴

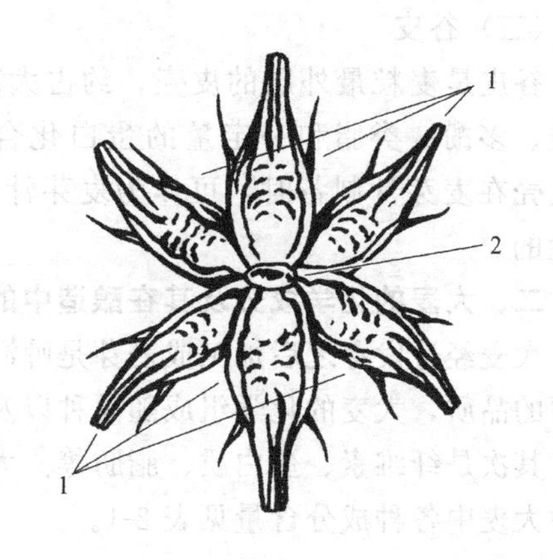

图 2-2　六棱大麦

1—大麦麦粒；2—叶轴

一、大麦的籽粒结构及其生理特性

大麦籽粒主要由胚、胚乳、谷皮三部分组成，如图 2-3 所示。

（一）胚

胚是大麦有生命的部分，是大麦生长发芽最重要的部分，一旦胚组织破坏，大麦就失去发芽能力。胚约占麦粒干物质的 2%～5%，胚中含有低分子糖类、脂肪、蛋白质、矿物质和维生素，作为胚开始发芽的营养物质。当胚开始发芽时，由胚中形成各种酶，渗透到胚乳

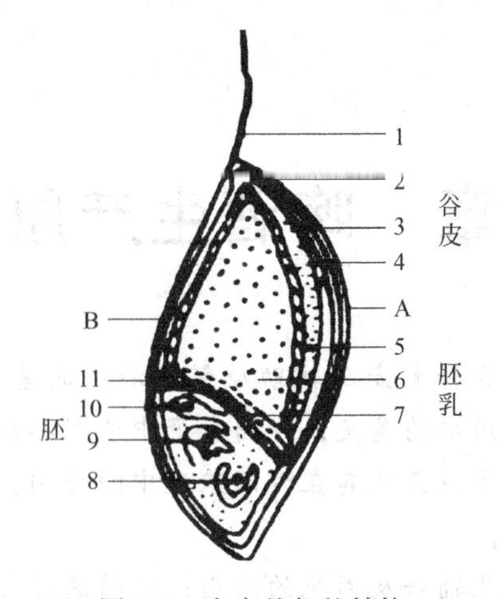

图 2-3　大麦的籽粒结构

1—麦芒；2—谷皮；3—果皮和种皮；4—腹沟；5—糊粉层；6—胚乳；7—细胞层；8—胚根；9—胚芽；10—盾状体；11—上皮层；A—腹部；B—背部

中，使胚乳溶解，通过上皮层再将胚乳内的营养物质传送给生长的胚，以提供胚芽生长的养料。

（二）胚乳

胚乳是胚的营养库，由淀粉、蛋白质、脂肪等组成，约占麦粒质量的80%～85%，在发芽过程中，胚乳成分不断地分解成小分子糖和氨基酸等，部分供给胚作营养，合成新的物质；部分供给呼吸消耗，产生CO_2和水，并散发出热量，当胚持续有生命的时候，胚乳物质就会不断分解与转化。

（三）谷皮

谷皮是麦粒最外层的皮壳，约占大麦干物质的7%～13%，主要由纤维素组成，还有硅酸、多酚、类脂和一定量的蛋白化合物，其中硅酸和苦味物质等有害于啤酒的口味，但皮壳在麦芽汁制备时，可作为麦芽汁过滤层而被利用。皮壳的组成物大多数都是非水溶性的。

二、大麦的化学成分及其在酿造中的作用

大麦经过发芽之后加工成麦芽是啤酒生产的主要原料，其化学成分与含量直接影响成品啤酒的品质，大麦的化学组成随品种以及自然条件等不同在一定范围内波动，主要成分是淀粉，其次是纤维素、蛋白质、脂肪等。大麦中一般含干物质80%～88%，水分12%～20%，二棱大麦中各种成分含量见表2-1。

表 2-1　二棱大麦的化学组成

成分	含量(含水)/%	含量(无水)/%	成分	含量(含水)/%	含量(无水)/%
水分	14.5	—	粗纤维	5.0	5.9
淀粉	54.0	63.2	脂肪	2.5	2.9
无氮浸出物	12.0	14.0	无机物	2.5	2.9
蛋白质	9.5	11.1			

（一）水分

水分是大麦组成里不可忽视的一部分。大麦水分含量与收获季节的天气有直接关系，气候干燥时水分含量低，阴雨时水分含量高，水分高于14%的大麦在贮藏中易发霉、腐烂，不仅贮藏损失大，而且会严重影响大麦的发芽力和大麦质量。通常大麦含水量约13%。

（二）碳水化合物

1. 淀粉

淀粉是大麦最主要的、含量最多的碳水化合物，占总干物质的58%～65%，大麦淀粉含量越多，大麦的可浸出物也越多，制备麦芽汁时收得率也越高。

(1) 淀粉的结构　淀粉是以葡萄糖为基本构成的高分子化合物，分子式为 $(C_6H_{10}O_5)_n$，有两种不同的结构，直链淀粉和支链淀粉。大麦淀粉一般含有直链淀粉17%～24%，支链淀粉约占76%～83%。

直链淀粉是多个葡萄糖分子间以α-1,4-葡萄糖苷键连接在一起的，有60～2000个葡萄糖单位，相对分子质量为 $(1\sim50)\times10^4$。直链淀粉空间结构呈螺旋状，每6个葡萄糖分子构成一个螺旋。

支链淀粉是多个葡萄糖分子之间以α-1,4-葡萄糖苷键或α-1,6-葡萄糖苷键连接在一起的带有分支的大分子化合物，直链部分的葡萄糖以α-1,4-葡萄糖苷键连接，分支点以α-1,6-葡萄糖苷键连接。每隔7～8个葡萄糖单位就有一个分支，α-1,4-葡萄糖苷键为α-1,6-葡萄糖苷键的4%～5%。相对分子质量为 $(1\sim6)\times10^6$，大约为直链淀粉的10倍，相应的葡萄糖单位为 $(6\sim40)\times10^3$ 个。

麦芽淀粉酶作用于直链淀粉，几乎全部转化为麦芽糖和葡萄糖，但作用于支链淀粉，除生成麦芽糖和葡萄糖外，尚生成相当数量的糊精和异麦芽糖。糊精和异麦芽糖在发酵过程中不能被酵母代谢利用。

(2) 淀粉与碘的呈色反应　淀粉溶液遇碘液呈现颜色反应，所呈现的颜色与淀粉分子链的长度有关，淀粉分子链的长短不同，遇碘液呈现的颜色也不同。在淀粉水解过程中，随着淀粉分子链的缩短，颜色逐渐变浅，直至无色。其颜色变化过程如下：蓝色→紫色→红色→浅红色→无色。

利用这个性质可以检验淀粉分解的是否完全。淀粉遇碘液呈色与链长度的关系见表2-2。

表2-2　淀粉遇碘液呈色与链长度的关系

链长(葡萄糖单位)	螺旋数	呈色	链长(葡萄糖单位)	螺旋数	呈色
>45	8	蓝色	31	5	红色
40	7	蓝紫色	12	2	浅红色
36	6	紫色	<9	1.5	无色

2. 纤维素

纤维素主要存在于谷皮中，大麦中粗纤维约占大麦干物质含量的3.5%～7%。纤维素的最小组成单位为葡萄糖，葡萄糖之间以β-1,4-葡萄糖苷键线性结合，在高浓度的强酸中加热可分解为纤维二糖。两个葡萄糖分子以β-1,4-葡萄糖苷键结合在一起为纤维二糖，可将纤维二糖看成纤维素的二糖单位，多个纤维二糖基连接在一起构成纤维素大分子。纤维素对酶解抗性强，难分解、不溶于水，也不能被人体消化，因此不能参与物质代谢。在啤酒酿造过程中纤维素不分解，停留在麦皮中，麦芽汁过滤时作为自然滤层，过滤后和其他固形物作为麦糟，可用作饲料。

3. 半纤维素和麦胶物质

大麦中半纤维素和麦胶物质约占大麦干物质的10%。主要存在于胚乳中，构成胚乳细胞壁。

胚乳半纤维素主要由β-葡聚糖（80%～90%）和少量的戊聚糖（10%～20%）构成，不含糖醛酸。皮壳中的半纤维素含β-葡聚糖少，富含戊聚糖，并含少量的糖醛酸。

麦胶物质包括：以葡萄糖单独构成的β-葡聚糖，以阿拉伯糖和木糖构成的戊聚糖，微量半乳糖，甘露糖和糖醛酸。其中的β-葡聚糖是造成溶液黏度升高的主要原因，因此也将其称为“麦胶物质”。

β-葡聚糖是以葡萄糖为基本构成单位经缩合而成的高分子化合物，相对分子质量约为2×10^5，葡萄糖单位之间是以β-1,4-葡萄糖苷键和β-1,3-葡萄糖苷键连接，其中β-1，4-葡萄糖苷键占74%，β-1,3-葡萄糖苷键占26%，两个葡萄糖单位之间以β-1,4-葡萄糖苷键连接在一起的是纤维二糖，以β-1,3-葡萄糖苷键连接在一起的是昆布二糖。

半纤维素和麦胶物质在结构上没有区别，区别在于分子量及溶解性不同，麦胶物质是半纤维素的分解产物，分子量低于半纤维素，能溶于热水中。半纤维素不溶于水，能溶于稀碱溶液中，也易被稀酸水解。

在啤酒生产过程中，如果不将β-葡聚糖进行相应的分解，会造成麦芽汁和啤酒过滤的困难，延长过滤时间，影响啤酒质量，另外，β-葡聚糖的酶解并不会引起啤酒泡沫高度和密度的降低，β-葡聚糖有利于啤酒口感的圆润，其黏性有利于啤酒的泡沫性能。

4. 低分子糖

大麦中含有少量的低分子糖类，存在于胚和糊粉层中，主要是蔗糖，约占大麦干物质的2%，棉籽糖约为蔗糖的1/3。另外还有少量的麦芽糖、葡萄糖和果糖。

大麦发芽初始阶段，由于大麦颗粒中所含的酶少、活性低，不能大量水解相应底物生成小分子物质，胚只能利用这些低分子物质进行合成代谢，因此，这些低分子糖类在大麦开始发芽阶段起着重要的作用。

（三）蛋白质

大麦蛋白质主要存在于糊粉层中，大麦中蛋白质含量一般占大麦总干物质的8%～14%，最高能达到18%。

1. 蛋白质的结构

蛋白质是由多个氨基酸结合在一起的高分子化合物，这种结合是一个氨基酸的氨基与另外一个氨基酸的羧基以肽键连接的，两个氨基酸连接在一起称为二肽，多个氨基酸连接在一起称为多肽。

2. 蛋白质的分类

大麦中的蛋白质按其在不同的溶液中溶解性及其沉淀特性可分为四种。

（1）清蛋白　清蛋白能够溶于水和稀中性盐溶液及其酸碱中，加热时，从52℃开始，能从溶液中凝固析出，麦芽汁煮沸时，凝固加快，与单宁结合沉淀。等电点为pH＝4.6～5.8，相对分子质量为7×10^4，占大麦蛋白质总量的3%～4%。它还存在于β-淀粉酶中，是唯一能溶于水的高分子蛋白，对啤酒泡持性起重要作用。

（2）球蛋白　球蛋白不溶于纯水，可溶于稀中性盐溶液及酸碱中，在92℃以上开始凝固，是麦芽汁制备环节的主要热凝固物。等电点为pH＝4.9～5.7，相对分子质量为2.6×10^4～3×10^5，占大麦总蛋白的31%。球蛋白分为α-球蛋白、β-球蛋白、γ-球蛋白、δ-球蛋白四种，其中β-球蛋白的等电点为pH＝4.9，在麦芽汁制备过程中不能完全析出沉淀，发酵过程中酒的pH值下降时，它就会析出而引起啤酒浑浊。β-球蛋白在麦芽汁煮沸时，碎裂至原始大小的1/3左右，同时与麦芽汁中的单宁，尤其与酒花单宁以2∶1或3∶1的比例相互作用，形成不溶解的纤细聚集物。β-球蛋白含硫量为1.8%～2.0%，并以—SH基活化状态存在，具有氧化趋势。在空气氧化的情况下，β-球蛋白的—SH基氧化成二硫化合物，形成具有—S—S—键的更难溶解的硫化物，促使啤酒变浑浊。因此β-球蛋白是引起啤酒浑浊的根源，是对啤酒非生物稳定性有害的主要成分之一。

(3) 醇溶蛋白 醇溶蛋白不溶于纯水及盐溶液，能溶于50%～90%的酒精溶液，也能溶于酸碱，加热不凝固，等电点为pH=6.5，相对分子质量为2.75×10^4，醇溶蛋白约占蛋白质总量的38%，是麦糟蛋白的主要构成部分。按谷氨酸的含量不同，将醇溶蛋白分为α-醇溶蛋白、β-醇溶蛋白、γ-醇溶蛋白、δ-醇溶蛋白、ε-醇溶蛋白五个组分，其中δ-醇溶蛋白、ε-醇溶蛋白是造成啤酒冷浑浊和氧化浑浊的主要成分，是麦芽汁制备环节的主要冷凝固物。

(4) 谷蛋白 谷蛋白不溶于中性盐溶液和纯水，能溶于稀碱，是构成麦糟蛋白的主要成分，含量为大麦蛋白质含量的29%。

大麦中蛋白质含量及类型直接影响大麦的发芽力、酵母营养、啤酒营养、啤酒风味、啤酒的泡持性、非生物稳定性、适口性等。

3. 蛋白质含量高低对啤酒酿造产生的影响

蛋白质含量是酿造用大麦的一项重要质量指标，过高或过低都会影响酒质。

蛋白质含量太高，相应淀粉含量会降低，最后影响到原料的收得率，更重要的是会形成玻璃质的硬麦，发芽过于迅速，温度不易控制，制成的麦芽会因溶解不足而使浸出物收得率降低，也会引起啤酒的浑浊。蛋白质含量高易导致啤酒中杂醇油含量高。

蛋白质过少，会使制成的麦芽汁中酵母营养素缺乏，造成发酵缓慢，啤酒泡持性差，口味淡薄等缺陷。

一般认为酿造啤酒的大麦蛋白质含量需适中，以占大麦总干物质的9%～12%之间为好。大麦中往往蛋白质含量过高，所以在制造麦芽时通常是寻找低蛋白质含量的大麦品种。近年来，由于辅料比例增加，利用蛋白质质量分数在11.5%～13.5%的大麦制成高糖化力的麦芽也受到重视。

(四) 酚类物质

大麦中的酚类物质主要存在于麦壳和糊粉层中，其含量只有大麦干物质质量的0.1%～0.3%，大麦中酚类物质含量虽少，却对啤酒的色泽、泡沫、风味和非生物稳定性等有很大影响。

酚类包括酚酸和聚合度较高的多酚。酚酸有香草酸、丁香酸、阿魏酸、对羟基苯酸、豆香酸、龙胆酸、绿原酸、芥子酸、异阿魏酸、咖啡酸、原儿茶酸等。酚酸对发芽有抑制作用，浸麦时可被浸出，有利于发芽和啤酒风味，提高啤酒的非生物稳定性。

多酚有花色苷、花青素、翠雀素、儿茶酸等，这些具有磺烷基的多酚类物质是对啤酒质量危害最大的，这些物质经氧化和聚合，易和蛋白质通过共价键起交联作用而沉淀析出，会影响啤酒的非生物稳定性，但如果这一反应发生于麦芽汁制备、麦芽汁煮沸或发酵过程中，则可将某些凝固性蛋白质沉淀而除去，有利于提高啤酒的非生物稳定性。

一般蛋白质含量愈低，多酚含量愈高。一般麦芽汁中多酚物质的80%来自于麦芽。

(五) 脂类

大麦中所含的脂类主要是脂肪，此外还含有微量的磷脂。大麦中溶于乙醚的脂类含量约为干物质的2%～3%，主要存在于糊粉层中。大麦中脂类物质含量虽低，但是，一旦混入麦芽汁中，对啤酒的风味稳定性和泡沫稳定性都产生很不利的影响。

（六）磷酸盐

一般情况下，大麦中每100g大麦干物质含260～350mg磷酸盐。大麦所含磷酸盐大约50%为植酸钙镁，约占大麦干物质的0.9%。磷酸基和Mg^{2+}都对大麦的发芽起着重要的生理促进作用，有机磷酸盐在发芽过程中水解，形成第一磷酸盐和大量缓冲物质，糖化时，进入麦芽汁中，对麦芽汁具有缓冲作用，促进麦芽汁及啤酒中的酸水平保持恒定。另外，磷酸盐是酵母发酵过程中不可缺少的物质，对酵母的发酵起着重要作用。

（七）无机盐

大麦中的无机盐含量为其干物质质量的2.5%～3.5%，大部分存在于谷皮、胚和糊粉层中，主要成分是K、P、Si，其次是Na、Ca、Mg、Fe、S、Cl等。这些无机盐对发芽、糖化和发酵有很大影响。无机盐缺乏，酵母的生长繁殖就会受到严重抑制，发酵缓慢，相反，含量过高，又会使酵母的形态数量以及代谢发生变化，有时还会出现啤酒浑浊现象。

（八）维生素

大麦富含维生素，集中分布在胚和糊粉层等活性组织中，常以结合状态存在。大麦中每100g干物质含有维生素B_1 0.12～0.74mg、维生素B_2 0.1～0.37mg、维生素B_3 8～15mg、维生素B_6 0.3～0.4mg。此外，大麦中还含有维生素C、维生素H、泛酸、叶酸、α-氨基苯酸等。维生素对大麦发芽、酵母生长繁殖和发酵等都有很重要的意义。

三、酿造用大麦的质量标准

大麦的质量标准通过外观检验、物理检验、化学检验三个方面进行评价。

（一）外观检验

1. 纯度

酿造用大麦不应或很少含有杂谷、草屑、泥沙等夹杂物，最好是属于同一产地、同一品种，保证其品质较一致，促使在制麦时能够均匀发芽。

2. 色泽

通过色泽可以判断大麦是否成熟、霉腐。一般色泽新鲜、干燥、皮壳薄而有皱纹者，色泽淡黄而有光泽，籽粒饱满，这是成熟大麦的标志；但是如果带青绿色，则是未完全成熟；如果呈现暗灰色或微蓝色泽的则是长了霉或受过热的大麦。白色或色泽过浅的大麦，多数是玻璃质粒或熏硫所致，不宜酿造啤酒。

3. 香和味

优质的大麦应该具有新鲜的麦秆香味，放在嘴里咬尝时有淀粉味，并略带甜味。若有霉腐味，则是污染霉菌所致，不宜用来酿造啤酒。

4. 皮壳特征

大麦的皮壳除在麦芽汁过滤时作为自然滤层外，所含的物质基本都是对啤酒质量无用甚至有害的。皮薄的大麦有细密的痕纹，浸出无用甚至有害物质少，适于酿制浅色啤酒；皮厚的大麦纹道粗糙、不明显、间隔不密，浸出无用甚至有害物质多。

5. 颗粒形态

从大麦的颗粒形态可以粗略判断淀粉和蛋白质含量的高低，颗粒大而饱满、短而肥的谷皮含量少，蛋白质含量较低，淀粉含量较高，浸出率高，适合于酿造啤酒。

（二）物理检验

1. 千粒重

千粒重即1000颗大麦籽粒的质量，我国二棱大麦千粒重约36～48g，四棱、六棱大麦千粒重约28～40g。千粒重与浸出物含量成正比，千粒重高，则浸出物高；千粒重低，则浸出物低。

2. 百升质量

百升质量即100L大麦籽粒的质量，轻的为63～65kg，中等的为65～68kg，重的为68～72kg。百升质量大的大麦籽粒比较饱满，浸出物含量也高。

3. 发芽力和发芽率

大麦在发芽时，赤霉酸进入糊粉层，促使大麦其中原有处于钝化状态的酶才能活化并生成大量的酶类，进而使大麦中大分子物质适度溶解，大麦才能很好的发芽。发芽力、发芽率是表示大麦生长发芽情况最重要的指标。

发芽力是指大麦在18～20℃发芽3天后，发芽麦粒占总麦粒的百分数，发芽力表示大麦发芽的均匀性。

发芽率是指大麦在18～20℃发芽5天后，发芽麦粒占总麦粒的百分数，发芽率是表示大麦发芽的能力。

一般啤酒酿造中，要求大麦的发芽力不低于85%，发芽率不低于90%，优质大麦发芽力应不低于95%，发芽率不低于97%。

4. 胚乳的状态

从麦粒的切断面看胚乳的状态，呈现出粉质粒、玻璃质粒、半玻璃质粒三种不同的状态，粉质粒胚乳状态呈软质白色；玻璃质粒胚乳状态呈透明有光泽；半玻璃质粒胚乳部分透明，部分呈白色粉质状态。粉质粒淀粉含量较高，蛋白质含量较低，溶解速度快，糖化收得率高，有利于啤酒酿造。

（三）化学检验

1. 水分

大麦含水量的高低对原料价格、原料贮存、物料衡算等都有一定的影响，一般含水应在13%左右，大麦含水分高易霉烂，过低不利于大麦的生理性能。

2. 淀粉含量和浸出物含量

大麦淀粉含量应在60%～65%（占干物质）以上，淀粉含量越高，蛋白质含量则越少，浸出物就越多，麦芽汁收得率也就越高。

浸出物是指大麦粉碎物经酶解后溶解的内含物，一般比淀粉含量高约14.7%，浸出物含量一般为72%～80%。浸出物含量与大麦中淀粉、蛋白质等含量有关。

3. 蛋白质含量

大麦中蛋白质含量一般要求为9%～13%，蛋白质丰富，会使浸出率下降，在工艺操作上，发芽过于猛烈，难溶解，在酿造上也容易引起浑浊，降低了啤酒的非生物稳定性。在实际生产过程中，不同类型的啤酒要求大麦中所含的蛋白质含量有所不同，一般来讲，酿制浅色啤酒要求大麦蛋白质含量略低，而深色啤酒可以略高。

第二节　谷物辅料及其他替代品

在啤酒酿造生产过程中，除了使用大麦作为主要原料外，可根据国家和地区的资源和价格等情况不同，添加部分富含淀粉的谷类（未发芽的大麦、大米、玉米等）、糖类或糖浆作为辅助原料。

啤酒酿造中使用辅助原料的主要作用有以下几个方面：①提高了麦芽汁收得率，制取了廉价麦芽汁，降低了生产成本，并节约粮食。②使用糖类或糖浆，可以节省糖化设备容量，调节麦芽汁中糖与非糖的比例，提高啤酒的发酵度。③可以降低麦芽汁中蛋白质和多酚物质的含量，降低啤酒的色度，改善啤酒的风味和非生物稳定性。④可以增加啤酒中糖蛋白的含量，从而增强啤酒的泡沫性能。

综上所述，在啤酒酿造过程中使用辅料的核心作用是为了降低生产成本。在有利于提高啤酒质量，不影响酿造过程的前提下，可以考虑多采用并添加辅助原料。

一、谷物辅料

（一）大米

大米是最常用的一种辅助原料，大米中淀粉的含量高于麦芽，多酚物质和蛋白质含量低于麦芽，糖化后麦芽汁收得率高，成本低，可改善啤酒的风味和色泽，生产出啤酒的泡沫细腻，酒花香气突出，非生物稳定性比较好，特别适宜酿造下面发酵的淡色啤酒。国内啤酒厂大米用量占每批次总投料量的25%～50%不等，一般是30%左右。大米用量过多，麦芽汁可溶性氮源和矿物质含量不够，会导致酵母菌繁殖衰退，发酵迟缓，因而必须经常更换强壮酵母。

（二）玉米

玉米是世界上产量最大的谷类作物，价格低廉。玉米中淀粉含量稍低于大米，而蛋白质和脂肪含量却高于大米，并能赋予啤酒以醇厚的味感。玉米的脂肪含量较高，这将影响啤酒的风味和泡沫，因此，在使用前必须经过脱胚处理，因为玉米的脂肪大部分集中在胚部，脱胚后的玉米脂肪含量不应超过1%。现在啤酒厂大多采用玉米淀粉作为啤酒生产的辅助原料，减少啤酒生产环节。

（三）小麦

啤酒厂很少把小麦直接作为辅助原料，更多的是将小麦制成小麦麦芽作为啤酒酿造的辅助原料，以此丰富啤酒泡沫或酿制特殊口味的小麦啤酒。小麦中糖蛋白高，泡沫性能好，花色苷含量低，有利于啤酒非生物稳定性，风味也好。小麦和大米、玉米不同，富含α-淀粉酶和β-淀粉酶，有利于采用快速糖化法。糖化后的麦芽汁中含较多的可溶性氮，发酵速度快，啤酒的最终pH值较低。德国的白啤酒、比利时的蓝比克啤酒都是以小麦麦芽作为辅助原料的。一般使用比例为15%～20%。但是，由于小麦的蛋白质含量较高，如果糖化和麦芽汁煮沸时分解和凝固不好，容易造成啤酒早期浑浊。

（四）大麦

未发芽的大麦也可以作为辅助原料，未发芽大麦中所含的酶活性非常低、含有较多的β-葡聚糖，内含物溶解和分解很差，糖化比较困难，故一般用量不要超过15%～20%。如果添加淀粉酶、蛋白酶、β-葡聚糖酶、复合酶制剂等，大麦用量可达30%～40%。

大麦在糖化前，应先用碱溶液浸泡，以除去花色苷、色素和硅酸盐等有害物质，用清水洗至中性，再采用湿法粉碎后使用。

不同谷物化学成分含量不同，对啤酒酿造所产生的影响也不同，表2-3列出了大米、玉米、小麦及大麦的化学成分及其含量。

二、其他替代品

（一）淀粉

淀粉纯度高、杂质少，黏度低，无残渣，可以生产高浓度啤酒、高发酵度啤酒，麦芽汁

表 2-3　四种谷物化学成分的含量

成分	大米/%	玉米/%	小麦/%	大麦/%
水分	11～13	12～13	12～14	14.5
淀粉	82～85	69～72	57～63	63.2
蛋白质	6～11	10.5～11	11.5～13.8	11.1
脂肪	0.2～1.0	5.8～6.3	2.24	2.9
纤维素	0.3～0.5	2.5～3	2.76	5.9
无机盐	0.4～1.5	1.5～3.2	2.18	2.9
浸出物	92～95	87～89	68～76	72～80

过滤容易，啤酒风味和非生物稳定性能满足实际要求。但是添加纯淀粉，在啤酒发酵阶段，酵母由于缺乏营养，因而生长力不足，发酵力不够旺盛，同时，生产成本比谷物原料高。目前，啤酒厂使用比较多的是玉米淀粉。

（二）糖和糖浆

产糖丰富的国家和地区，可以考虑使用糖类和糖浆作为辅料。糖和糖浆都是低分子糖类，可以直接被酵母菌利用，不必再进行糖化。糖类或糖浆作辅料，使用方便，可直接投入煮沸锅中，也可以在下酒时添加，能够提高麦芽汁可发酵性糖的含量，从而提高发酵度，还能够降低啤酒色度，改善啤酒风味。使用糖类和糖浆生产出的啤酒具有非常浅的色泽和较高的发酵度，稳定性好，口味较淡爽，符合生产浅色干啤酒的要求。但应注意，糖类和糖浆作辅料，用量一般在10%～20%，用量过多，会使酵母营养不良，啤酒口味淡，泡沫性能差。生产深色啤酒时也可添加部分焦糖，以调节啤酒的色泽。

1. 糖

生产淡色啤酒时，在糖化过程中将糖直接加入煮沸锅中，麦芽汁中可发酵性糖的含量升高，含氮物质的数量下降，促使啤酒具有较低的色度和较高的发酵度。由于啤酒中含氮物质含量较少，因而有利于啤酒保持其风味和口味的稳定性。但是，在德国制造麦芽啤酒和甜啤酒时，为防止酒精含量增高，不是把糖直接加入麦芽汁中，而是在啤酒过滤之后加入清酒罐中。加糖后，啤酒的原麦芽汁浓度须符合规定要求。

糖的种类很多，有蔗糖、转化糖、葡萄糖以及焦糖（用糖制成的着色剂）等。

（1）蔗糖　蔗糖是由甘蔗或甜菜制取的，使用形式为结晶糖（99%浸出物）或液体糖浆（约65%浸出物）。结晶糖不应发生变化，以避免饮用啤酒时后味平淡。

（2）葡萄糖　葡萄糖具有不同的商品形式：含浸出物约65%的糖浆；含浸出物80%～85%的浓缩葡萄糖；结晶葡萄糖等。工业葡萄糖含有一定量的糊精，可通过一定的措施完全转化为可发酵性糖后使用。

（3）转化糖　转化糖是用酸或蔗糖酶水解蔗糖而制成，它是果糖、葡萄糖和蔗糖的混合物。商品转化糖有两种形式：转化糖浆和浓缩转化糖。

（4）焦糖　对糖类加热，可形成高着色力的黑色水溶性分解产物，通过适当的稀释后即可得到焦糖。制作焦糖时，使用糊精含量低的淀粉糖和糖浆比含量高的更适宜，因为糊精在一定条件下与啤酒混合时，由于乙醇的作用而使糊精变得不溶，容易产生浑浊。焦糖可以部分加入煮沸的麦芽汁中，部分加入冷啤酒中，用于上面发酵啤酒（如德国Alt啤酒），或用于上面发酵法制成啤酒的增色。但需注意，使用的焦糖必须符合卫生要求，溶于啤酒后必须清亮透明。

2. 糖浆

啤酒生产中常用的糖浆，主要是玉米糖浆和大麦糖浆。

淀粉经完全水解糖化的最终产物为葡萄糖，而不完全糖化的产物为葡萄糖、麦芽糖、低聚糖、糊精等，这种混合物称为淀粉糖浆。以玉米为原料生产的这种糖浆称为玉米糖浆，玉米糖浆的制作方法是先将玉米加工成淀粉，然后将淀粉水解制成糖浆。玉米糖浆易与水或麦芽汁混合，是无色、非结晶、中性口味的。通常是直接加入煮沸锅，煮沸终了，麦芽汁收率可以提高到15%～18%。高浓麦芽汁可在发酵之前稀释，也可直接进行高浓度发酵，灌装前进行后稀释。使用这种“液体辅料”比使用大米或玉米粉粒方便得多。淀粉糖浆的加入量不应超过总投料量的10%，因为糖浆中的蛋白组成与优质麦芽汁有偏差，高分子蛋白质含量较少，游离α-氨基氮含量偏低，使酵母的生长繁殖速度减慢。

三、使用辅料注意事项

使用辅助原料可以降低生产成本，但是也要综合考虑，不能影响啤酒的质量及生产过程。

生产过程中使用辅助原料应该注意以下五个方面：①添加辅助原料的品种和数量，应根据麦芽的具体情况和成品啤酒的类型而定。②如麦芽可同化的氮含量低，添加辅料后，需补加中性蛋白酶，降低蛋白质休止温度，延长蛋白质分解时间。③添加辅助原料后，如麦芽的酶活力不足以分解蛋白质、淀粉或β-葡聚糖，应适当补充相应的酶制剂。④添加辅助原料后不应造成麦芽汁或啤酒过滤困难，不影响酵母的发酵和产品卫生指标。⑤添加辅助原料，不能带入异味，不影响啤酒的风味、泡沫性能和色泽。

原则上凡富含淀粉的谷物都可以作为辅料，不同的国家和地区使用辅助原料的情况也不相同，谷类辅助原料用量一般控制在10%～50%之间，常用的比例为30%～50%；糖类或糖浆辅助原料用量为10%左右。但是美国使用谷类辅助原料，一般为50%左右，多用玉米或大米，少数用高粱；在德国，除制造出口啤酒外，其内销啤酒一般不允许使用辅助原料；在英国，由于其糖化方法采用浸出糖化法，多采用已经糊化预加工的大米片或玉米片为辅助原料；在澳大利亚，多采用蔗糖为辅助原料，添加量达20%以上。

我国的啤酒酿造一般都使用辅助原料，多数用大米，有的厂用脱胚玉米，最低量为10%～15%，最高量为40%～50%，多数为30%左右。

第三节 啤 酒 花

啤酒花学名蛇麻，又名忽布，当啤酒花成熟时，由蛇麻腺分泌的树脂和酒花油是啤酒酿造所需要的重要成分（其结构见图 2-4，图 2-5）。啤酒花作为啤酒的香料，由于主要用来进行啤酒生产，故名啤酒花，简称酒花。

在啤酒酿造过程中添加酒花的主要作用是：①赋予啤酒爽口的苦味；②赋予啤酒特有的酒花香气；③酒花与麦芽汁共同煮沸，能促进蛋白质凝固，加速麦芽汁的澄清，有利于提高啤酒的非生物稳定性；④具有抑菌、防腐作用，可增强麦芽汁和啤酒的防腐能力；⑤增强啤酒的泡沫稳定性。

啤酒花作为啤酒工业原料，始于9世纪的德国。最主要是利用酒花的苦味、香味、防腐能力和澄清麦芽汁的能力。目前全球的酒花产量主要集中在德国、美国、中国、捷克、英国和俄罗斯，约占全球总产量的75%，其中德国和美国约占50%。中国酒花主要产区在新疆、甘肃、宁夏、青海、辽宁、吉林和黑龙江等地，酒花的产量和质量在不断提高，产品从单一

图 2-4　啤酒花

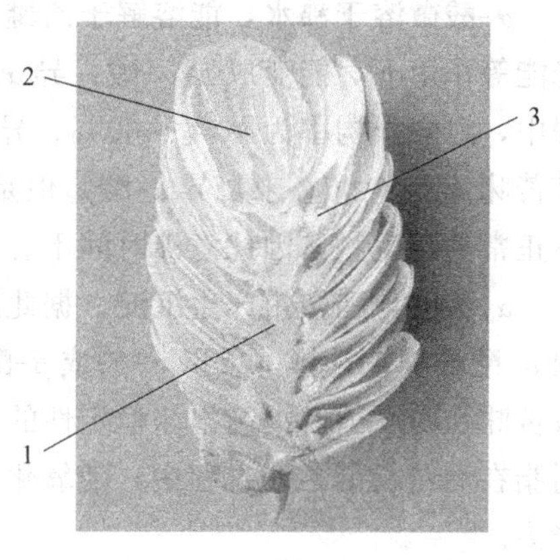

图 2-5　啤酒花的结构

1—花轴；2—花瓣（苞叶）；3—蛇麻腺

的压缩片状向多种酒花制品发展。

一、酒花的化学成分及其在啤酒酿造中的作用

酒花的化学成分见表 2-4。

表 2-4　酒花的化学组成

成　分	含量/%	成　分	含量/%
水分	10	脂质	3
总树脂	10～20	碳水化合物	2～4
酒花油	0.5～2.0	纤维素	10～17
多酚	2～5	灰分	6～10
蛋白质	12～22	果胶	2

在酒花的化学组成中，对啤酒酿造有特殊意义的三大成分是酒花油、酒花树脂（苦味物质）、多酚。因为酒花的使用量少，其他化学成分如蛋白质、碳水化合物、脂质、纤维素、果胶等对啤酒酿造的意义不大。

（一）酒花油

酒花油主要存在于蛇麻腺中，它赋予啤酒特有的酒花香味，是啤酒重要的香气来源，呈黄绿色或红棕色液体，易挥发，能溶于乙醚，难溶于水和麦芽汁，不溶于乙醇。主要成分可分为两大类，一类是碳氢化合物或者说是萜烯类物质，包括单体萜烯（如香叶烯、α-蒎烯、β-蒎烯）和倍半萜烯（如α-葎草烯、β-法尼烯、β-石竹烯），约占 75%；另一类为含氧化合物，包括醇、醛、酸、酯、酮等，醇类如香叶醇、芳樟醇；醛类如异丁醛、异戊醛；酸类如己酸、甲基庚酸；酯类如异丁酸异丁酯、异丁酸-2-甲基-丁酯；酮类如葎草二烯酮及其甲基酮类。

（二）酒花树脂

酒花树脂为啤酒提供愉快的微苦味，主要包括α-酸、β-酸及其氧化聚合产物，其中α-酸是衡量酒花质量的最重要的指标。

1. α-酸

α-酸是啤酒中苦味的主要来源，具有强烈粗糙的苦味与很高的防腐力，又有降低表面张力的能力，可增加啤酒泡沫稳定性。α-酸是葎草酮、辅葎草酮、加葎草酮、后葎草酮、前葎草酮五种结构类似物的混合物，它们的区别在于侧链的烷基不同。

α-酸微溶于沸水，能溶解于乙醚、石油醚、乙烷、甲醇等有机溶剂内。α-酸在热、碱、光能等作用下，能变成异α-酸，异α-酸的苦味比α-酸苦味强，溶解能力强。在酒花煮沸过程中，α-酸异构率为40%～60%。异α-酸呈黄色油状，味奇苦。在新鲜酒花酿制的啤酒中，其苦味85%～95%来自异α-酸。但是煮沸2h后，α-酸能转化为无苦味的葎草酸或其他苦味不正常的衍生物，因此煮沸时间不宜过长。

α-酸能与醋酸铅产生沉淀，据此测知其含量。近年来麦芽汁中酒花用量往往靠测定酒花内α-酸含量来计算，或以α-酸或β-酸的苦味值计算。α-软树脂为α-酸的衍生物，同样具有极苦味、防腐力及提高泡沫稳定性的作用，与α-酸一样能与醋酸铅生成沉淀。α-酸及α-软树脂在酒花长期贮藏过程中，随氧化聚合作用，转变成硬树脂，就失去其特有的苦味和防腐能力。

2. β-酸

β-酸也是蛇麻酮、辅蛇麻酮、加蛇麻酮、后蛇麻酮、前蛇麻酮五种结构类似物的混合物，它们的区别也在于侧链的烷基不同。β-酸不异构、苦味程度约为α-酸的1/9，苦味细腻爽口，防腐能力约为α-酸的1/3，具有降低表面张力并改善啤酒泡沫稳定性的作用。

β-酸在水中溶解度较α-酸低。与醋酸铅不产生沉淀，故得以与α-酸相区别。酒花长期贮藏后，β-酸也会聚合成无苦味、无防腐力、不易溶解的硬树脂。

（三）多酚物质

多酚物质是非结晶混合物，主要包含花色苷、单宁、花青素、翠雀素等物质。

多酚物质，既具有氧化性又具有还原性，在有氧情况下，能催化脂肪和高级醇氧化成醛类，促使啤酒老化；将单宁氧化形成红色的单宁色素，会给啤酒带来苦涩味与不适之感。也可以使啤酒中的一些物质避免氧化。多酚物质还能与铁盐结合，形成黑色化合物，促使啤酒色泽加深。麦芽汁煮沸时，酒花内单宁会与麦芽汁内过量蛋白质结合，使原来凝固困难的蛋白质，得以沉淀析出，提高了啤酒的非生物稳定性。

由于多酚能够与蛋白质结合产生沉淀，所以啤酒中多酚物质的残留是造成啤酒浑浊的主要因素之一。

二、酒花的种类

酒花按其特性可分为A、B、C、D四类。

A类：优质香型酒花，此类酒花中酒花油含量较高，为2%～2.5%，α-酸含量较低，为4.5%～5.5%，α-酸/β-酸为1∶1。例如捷克Saaz（萨士）、德国Spalter（斯巴顿）、德国Tattnang（泰特昂）、英国Golding（哥尔丁）等。

B类：兼香型酒花，此类酒花中α-酸含量为5%～7%，α-酸/β-酸为1∶(1.2～2.3)，酒花油含量为0.85%～1.6%。例如英国Wye Saxon（威沙格桑）、美国Columbia（哥伦比亚）、德国Hallertauer（哈拉道尔）、美国的Willamete（威拉米特）等。

C类：无明显特征的酒花。例如美国Galena。

D类：苦型酒花，此类酒花α-酸含量较高，为6.5%～10%，α-酸/β-酸为1∶(2.2～2.5)。例如德国的Northern Brewer（北酿）、Brewers Gold（金酿），Cluster（格林特斯）和中国的青岛酒花。

世界上生产的酒花，D类占50%以上，A类占10%，B类占15%，C类占25%，目前主要广泛使用A类和D类。

三、酒花制品

在啤酒生产过程中，直接在麦芽汁煮沸锅中添加酒花，酒花中有效物质不能完全从从酒花中溶出，有效成分的利用率很低，只有30%左右，并且贮存体积大，不断氧化变质，有效物质的损失大。所以在实际生产中酒花制品已经取代了直接添加酒花。

（一）使用酒花制品的优点

目前，以全酒花添加的方式进行生产在啤酒厂的使用比例越来越少，取而代之的是各种酒花制品。其优点主要体现在以下几个方面：①体积大大缩小，便于运输和贮存；②可以常温保存，质量有保证；③减少麦芽汁损失，相应增加煮沸锅有效体积；④废除酒花糟过滤及设备，减少了排污水环节；⑤使用简单、添加准确，可较准确地控制苦味质含量，提高酒花利用率；⑥有利于推广漩涡分离槽，简化糖化工艺。

（二）酒花制品的种类

酒花制品主要有酒花粉、酒花颗粒、酒花油、酒花浸膏等。

1. 酒花粉

先将酒花烘干至含水6%～7%，然后将其粉碎至1～5mm的粉末，最后直接压成片剂或用塑料袋充惰性气体密封保存，酒花粉可提高利用率5%～10%，通常在煮沸后0.5h添加。

2. 酒花颗粒

酒花颗粒是在酒花粉的基础上添加约20%的膨润土，然后用造粒机加工成直径2～8mm，长约15mm的颗粒。包装之前使其达到室温，包装时保持真空状态，或再次充入N_2或CO_2后常压包装。可在低于20℃下长期贮存。其体积比酒花减少80%，有效成分利用率比全酒花高20%。

颗粒酒花商品分为90型、45型两种。90型属自然加工型颗粒酒花，45型属增富型颗粒酒花。90型与普通酒花的区别只是在于去除少量水分与杂物。45型是增富颗粒酒花，已去除约50%的叶和茎，颗粒呈橄榄绿色，α-酸含量10%～14%，酒花香味太明显，老化后觉得不舒服。

3. 酒花油

在煮沸过程中添加酒花，绝大部分酒花香味物质会被蒸发，如果将酒花中的酒花油提取出来，在贮酒后期或滤酒时加入，则减少了香味物质的损失，并且可以根据啤酒的品种及香气要求进行调整。目前常用蒸馏法对酒花进行处理，将酒花中的有效成分，主要是酒花油分离提取出来使用。

4. 酒花浸膏

酒花浸膏是用有机溶剂将酒花中苦味物质和酒花油提取出来，然后再将有机溶剂蒸发得到，或用CO_2超临界流体萃取。酒花浸膏的优点是提高了α-酸的利用率，节约苦味物质达20%左右，可以准确地控制使用量，保证成品啤酒苦味值的一致性。但是这一阶段的加工成本相对较高，使用不是很多。

以上四种，其中酒花颗粒是目前啤酒厂应用最为广泛的一种酒花制品。

第四节　啤酒生产用水

成品啤酒中水的含量最大，俗称啤酒的“血液”，水质的好坏也将直接影响啤酒的质量，因此酿造优质的啤酒必须有优质的水源。酿造用水的水质取决于水中溶解盐的种类与含量、水的生物学纯净度及气味，这些因素对啤酒酿造过程、啤酒风味和稳定性等方面都会产生很大影响，因此必须高度重视酿造用水的质量。啤酒生产用水包括直接进入产品中的酿造用水（如糖化用水、洗糟用水、啤酒稀释用水）和洗涤、冷却用水及锅炉用水。

一、啤酒酿造用水的质量要求

酿造用水直接进入啤酒，是啤酒中最重要的成分之一。因此酿造用水除必须符合饮用水标准外，还要满足啤酒生产的特殊要求。淡色啤酒的酿造用水质量要求见表 2-5。

表 2-5 淡色啤酒酿造用水的质量要求

项目	单位	理想要求	最高极限	原因
浑浊度	—	透明，无沉淀	透明，无沉淀	影响麦芽汁浊度，啤酒容易浑浊
色	—	无色	无色	有色水是污染的水，不能使用
味	—	20℃无味，50℃无味	20℃无味，50℃无味	若有异味，污染啤酒，口味恶劣
残余碱度(RA)	°d	≤3	≤5（淡色啤酒）	影响糖化醪 pH 值，使啤酒的风味改变。总硬度 5～20°d，对深色啤酒 RA>5°d，黑啤酒 RA>10°d
pH 值	—	6.8～7.2	6.5～7.8	不利于糖化时酶发挥作用，造成糖化困难，增加麦皮色素的溶出，使啤酒色度增加、口味不佳
总溶解盐类	mg/L	150～200	<500	含盐过高，使啤酒口味苦涩、粗糙
硝酸根态氮	mg/L（氮计）	<0.2	0.5	会妨碍发酵，饮用水硝酸盐含量规定为<50mg/L
亚硝酸根态氮	mg/L（氮计）	0	0.05	影响糖化进行，妨碍酵母发酵，使酵母变异，口味改变，并有致癌作用
氨态氮	mg/L	0	0.5	表明水源受污染的程度
氯化物	mg/L	20～60	<100	适量，糖化时促进酶的作用，提高酵母活性，啤酒口味柔和；过量，引起酵母早衰，啤酒有咸味
硫酸盐	mg/L	<100	240	过量使啤酒涩味重
铁	mg/L	<0.05	<0.1	过量水呈红或褐色，有铁腥味，麦芽汁色泽暗
锰	mg/L	<0.03	<0.1	过量使啤酒缺乏光泽，口味粗糙
硅酸盐	mg/L	<20	<50	麦芽汁不清，发酵时形成胶团，影响发酵和过滤，引起啤酒浑浊，口味粗糙
高锰酸钾消耗量	mg/L	<3	<10	超过 10mg/L 时，有机物污染严重，不能使用
微生物	—	—	细菌总数<100 个/mL，不得有大肠杆菌和八叠球菌	超标对人体健康有害

注：上表引自逯家富《啤酒生产技术》。

二、水中无机离子对啤酒酿造产生的影响

（一）HCO_3^-、Ca^{2+}、Mg^{2+} 的影响

水中的 HCO_3^-、Ca^{2+}、Mg^{2+} 对糖化醪液和麦芽汁的 pH 值影响较大，具体如下所述。

1. 碳酸氢盐的降酸作用

在啤酒生产过程中，当麦芽加入到水中时，麦芽中的磷酸二氢钾会与水中的碳酸氢盐发

生化学反应，反应方式如下：

$$2KH_2PO_4 + Ca(HCO_3)_2 \longrightarrow CaHPO_4 + K_2HPO_4 + 2H_2O + 2CO_2\uparrow$$

$$4KH_2PO_4 + 3Ca(HCO_3)_2 \longrightarrow Ca_3(PO_4)_2\downarrow + 2K_2HPO_4 + 2H_2O + 2CO_2\uparrow$$

$$2K_2HPO_4 + Mg(HCO_3)_2 \longrightarrow MgHPO_4 + K_2HPO_4 + 2H_2O + 2CO_2\uparrow$$

从反应式可以看出，麦芽中的磷酸二氢钾使麦芽醪偏向酸性，并与水中形成暂时硬度的碳酸氢盐反应，生成的 K_2HPO_4 使醪液酸度降低，pH 值上升。酿造水中，一般镁离子含量较钙离子低，反应不易进行到生成 $Mg_3(PO_4)_2$，而只形成 $MgHPO_4$ 为止。$MgHPO_4$ 溶解于水，呈碱性，与碱性的 K_2HPO_4 共存，使醪液酸度降低，pH 值上升。因此，$Mg(HCO_3)_2$ 降酸作用比 $Ca(HCO_3)_2$ 强。

水中的碳酸氢钙（碳酸氢镁）使麦芽醪液中的磷酸二氢钾转变成磷酸氢二钾，使麦芽醪液酸度下降，酸度下降会影响酶的最适作用条件，导致糖化效果差，麦芽汁收得率降低，可发酵性糖含量降低，酒花苦味粗糙，发酵缓慢，发酵时间延长，发酵度降低等问题。

2. Ca^{2+}、Mg^{2+} 的增酸作用

在啤酒生产过程中，当麦芽加入到水中时，麦芽中的磷酸氢二钾会与水中的 $CaSO_4$、$MgSO_4$ 发生化学反应，反应方式如下：

$$4K_2HPO_4 + 3CaSO_4 \longrightarrow Ca_3(PO_4)_2\downarrow + 2KH_2PO_4 + 3K_2SO_4$$

$$4K_2HPO_4 + 3MgSO_4 \longrightarrow Mg_3(PO_4)_2\downarrow + 2KH_2PO_4 + 3K_2SO_4$$

从反应式可以看出，K_2HPO_4 与形成永久硬度的硫酸盐（或氯化物）作用，使碱性的 K_2HPO_4 又恢复为酸性的 KH_2PO_4，由于 $MgSO_4$ 形成的酸性 KH_2PO_4 较 $CaSO_4$ 形成的少，Ca^{2+} 的增酸作用强，是 Mg^{2+} 的 2 倍，且 Mg^{2+} 的风味欠佳，所以生产中采用 $CaSO_4$ 或 $CaCl_2$ 增酸，调节 pH 值。

（二）Na^+、K^+ 的影响

啤酒中钠和钾主要来自于原料，其次才是酿造水。一般啤酒中 Na^+ ：K^+ 常在（50～100）：（300～400）。啤酒中 Na^+、K^+ 过高容易使浅色啤酒变得粗糙，不柔和，因此要求酿造用水中的 Na^+、K^+ 含量较低，若两者超过 100mg/L，则这种水不适宜酿造浅色啤酒。

（三）Fe^{2+}、Mn^{2+} 的影响

酿造水中的 Fe^{2+} 最高限量一般认为应低于 0.2～0.3mg/L，优质啤酒含 Fe^{2+} 应少于 0.1mg/L，若啤酒中含 Fe^{2+} ＞0.5mg/L，会使啤酒泡沫不洁白，加速啤酒的氧化浑浊。若啤酒中含 Fe^{2+} ＞1mg/L 会使啤酒着色，并具有空洞感，铁腥味。

酿造水中 Mn^{2+} 应低于 0.2mg/L。Mn^{2+} 对啤酒影响与 Fe^{2+} 相似，同时它是多种酶的辅基，尤其能促进蛋白酶活性。当 M^{2+} 含量超过 0.5mg/L 时，会干扰发酵，并使啤酒着色。

（四）Pb^{2+}、Sn^{2+}、Cr^{6+}、Zn^{2+} 等的影响

除 Zn^{2+} 以外的重金属离子在酿造水中均应低于 0.05mg/L。重金属是酵母的毒性物质，会导致酶失活、酵母死亡、啤酒浑浊。

Zn^{2+} 是酵母生长必需的无机离子，如果麦芽汁中含有 0.1～0.5mg/L 的 Zn^{2+}，酵母能旺盛生长，发酵力强，同时它还能增强啤酒起泡性。酿造用水中 Zn^{2+} 可以放宽到低于 2mg/L。

（五）SO_4^{2-} 的影响

酿造水中 SO_4^{2-} 经常和 Ca^{2+} 结合，在酿造中能消除 HCO_3^- 引起的碱度和促进蛋白质絮凝，有利于麦芽汁的澄清。酿造浅色啤酒的水中含 SO_4^{2-} 可以在 50～70mg/L，过多也会引

起啤酒的干苦和不愉快味道，使啤酒的挥发性硫化物的含量增加。

(六) Cl^- 的影响

酿造水中 Cl^- 含量应在 20～60mg/L，最高不能超过 100mg/L。Cl^- 对啤酒的澄清和胶体稳定性有重要作用。Cl^- 能赋予啤酒丰满的酒体，爽口、柔和的风味。麦芽汁中 $Cl^- >$ 300mg/L 时，会引起酵母早衰、发酵不完全和啤酒口味粗糙。现在啤酒酿造水改良时，常用 $CaCl_2$ 代替 $CaSO_4$，因为它不形成苦涩的 $MgSO_4$ 沉淀。

(七) NO_2^-、NO_3^- 的影响

酿造水中应不含有 NO_2^-，NO_2^- 是国际公认的致癌物质，也是酵母的强烈毒素，它会改变酵母的遗传和发酵性状，甚至抑制发酵。在糖化时会破坏酶蛋白，抑制糖化，它还能给啤酒带来不愉快的气味。当它的含量>0.1mg/L 时，这种水应禁止作为酿造水。

NO_3^- 有害作用较小，清洁水中很少有多量的 NO_3^-。在受到生物废物特别是粪便污染时，水会含有较高的 NO_3^-。饮用水的 NO_3^- 标准为<5.0mg/L，与啤酒酿造用水的要求相近。

(八) F^- 的影响

酿造用水不应含有 F^-。啤酒酿造水中如果 $F^- >$10mg/L 会抑制酵母生长，使发酵不正常。

(九) SiO_3^{2-}、SiO_2 的影响

硅酸在啤酒酿造中会和蛋白质结合，形成胶体浑浊，在发酵时也会形成胶团吸附在酵母上，降低发酵度，并使啤酒过滤困难。因此高含量的硅酸是酿造水的有害物质。几乎所有的天然水中均含有 SiO_3^{2-}，火山地带的水中 SiO_3^{2-} 的含量高达 50～100mg/L。慕尼黑的酿造水含 SiO_3^{2-} 为 5.6mg/L，比尔森酿造水 SiO_3^{2-} 的含量为 12mg/L，一般认为 SiO_3^{2-} 的含量>50mg/L 的水是绝对不能用于酿造啤酒的。

(十) 余氯的影响

啤酒酿造水中应绝对避免有余氯的存在。因其是强烈的氧化剂，会破坏酶的活性，抑制酵母发酵。天然水不含余氯。自来水中的余氯是供水厂在水处理中加氯气或漂白粉消毒带来的。所以，用自来水或自供水（用氯消毒的水）做酿造水时必须经过活性炭脱氯。

三、啤酒酿造用水的处理

1. 加酸法

在麦芽汁制备过程中，应该尽可能满足糖化中各种酶的最适 pH 值，一般要求糊化锅 pH 值为 6.0～6.2，糖化锅 pH 值为 5.2～5.4，当水中的 pH 值偏高时，加酸可将碳酸盐硬度转变为非碳酸盐硬度，使水的残余碱度降低，降低麦芽汁的 pH 值，使糖化操作能够顺利进行。

$$Ca(HCO_3)_2 + H^+ \longrightarrow Ca^{2+} + 2H_2O + 2CO_2\uparrow$$

加酸的种类有乳酸、磷酸、盐酸或硫酸，一般以加乳酸者多。食用磷酸和盐酸或硫酸也可结合使用，调节糖化锅、洗糟用水 pH 值可添加盐酸或硫酸。调节煮沸锅麦芽汁 pH 值可用磷酸或乳酸。加酸量根据 pH 值来定，但要注意定型麦芽汁的总酸含量不能超标。

2. 加石膏或氯化钙

加石膏可以消除 HCO_3^-、CO_3^{2-} 的碱度，消除 K_2HPO_4 的碱性，调整水中钙离子浓度等作用。水中碳酸氢钙、碳酸氢镁使麦芽醪中磷酸盐转化为碱性磷酸盐，在麦芽汁煮沸时加

入石膏，会形成酸性硫酸盐和不溶性的磷酸钙，从而抵消一定的碳酸氢盐的降酸作用，同时，麦芽汁煮沸时存在石膏，可以促进蛋白质凝固，使麦芽汁澄清透明。添加量一般按增加永久硬度1°d，添加石膏2.4g/100L或氯化钙2g/100L来计算使用。

3. 电渗析法

水中的溶解盐类，多数以离子形式存在，在外加直流电场的作用下，利用水中离子具有选择透过性的特点，使水中阴、阳离子在交换膜两侧迁移，从而达到除去盐类的目的。一般除盐率达到58%～68%，即可以降低水的硬度，pH值也能达到使用要求。食盐含量高（500～1000mg/L）和总硬度过高的水用电渗析法处理比较适宜。

4. 反渗透法

反渗透法是利用待处理原水在外界高压下，克服水溶液本身的渗透压，使水分子通过半渗透膜，而盐类不能透过的原理，从而达到除去水中各种盐类，降低水的硬度和除去有害离子。

5. 石灰水法

酿造淡色啤酒时，如果酿造用水中的镁硬度较高、碳酸盐硬度较高（8°d以上）而永久硬度较低时，采用石灰水法处理。石灰与水中的碳酸氢盐、碳酸氢镁反应，生成碳酸钙和碳酸镁，碳酸钙沉淀析出，碳酸镁继续与氢氧化钙反应，生成不溶性的氢氧化镁沉淀，从而除去金属离子。石灰价廉易得，并且有很好的去除金属离子的效果，因此加石灰水法是使用最广泛的水处理方法之一。

6. 离子交换法

离子交换法是用离子交换剂中所带的离子与水中溶解的一些带相同电荷的离子之间发生的交换反应，除去水中有害离子。在交换反应中，水中离子被离子交换剂吸附，离子交换剂中的H^+和OH^-进入水中，从而除去水中存在的阴、阳两类离子。吸附水中离子的离子交换剂，可通过HCl、NaOH洗涤再生，反复使用。离子交换法在水处理和制造高纯水中应用最广泛，大型啤酒企业酿造水的处理常采用此法。

第五节　添　加　剂

随着啤酒生产工艺的改革和创新，啤酒中应用的食品添加剂的种类越来越多，不同国家、不同地区对啤酒生产添加剂的使用和管理也不一致。

一、使用添加剂的目的

在啤酒生产中，使用添加剂的目的主要有以下几个方面。

1. 提高啤酒生产中的辅料用量，降低生产成本

例如适量使用中性蛋白酶和木瓜蛋白酶，可提高麦芽汁中α-氨基氮的含量；使用α-淀粉酶，可使大米有效地发生液化和糖化，提高大米用量到40%～45%。使用α-淀粉酶、中性蛋白酶、β-葡聚糖酶，可以用大麦替代20%～40%的麦芽生产啤酒，降低生产成本。

2. 提高啤酒稳定性

例如使用木瓜蛋白酶、菠萝蛋白酶澄清啤酒，可延长保质期。使用葡萄糖氧化酶，可以防止啤酒氧化，改善了啤酒的风味。

3. 弥补麦芽质量的缺陷，提高原料的收得率

例如使用溶解不良的麦芽，常出现糖化不完全、过滤困难、麦芽汁组成不理想、原料利

用率低、发酵度低等问题。如果综合应用蛋白酶、糖化酶、淀粉酶、β-葡聚糖酶等，能够解决以上问题，可改善麦芽汁组成，提高原料收得率。

4. 提高啤酒的发酵度

例如使用淀粉葡萄糖苷酶、支链淀粉酶水解淀粉和糊精的α-1,6-葡萄糖苷键，可提高啤酒的发酵度。

5. 调节物料成分及特性，优化麦芽汁组成，满足生产工艺需求

例如添加乳酸和石膏可调节麦芽汁的pH值等。

二、添加剂的种类及其作用

根据使用添加剂作用不同，啤酒生产中常用添加剂可分为以下几类：酶制剂、生物稳定剂、非生物稳定剂、抗氧化剂、泡沫稳定剂、澄清剂、酸度调节剂、无机盐等。

（一）酶制剂

最早应用于啤酒工业的酶制剂是木瓜蛋白酶，近年来，除木瓜蛋白酶之外，啤酒工业中使用的酶制剂还有淀粉酶、β-葡聚糖酶、糖化酶、复合酶、α-乙酰乳酸脱羧酶等。

1. 耐高温α-淀粉酶

耐高温α-淀粉酶对热非常稳定，最适作用温度92～95℃，最适pH 5.5～5.7。耐高温α-淀粉酶可将直链和支链淀粉中的α-1,4糖苷键任意水解，使淀粉迅速分解为可溶性的糊精和低聚糖等，提高麦芽汁产量。由于耐高温α-淀粉酶活性高、添加量低，可提高辅料用量，降低生产成本。耐高温α-淀粉酶酶活力为120KNU/g，用量一般为0.30～0.35kg/t辅料。

2. 真菌α-淀粉酶

真菌α-淀粉酶最适pH 5～7，最适作用温度为50℃左右。能水解淀粉和糊精中的α-1,4糖苷键，生成麦芽糖、麦芽三糖及葡萄糖等。真菌α-淀粉酶酶活力为800FGU/g，添加量一般为0.3kg/t原料或20～30g/t冷麦芽汁。

3. 支链淀粉酶

支链淀粉酶最适pH 4.5～5.5，最适温度30～60℃。支链淀粉酶可将淀粉及低聚糖中的α-1,6糖苷键水解，增加可发酵性糖含量。支链淀粉酶酶活力为400PUN/g。添加量为1～2.5L/t原料，或0.1～0.2L/t冷麦芽汁。

4. 淀粉糖化酶

淀粉糖化酶最适pH 5.2～6.4，最适温度58℃。由黑曲酶制得的糖化酶，能水解麦芽汁中的低聚糖、糊精、淀粉中的α-1,6糖苷键和α-1,4糖苷键生成葡萄糖。若与普鲁兰酶同时作用，可提高麦芽汁发酵度。淀粉糖化酶酶活力一般为300AGU/mL，添加量为糖化开始时加1.0～2.0L/t原料，或在麦芽汁冷却后加入20～30mL/t冷麦芽汁。

5. β-葡聚糖酶

β-葡聚糖酶的最适pH 5.5～7.0，最适温度50～60℃。β-葡聚糖酶能将麦芽和大麦β-葡聚糖分解为3～5个葡萄糖苷基的低聚糖，降低麦芽汁黏度，使过滤速度提高，并可提高麦芽汁收得率。β-葡聚糖酶酶活力一般为200BGU/g，一般在糖化投料后，加入β-葡聚糖酶0.5kg/t麦芽，可提高麦芽汁收得率，改善麦芽汁组成。如果麦芽汁溶解度差，在投料时加β-葡聚糖酶0.5～1.0kg/t麦芽，以提高过滤速度。

6. 高活力复合酶

高活力复合酶是模拟麦芽天然酶组分，经复合精制而成。它在确保麦芽汁中α-氨基氮等理化指标达到工艺要求的情况下，提高辅料比，降低成本，同时提高啤酒的非生物稳定

性。目前常用的高活力复合酶有丹麦复合酶 Ceremix 2XL 和丹麦复合酶 Ceremix Plus MG 两种。

丹麦复合酶 Ceremix 2XL，最适 pH 4.0～5.7，最适温度 25～50℃，含有 α-淀粉酶 80KNU/g、β-葡聚糖酶 300BGU/g、中性蛋白酶 0.33AU/g，可分解 β-葡聚糖，降低麦芽汁浓度，改善麦芽汁的过滤性能，提高麦芽汁的氨基氮含量和麦芽汁收得率，添加量 0.5～1.0kg/t 麦芽。

丹麦复合酶 Ceremix Plus MG，此酶具有较高的淀粉转化率，可提高麦芽汁中 α-氨基氮及总氮的含量，提高麦芽汁的过滤性能和麦芽汁收得率，并改善啤酒的过滤性能和啤酒质量。内含耐高温细菌 α-淀粉酶、中性蛋白酶、β-葡聚糖酶、戊聚糖酶、木聚糖酶和纤维素酶。

7. 木瓜蛋白酶

木瓜蛋白酶能分解啤酒中高分子蛋白质，提高啤酒胶体稳定性。使用时先用脱氧无菌水或啤酒溶解，一般在贮酒时添加，有人认为应加在过滤后的啤酒中，因为蛋白酶对蛋白质的分解作用主要在啤酒杀菌过程中发生，添加量为 0.1～0.4g/100L。

8. 菠萝蛋白酶

菠萝蛋白酶也能分解啤酒中高分子蛋白质，提高啤酒胶体稳定性。用脱氧无菌水或啤酒溶解后使用，添加量为 0.1～0.5g/100L [酶活力为 (35～40)×10^4U/g]。

9. 蛇麻香胶

蛇麻香胶为进口酶制剂，主要含蛋白酶，另外还含有酒花树脂及其他多种酶。蛇麻香胶又被称为蛋白质分解剂兼泡沫稳定剂，能分解高分子蛋白质，提高啤酒胶体稳定性，对啤酒泡沫也有所改善。下酒时或封桶后 20 天分 2 次或 1 次加入。添加量为 0.5～10g/100L。

10. 霉菌酸性蛋白酶

霉菌酸性蛋白酶，能分解高分子蛋白质，延长啤酒保存期。贮酒时加入或滤酒后加入。添加量为 0.1g/100L（酶活力为 32×10^4U/g）。

11. α-乙酰乳酸脱羧酶

α-乙酰乳酸脱羧酶可显著降低双乙酰的形成量，缩短双乙酰的还原时间，缩短发酵周期，特别适合啤酒旺季生产时的需要，防止成品啤酒中双乙酰的回升。可与冷麦芽汁一起加入发酵罐中。添加量为 10～15g/t 冷麦芽汁。

（二）生物稳定剂

为了克服热杀菌对啤酒风味的影响，有的国家已研究采用化学杀菌剂（又称冷杀菌剂）对啤酒进行杀菌处理，既能保持啤酒的生物稳定性，又不影响啤酒的风味。冷杀菌剂有 SO_2、焦碳酸二乙酯、对羟基苯甲酸正庚酯、没食子酸正辛酯、乳链菌肽保鲜剂等，其中最常用的冷杀菌剂是 SO_2 及乳链菌肽保鲜剂。

1. SO_2 杀菌剂

SO_2 既是抗氧化剂，又是杀菌剂，通常以亚硫酸氢钠或焦亚硫酸氢钠的形式加入。欧盟规定用量不超过 40mg/kg，英国较普遍采用，规定不超过 70mg/kg。

2. 乳链菌肽保鲜剂

乳链菌肽是从乳酸链球菌中提取的一种多肽类抗生素，又称乳酸链球菌素，可以杀灭有害厌氧菌，在啤酒中溶解度高、稳定性好，对厌氧菌有很好的抑制和杀菌作用，对酵母菌无影响。主要用于酵母洗涤和酵母扩培，保证菌种不受污染，可延长纯生啤酒和鲜啤酒的保存期达2周以上，在瓶装啤酒中少量添加可降低巴氏杀菌单位，减少“杀菌味”。用量约为100IU/mL。

（三）非生物稳定剂——多酚吸附剂（PVPP）

PVPP是一种不溶性的以高分子交联的聚乙烯吡咯烷酮，内部具有微孔，呈白色粉末状颗粒，能高度选择性地吸附与蛋白质交联的多酚，能吸附除去40%以上的儿茶酸类、花色素原和聚多酚等，可预防啤酒冷雾浊，推迟永久浑浊的出现。啤酒经PVPP处理，非生物稳定性可延长2～4个月，使啤酒获得更长的保质期。另外，由于多酚物质的减少，也相应地减少了啤酒因多酚氧化而造成的氧化味，降低啤酒的色度。使用时先配成10%的浆料，将PVPP在脱氧水中吸水膨胀1h以上，而后同硅藻土一起混合加入过滤机中过滤，使之有充分的时间吸附多酚。添加量为15～50g/100L。

（四）抗氧化剂

啤酒进入后酵，过多的氧易产生氧化味，促进花色苷与蛋白质复合沉淀物的形成，因此添加抗氧化剂能起到一定的抗氧化效果。啤酒生产中普遍使用的抗氧化剂有维生素C、SO_2、葡萄糖氧化酶（GOD）和亚硝酸盐复合去氧剂等。

1. 维生素C

添加维生素C可以抗氧化，保持啤酒新鲜，延长保质期；也可以去除醛类形成的腐败异味。在啤酒分离酵母后添加，也可在啤酒预过滤后或最后过滤前添加。欧盟规定维生素C用量为50mg/kg，我国常用用量为2～8g/100L。

2. 葡萄糖氧化酶（GOD）和亚硝酸盐复合去氧剂

葡萄糖氧化酶是天然食品添加剂，无毒副作用，可以除去啤酒中的溶解氧和瓶颈氧，阻止啤酒的氧化变质。亚硝酸盐可消除氧自由基的影响。在啤酒生产过程中这两种去氧剂配合使用，可使啤酒含氧量降到10μg/L以下，防止氧化味产生，保持啤酒原有风味，口味纯正，提高啤酒稳定性，延长啤酒保质期。一般在灌装前把GOD（去氧剂R_1）加到清酒罐中，每吨啤酒添加GOD 40mL，即平均每瓶啤酒加0.025mL。加入清酒罐的GOD要混合均匀。固体去氧剂亚硝酸盐（去氧剂R_2）添加量为每吨啤酒10～15g，在过滤前加入。

（五）泡沫稳定剂

丙二醇藻酸盐是最常用的泡沫稳定剂，可增强泡沫的稳定性，抵消啤酒中消泡成分的作用，增强啤酒的泡持性。使用时配成1%水溶液，在啤酒最后一道工序前添加。

（六）啤酒澄清剂

啤酒生产中使用最多的澄清剂有鱼胶、硅胶和卡拉胶等。

1. 鱼胶

鱼胶由胶原蛋白组成，其分子是两性的，可与酵母菌、蛋白质结合，促使酵母细胞及蛋白质颗粒的质量与体积增加而发生沉淀，澄清了啤酒，同时也改善了啤酒的泡沫稳定性。鱼胶在过滤时被去除，因此包装啤酒中不会有鱼胶存在。

2. 硅胶

硅胶为多孔性物质，以氢键方式吸附与多酚物质交联的蛋白质，并可通过过滤去除。啤酒中引起浑浊的蛋白质一般脯氨酸含量很高，硅胶特别易于吸附脯氨酸含量高的蛋白质。而且，硅胶不会除去形成泡沫的多肽，所以利用硅胶澄清啤酒，也有利于泡沫的稳定性。因此，硅胶是一种非常有效的稳定剂。

鱼胶和硅胶配成浆料同硅藻土一起，在过滤阶段第二次预涂时添加使用，过滤麦芽汁，成品啤酒的稳定性会大大提高。

3. 卡拉胶

卡拉胶可快速吸附麦芽汁中的热凝固物，产生沉淀使麦芽汁澄清，提高啤酒的稳定性。使用时，可直接添加到麦芽汁煮沸锅中。

（七）酸度调节剂

在啤酒生产中常用的酸度调节剂有乳酸、磷酸、盐酸等。其质量对啤酒质量会产生很大的影响，因此，在使用酸度调节剂的时候必须谨慎。

1. 乳酸

乳酸为澄清无色或微黄的糖浆状液体，乳酸含量＞80％，氯化物≤0.002％，硫酸盐≤0.01％，铁≤0.001％，灼烧残渣≤0.1％。

2. 磷酸

磷酸是无色透明、稠状液体，磷酸含量≥85.0％，氟≤0.001％，砷≤0.0001％，重金属（以铅计）≤0.001％，硫酸盐≤0.005％，易氧化物≤0.012％。

3. 盐酸

盐酸是无色或淡黄色透明液体，盐酸含量≥31％，铁≤0.005％，硫酸盐≤0.007％，灼烧残渣≤0.05％，重金属（铅计）≤0.005％，砷≤0.0001％。

（八）无机盐

1. 石膏

石膏为洁白细腻的白色粉末，无可见杂质，不与酚酞呈碱性反应。添加石膏能增加麦芽汁酸度，促进蛋白质沉淀，增加水中钙离子和硫酸根离子。

2. 氯化钙

酿造用水中氯离子含量过低时，氯化钙可代替石膏使用。

3. 酵母营养盐

酵母营养盐能促进酵母生长繁殖，缩短发酵时间，增加酵母使用系数，增强酵母凝聚性，可弥补由于辅料用量大，造成的麦芽汁中矿物质盐、生长素含量低的缺陷。

思考题

1. 简述大麦的结构及其生理特性。
2. 简述大麦的主要成分及其含量。
3. 简述酒花的主要成分及其在啤酒酿造中的意义。
4. 简述使用辅料的种类及其作用。
5. 简述使用添加剂的种类及其作用。

第三章　麦芽制备技术

学习目标

- 了解大麦和麦芽的种类、性质。
- 掌握麦芽制备的原理、工艺特点、工艺条件控制方法以及所用设备的性能和结构特点。
- 熟悉麦芽生产的基本流程、生产设备的操作规范，具备工艺管理能力及产品质量分析能力。

麦芽制备简称“制麦”，是指啤酒大麦经过一系列加工制成麦芽的过程，是啤酒酿造主要原料——麦芽的生产过程，也是啤酒生产的开始。

麦芽的质量优劣对啤酒酿造过程、啤酒质量有着直接、决定性的作用。不同制麦技术生产的麦芽类型、麦芽质量是不同的；用不同类型的麦芽生产出来的啤酒，其类型也是不同的。因此，有人称“水是啤酒的血液，而麦芽则是啤酒的灵魂”。

为满足啤酒酿造的要求，制麦有以下三个目的：

（1）最大限度的形成和积累各种酶，以满足啤酒生产中“糖化过程”对酶的需求。

（2）使麦粒中的细胞很好溶解，蛋白质适度溶解。

（3）产生“色、香、味”等物质，赋予啤酒特有的“色、香、味”。

麦芽制备过程如下：

原料大麦→预处理→浸麦→发芽→干燥→除根→成品麦芽

第一节　大麦的预处理

大麦和麦芽的化学成分与质量直接影响着啤酒的质量。因此，在学习啤酒酿造技术时，必须对大麦及麦芽的化学成分及其在酿造中的作用有所了解，才能在生产实践中控制工艺条件，以利于啤酒质量的提高。

一、大麦的基本知识

（一）大麦的种类

大麦属禾本科植物，是古老的培育植物，公元六千年前就在亚洲开始种植。自然界最早出现的野大麦是六棱大麦，后来人们从六棱大麦中选育出了二棱大麦。

大麦的品种繁多，不过人们依据其不同特性进行了如下的划分。

1. 根据酿造价值划分

在啤酒行业，一般把能用于酿造啤酒的大麦称为“酿造大麦”，这是因为啤酒酿造对大麦的特征有着特殊的要求。不能用于啤酒酿造的大麦称为“饲料大麦”。在植物学上，二者并没有严格的区别，所以“酿造大麦”并非一种特殊的大麦品种。

2. 依据籽粒生长形态划分

（1）六棱大麦　它是大麦的原始形态品种，麦穗断面为“六角形”，即六行麦粒围绕一根穗轴而生，但只有中间对称的两行籽粒发育正常，另外左右四行籽粒发育迟缓、粒形不整齐。所以六棱大麦的籽粒从总体上看，不够整齐且颗粒小。

（2）四棱大麦　属于六棱大麦，只不过它的左右四行籽粒不像六棱大麦那样对称而生，即有两对籽粒互为交错，致使麦穗断面看起来像“四角形”。

（3）二棱大麦　由六棱大麦演变而来，麦穗扁形，只有两行麦粒围绕一根穗轴对称而生。

二棱大麦的麦粒相对四棱大麦和六棱大麦来比，其颗粒更加整齐均匀、饱满，蛋白质含量较低、淀粉含量较高。

3. 依据季节划分

（1）在德国，按照大麦生长度过的季节划分为夏大麦和冬大麦。

① 夏大麦。在三月份或四月份播种，七月份或八月份收割，整个生长期约为四个月。夏大麦经过几百年“酿造价值”的系统改良和培育，具有良好的酿造性能。

② 冬大麦。九月份播种，第二年的七月份或八月份收割。冬大麦的生长期很长，但产量高，大多为四棱，少数为二棱。

（2）在我国，由于气候条件与德国不同，按播种季节划分为春大麦和冬大麦。

① 春大麦。多在三月份或四月份播种，七八月份收割，生长期较短，但成熟度不够整齐，休眠期较长。

② 冬大麦。多在秋后播种，次年六七月份收割，虽然生长期长，但成熟度整齐，休眠期较短。

（二）优良品种酿造大麦的特点

1. 优良的“可种植性”

（1）产量高，这一点对于种植者来说十分重要。

（2）气候适应性强，如抗倒、抗寒、抗热、抗霜等。

（3）对土壤的适应性及对营养物质的吸收能力，这一点便于大面积的种植。

（4）低肥，从劳动强度和经济角度考虑都十分重要。

（5）抗病害能力，如某一品种的抗病害能力弱，也不能推广种植。

（6）生长成熟期短。

（7）性能稳定。

2. 优良的“酿造性能”

（1）休眠期短、水敏性低、吸水力大。

（2）麦粒大、饱满、整齐均匀。

（3）麦皮薄、皱纹细腻。

（4）浸出率高。

（5）蛋白质含量适中（对目前品种的要求是：较低的蛋白质含量）。

（6）千粒重和百升重高。

（7）粉状度高。

（8）良好的酶形成和积累能力，即：制成的麦芽“酶系完整，酶活性高”。

（9）制成的麦芽“溶解性”好。

（10）色泽浅。

二、大麦的输送

麦芽厂（车间）需要输送的物料有大麦、绿麦芽和干燥麦芽。物料的输送方式主要有两大类：气流输送和机械输送。

现场情况不同，采用的输送方式也有所不同。有的是单一输送方式，有的需要几种输送方式相结合。

（一）气流输送

气流输送分为吸引式和压送式两种。

1. 吸引式

吸引式气流输送适合粉尘多的物料和从不同地点向集中地输送，风机安装在整个系统的末端，从管路中抽气，使管路系统内部处于负压状态，粉尘不至于外漏。如图 3-1 所示。

2. 压送式

压送式气流输送将风机安装在整个系统的前端，压缩机将空气压入输送管路中，供料器提供的物料与空气混合并被输送到目的地。管路系统内部处于正压状态，与外部的压差较大，可以输送潮湿的物料，适合长距离输送和从集中地向不同的地点输送，不适于输送含粉尘较多的物料。如图 3-2 所示。

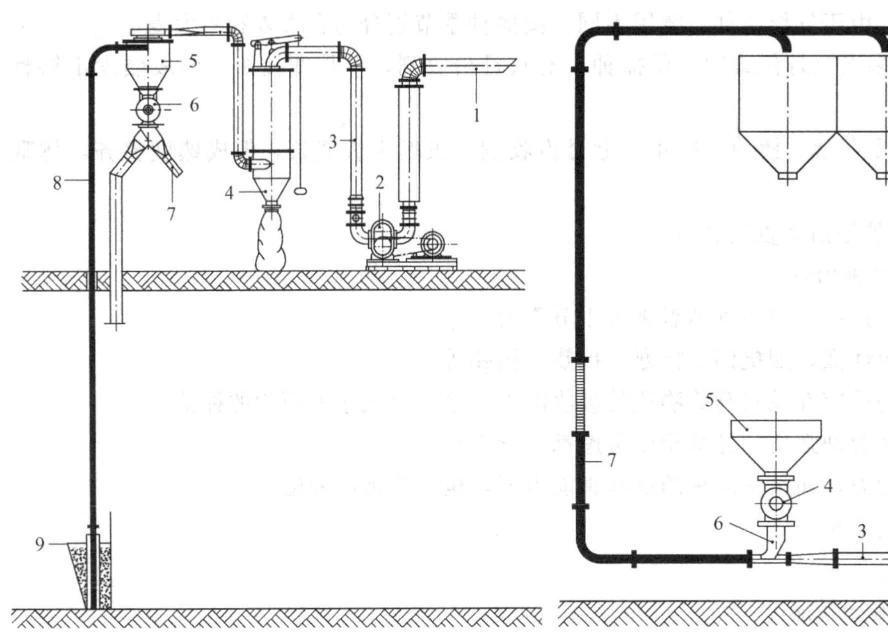

图 3-1 吸引式气流输送系统

1—排风管；2—风机；3—风管；4—除尘器；5—卸料器；6—闭风器；7—下料管；8—升料管；9—吸嘴

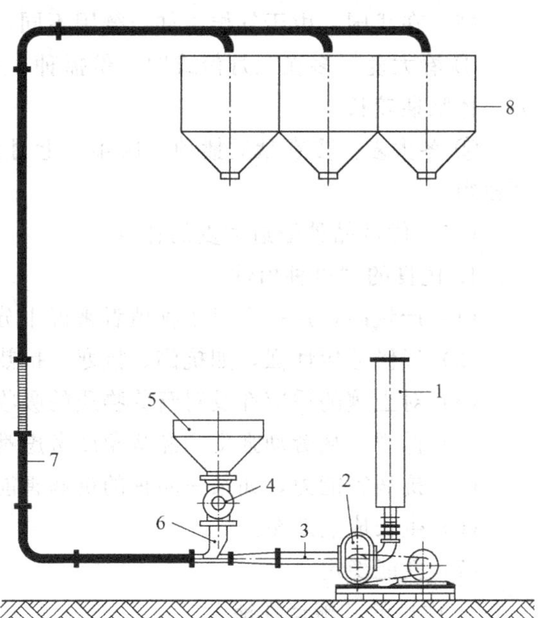

图 3-2 压送式气流输送系统

1—进风管；2—空气压缩机；3—压力空气管；4—闭风器；5—料斗；6—压力喷嘴；7—料管；8—料箱（浸麦槽）

（二）机械输送

机械输送分为三种：带式输送机、螺旋输送机和斗式提升机。带式输送机适用于长距离水平方向输送，螺旋输送机适用于短距离水平或倾斜角不大于 20°的方向输送，斗式提升机适用于向上提升物料，这三种机械输送方式可以结合使用。

1. 带式输送机

带式输送机主要由输送带、托辊、鼓轮、驱动装置和拉紧装置构成。输送带为环形，绕在两个鼓轮上，一个鼓轮是主动轮，连接驱动装置，另一个是从动轮，附有拉紧装置并可调节输送带的松紧程度。如图 3-3 所示。

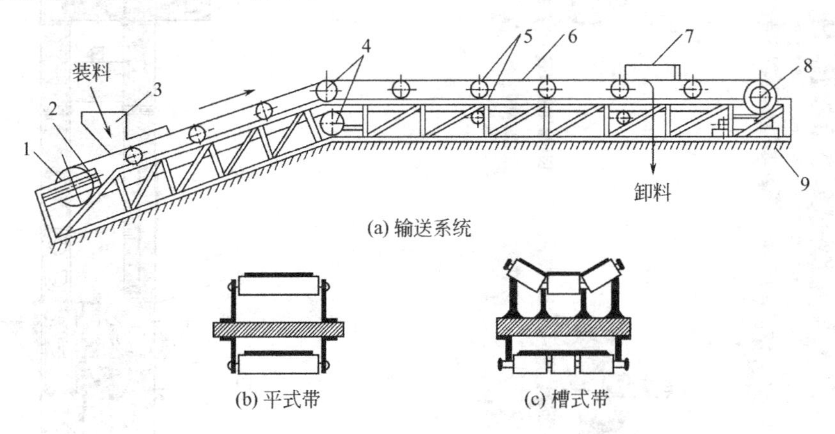

图 3-3 带式输送机结构图

1—拉紧辊；2—拉紧装置；3—装料斗；4—改向辊；5—托辊；6—输送带；7—卸料装置；8—驱动辊；9—驱动装置

2. 螺旋输送机

螺旋输送机主要由外壳、螺旋和传动装置构成。螺旋在传动装置的驱动下旋转，将物料向前推移。如图 3-4 所示。

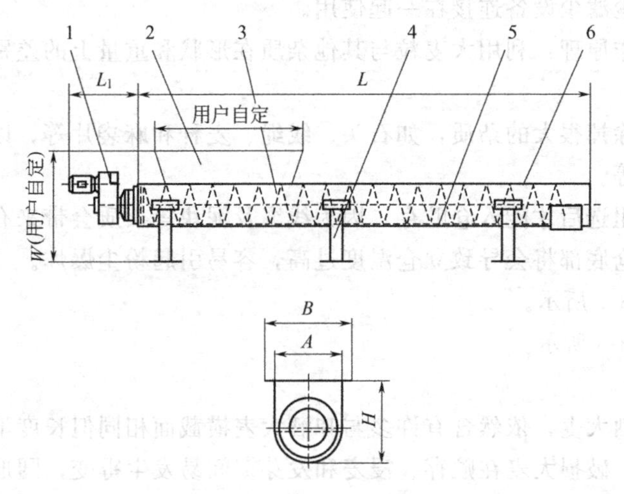

图 3-4 螺旋输送机结构图

1—减速机；2—落料斗；3—螺旋叶片；4—支架；5—耐磨衬垫；6—U 形槽

3. 斗式提升机

斗式提升机用胶带或链条作为牵引件，料斗固定在牵引件上，从向上运行一侧的下部物料进料，料斗口朝上，当运行到顶部时绕主动轮转到另一侧，料斗口朝下并向下运行，物料从斗内落下。如图 3-5 和图 3-6 所示。

三、大麦的清选

进厂的大麦会含有一些杂质，如：铁块、石头、沙子、灰土、绳头、麻袋片、木块、麦芒、杂草、非大麦谷粒及半粒等，这些杂质必须在分级前除掉才能进行清选工作。

图 3-5　斗式提升机

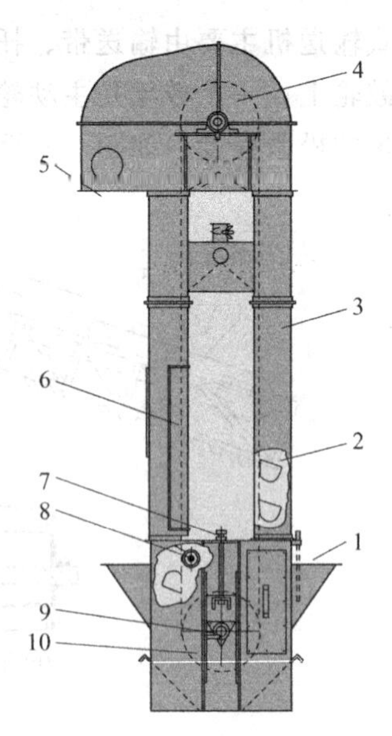

图 3-6　斗式提升机结构图

1—进料口；2—料斗；3—外壳；4—主动轮；
5—出料口；6—视窗；7—拉紧装置；
8—偏轨检查；9—转数检查；10—从动轮

清选设备必须安装在独立的房间内，以防止清选时所扬起的灰尘污染其他车间，同时也要把清选设备与除尘滤尘设备连接在一起使用。

清选设备的工作原理：利用大麦粒与其他杂质在形状和重量上的差别而进行去除分离。

（一）粗选

粗选的目的：除掉很大的杂质，如石头、线绳、麦秆和麻袋片等，以及一部分很小的杂质，如沙子、灰尘等。

大麦必须经过粗选后才能入仓贮存，因为线绳及泥块等杂质会带来有害微生物，并且大量的灰尘积压在立仓底部将会导致立仓温度过高，容易引起粉尘爆炸。

粗选系统如图 3-7 所示。

粗选流程如图 3-8 所示。

（二）精选

经过粗选的啤酒大麦，依然含有许多与啤酒大麦横截面相同但长度不同的杂质，如破损大麦粒和圆形杂谷，破损大麦在贮存、浸麦和发芽期间易发生霉变，圆形杂谷混入麦芽中影响麦芽的质量，进而影响麦汁甚至啤酒的质量。分离这些杂质是利用其与啤酒大麦长度不同的特征，这一过程即为大麦的精选。国内大麦的精选一般在浸麦前进行。

1. 精选设备

用于大麦精选的设备称为精选机，又称杂谷分离机，国内主要采用卧式圆筒精选机。

普通精选机圆筒旋转速度为 0.3～0.4m/s，离心力小，将颗粒提升的高度低，有效分离面积小，设备分离能力约为 200kg/(h·m^2)。高效精选机圆筒旋转速度高（1.2m/s），离心力大，能将嵌入的颗粒提升到很高的位置，提高了有效分离面积，分离能力可达 400kg/(h·m^2)，分离效率由原来的 20%～25%提升到 30%左右。

圆筒不能装料太多或转速太快，否则会影响分离效果。短粒或整粒大麦也有可能与杂质一起被提升到一个高度落入收集槽中而造成损失，因此，可以将分离出的杂质进行第二次精选，进一步分离出完整的颗粒。精选机在操作过程中，要及时调整槽道的位置，以便提高分离效率并保证分离效果。

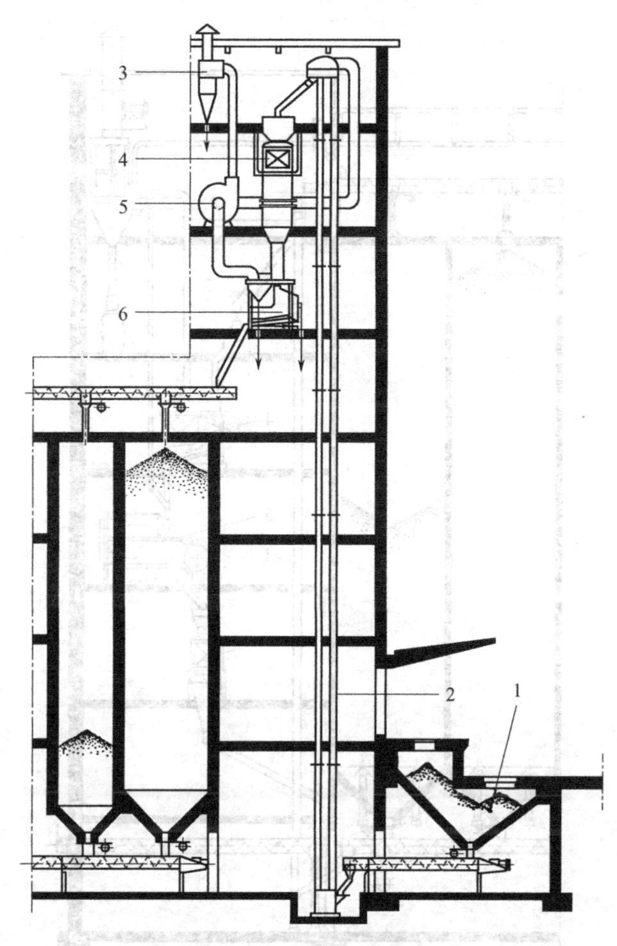

图 3-7　大麦粗选系统

1—进料斗；2—提升机；3—旋风除尘器；4—原麦自动计量秤；5—抽风机；6—风力粗选机

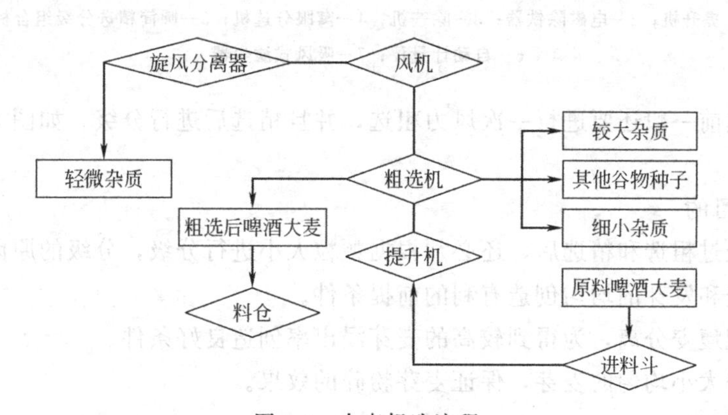

图 3-8　大麦粗选流程

大麦精选系统如图 3-9 所示。

2. 精选流程

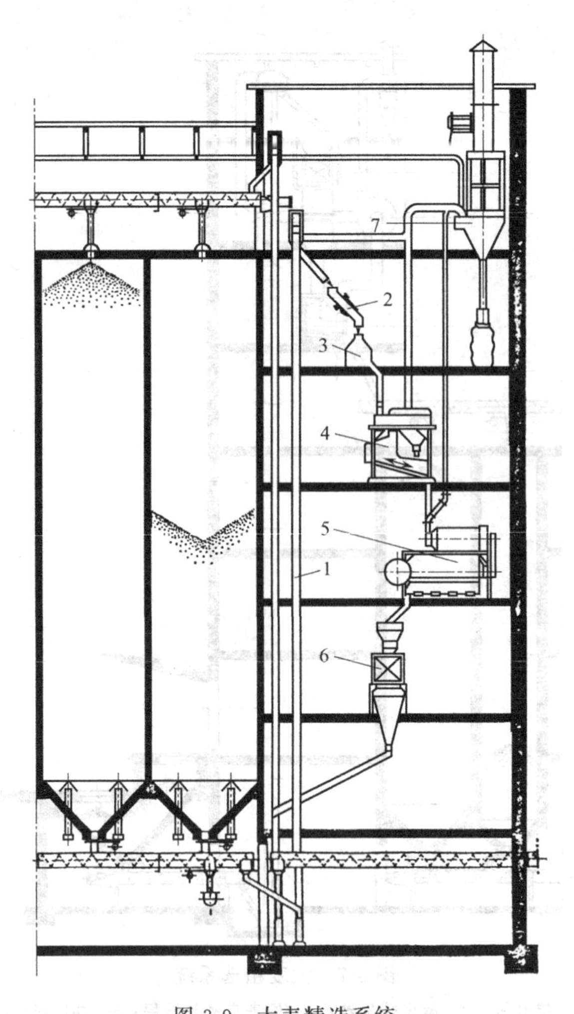

图 3-9 大麦精选系统

1—提升机；2—电磁除铁器；3—除芒机；4—窝眼分选机；5—圆筒精选分级组合机；6—自动计量秤；7—吸风式滤尘器

大麦在精选前一般还要进行一次风力粗选，并且精选后进行分级。如图 3-10 所示。

四、分级

（一）分级目的

原料大麦经过粗选和精选后，还必须根据颗粒大小进行分级，分级的原因是：

(1) 为浸麦和发芽的均匀创造有利的前提条件。

(2) 可以把瘦麦分离，为得到较高的麦芽浸出率创造良好条件。

(3) 能获得大小均匀的麦芽，保证麦芽粉碎的效果。

（二）分级标准

进口大麦颗粒较大，将其分为三级，Ⅰ号和Ⅱ号大麦（>2.2mm）用于制麦，Ⅲ号大麦（<2.2mm）用作饲料，国产大麦颗粒较为瘦小，腹径在 2.0～2.2mm 之间的大麦用于制麦，腹径小于 2.0mm 的大麦用作饲料。

（三）分级设备

大麦分级设备的主要构件是打孔的筛板，称为分级筛。分级筛有平板式和圆筒形两种，

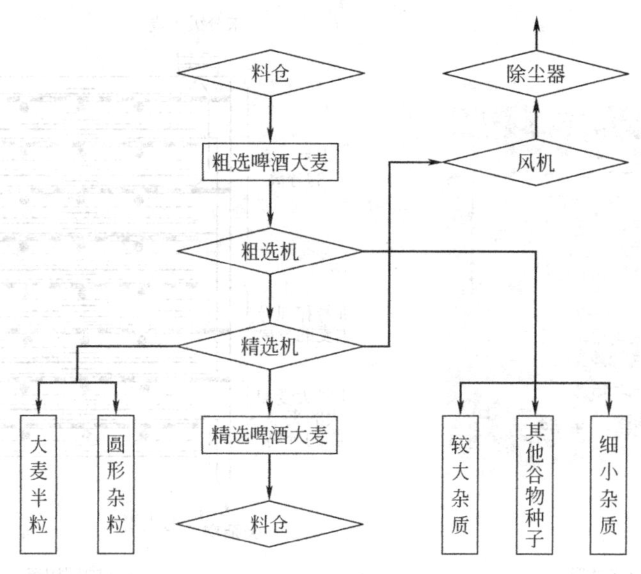

图 3-10　大麦精选流程

常用的是平板式分级筛。

1. 平板分级筛

平板分级筛的分级效率高、占地面积小、能耗低，但造价高、维护困难，如图 3-11 所示。

2. 圆筒分级筛

将打孔的钢板卷成圆筒形即为圆筒分级筛。分为筛孔长 2.2mm 和 2.5mm 两种。安装时圆筒略微倾斜（倾斜角度小于 10°），圆周速率不应超过 0.7m/s。

五、大麦的贮存

新收获的大麦，特别是收获季节时天气多雨，使得大麦水分含量高，具有休眠性、水敏性和发芽率低等特点，只有经过一段时间的贮存度过了大麦的休眠期，并将水分降到一定要求后，才能达到工艺要求的发芽率。

（一）贮存条件

贮存期间对大麦呼吸作用影响最大的是大麦含水量和贮存温度。如图 3-12、图 3-13 所示。

大麦贮存一般要求水分在 13%以下，贮存温度控制在 15℃以下。在此条件下大麦的贮藏期可以达到一年，满足麦芽生产企业的要求，如果大麦水分大于 15%，则必须干燥，使水分降低到 13%以下。

有条件的工厂（如立仓）可采用通风干燥，要求低温大风量，适宜的干燥温度为 35～40℃，最高不超过 50℃。无条件的工厂可采用日光暴晒的方法。大麦水分越大，干燥温度就应越低。

（二）贮存方法

1. 地面堆积贮存

在混凝土地面上放置垫板，将袋装大麦以品字形堆放，高度 10～12 层为宜，贮存能力为 2000～2400kg/m²。既可在室内贮存，也可在露天堆放，在露天堆放要盖防雨篷布。

2. 立仓贮存

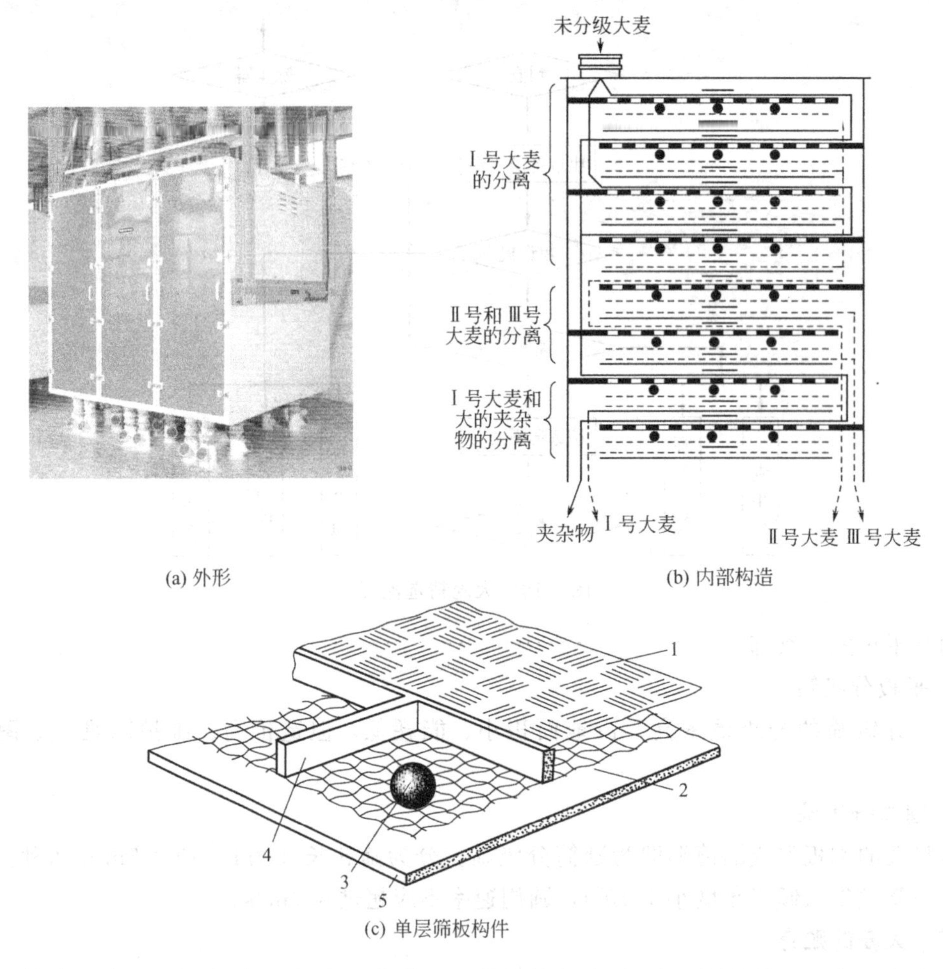

(a) 外形　　(b) 内部构造

(c) 单层筛板构件

图 3-11　大麦分级机

1—筛板；2—球筛；3—橡皮球；4—球筛框；5—收集板

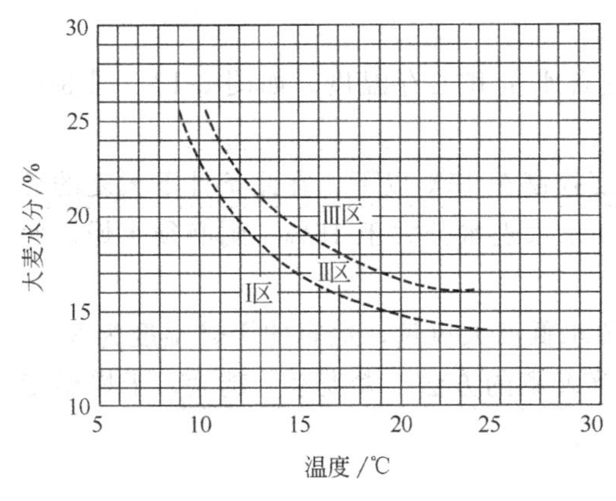

图 3-12　大麦贮存的安全性与大麦含水量和贮存温度的关系

Ⅰ区—安全区；Ⅱ区—报警区；Ⅲ区—危险区

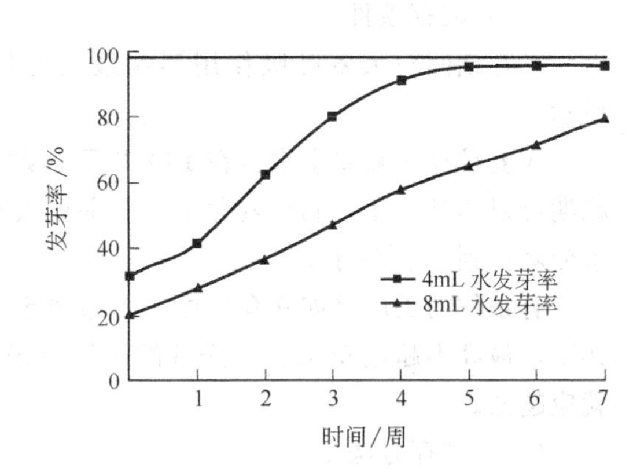

图 3-13　贮存期间休眠期和水敏性变化曲线

现代麦芽厂多采用立仓贮存，立仓容量大（每个立仓可贮存上千吨大麦）、占地面积小，能机械通风。

第二节　大麦的浸渍

大麦发芽必须保证麦芽含有足够的水分。大麦含水量为30%时就可以开始萌发根芽和叶芽，含水量约38%时，大麦根芽和叶芽萌发得最快、最均匀，但要达到理想的胚乳溶解以及由溶解而导致的酶积累则需要44%～48%的水分。

经过清选和分级的大麦，在一定条件下用水浸泡，使其达到适当的含水量（浸麦度），这一过程称为浸麦。

浸麦目的：

（1）达到发芽所需的浸麦度。

（2）使麦粒提前萌发，达到露点率。

（3）洗去麦粒表面的灰尘。

（4）洗去麦皮上的不利物质。

（5）杀死麦粒上的微生物。

一、浸麦理论

（一）颗粒吸水

浸麦开始时颗粒吸水较快，几乎呈直线上升，然后逐渐趋于平缓，当达到一定含水量时便不再上升。如图3-14所示。

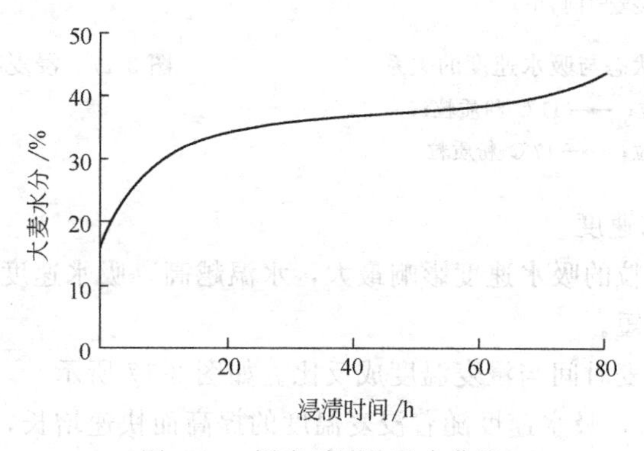

图3-14　浸麦时颗粒吸水曲线

1. 颗粒不同部位的吸水速度

大麦颗粒的部位不同，吸收水分的快慢是不一样的。浸麦开始1h，除皮壳外，吸水最快的是胚轴，其次是盾状体，胚乳吸水最慢。浸麦24h，胚轴和盾状体吸收的水分最多并且相同，处于颗粒中间部位的胚乳吸水最慢。

2. 颗粒大小与吸水速度

大麦颗粒大小不同，吸水速度也不同。大而饱满的颗粒吸水速度较慢，小而瘪的颗粒吸水较快，经过长时间浸麦后，小颗粒大麦的浸麦度大于大颗粒的浸麦度。由颗粒大小与吸水速度关系图（图3-15）可以看出，颗粒大于2.5mm的大麦最终含水量相差不大。因此，浸麦前需先将大麦分级，使啤酒大麦达到规定的整齐度，保证浸麦均匀性以及发芽一致性。

3. 蛋白质含量与颗粒吸水速度

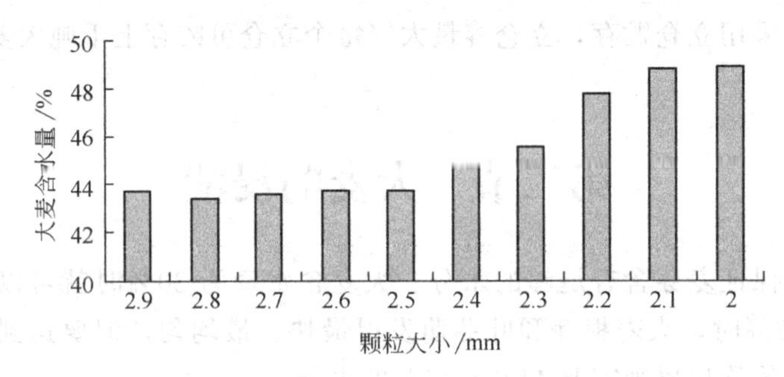

图 3-15 啤酒大麦颗粒大小与吸水速度的关系

相同品种的大麦，蛋白质含量越高，即淀粉含量越低，颗粒的吸水速度就越慢。

4. 胚乳状态与颗粒吸水速度

胚乳状态有粉状粒和玻璃质粒之分，在相同的浸麦温度和浸麦时间内，粉状粒比玻璃质粒吸水速度快（图 3-16）。这与玻璃质粒含蛋白质高、吸水慢相符合。

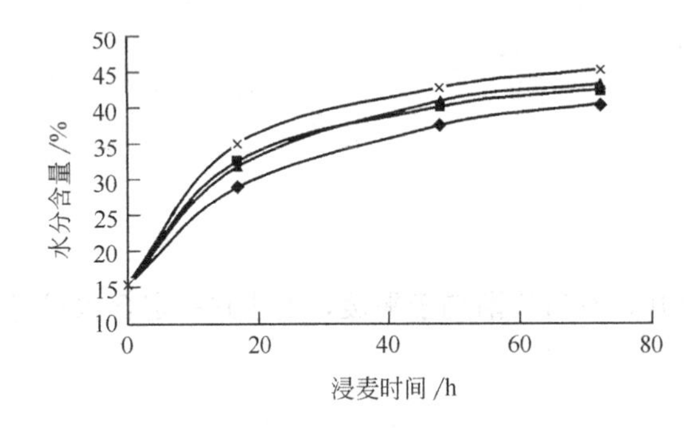

图 3-16 大麦胚乳状态与吸水速度的关系

—◆— 11℃ 玻璃质粒；—■— 11℃ 粉质粒；

—▲— 17℃ 玻璃质粒；—×— 17℃ 粉质粒

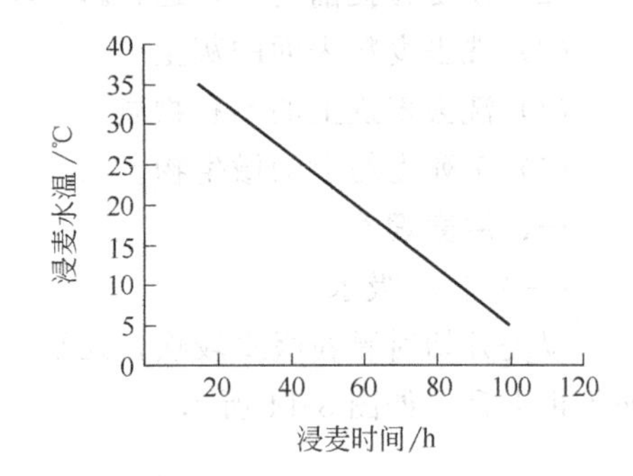

图 3-17 浸麦时间与浸麦水温的关系

5. 浸麦温度与吸水速度

浸麦水温对大麦颗粒的吸水速度影响最大，水温越高，吸水速度越快，达到同样的含水量所需的浸麦时间就越短。

设定浸麦度后，浸麦时间与浸麦温度成反比。如图 3-17 所示。

从图 3-17 可以看出，吸水速度随着浸麦温度的提高而快速增长，但在实际生产过程中，不能采用大幅度提高浸麦温度的办法来缩短浸麦时间，因为浸麦温度取决于麦芽质量。建议浸麦温度最高不超过 25℃。

（二）大麦的休眠期和水敏性

1. 大麦的休眠期

新收获的大麦一般要贮存 6～8 周的时间，胚部才能在适宜的条件下开始发芽，这段时期称为大麦的休眠期。

大麦的休眠期是由发芽抑制剂造成的，如豆香素和酚酸（香草酸），这些物质存在于皮壳中，必须在后熟期间分解或氧化。

正常情况下，处于休眠期的大麦不能用于制麦，如果要使用则必须先采取措施去除休眠期后才可以，去除休眠期的措施如下：

（1）添加 1%的过氧化氢溶液，氧进入果皮和种皮。

(2) 添加 H_2S（0.5‰）或硫醇，如1%的硫脲溶液可抑制果皮中的多酚氧化酶，为胚芽提供更多的氧。

(3) 添加赤霉酸，这是比较常用的一种方法，它能刺激胚芽中产生谷胱甘肽和半胱氨酸，并有利于酶的形成。

(4) 将大麦加热至40～50℃，使果皮中的发芽抑制剂氧化。

(5) 去掉麦壳、种皮和果皮，或在胚附近将皮层打孔。

2. 大麦的水敏性

若将大麦长时间水浸也不能提高其含水量，这种现象称为大麦的水敏性（图3-18）。具有水敏性的大麦发芽率低于正常大麦，遇有水敏性的大麦要采取措施破坏其水敏性，具体方法如下：

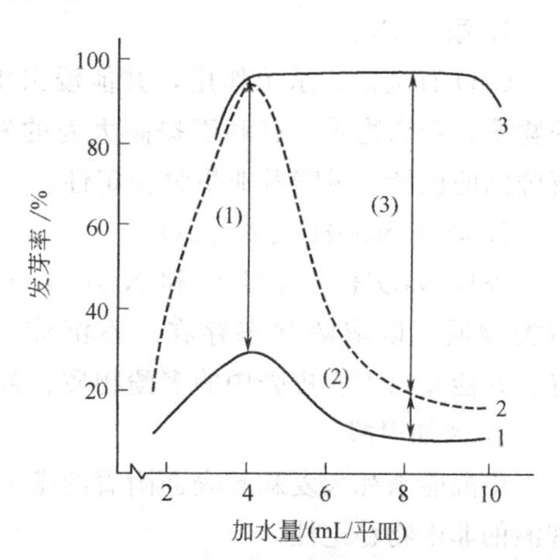

图3-18 大麦的休眠与水敏性试验

1—大麦既具有休眠期，又具有水敏性；
2—大麦过了休眠期，但具有水敏性；
3—大麦既过了休眠期，又不具有水敏性；
(1)—休眠期造成；(2)—克服了休眠；
(3)—水敏性造成

(1) 浸麦时添加过氧化氢（1‰）或添加氧化性物质。

(2) 分离皮壳、果皮和种皮。

(3) 浸麦度在32%～35%时，进行长时间空气休止。

(4) 将大麦加热至40～50℃，保持1～2周。

(三) 通风

1. 通风的作用

(1) 供氧　随着大麦含水量的不断增加，颗粒呼吸愈来愈强烈。大麦呼吸需要氧气、消耗糖分、产生 CO_2 和热量。消耗1分子氧，产生1分子 CO_2，$CO_2 : O_2 = 1$，该比值称为呼吸系数。若局部缺氧，则呼吸系数大于1，CO_2 含量多，会导致酒精发酵，胚就会受到酒精和 CO_2 的损害。浸麦4～5h，呼吸系数达到1.8。酒精含量达到0.1%时，会使发芽不均匀，所以在浸麦过程中应通风，提供足够的氧。浸麦工艺合理，所产生的酒精量就不会影响大麦的发芽。颗粒露点越快，生成的酒精就越少。

(2) 排除 CO_2　大量颗粒呼吸产生 CO_2，CO_2 抑制大麦颗粒的呼吸，并导致无氧发酵。在通风的同时可以将呼吸产生的 CO_2 从物料中排除，避免造成 CO_2 局部过量。

(3) 翻拌　通过在浸麦容器底部通风，使大麦颗粒上下翻滚，起到了翻拌的作用。颗粒之间的碰撞摩擦加强了大麦的洗涤。

2. 通风方式

(1) 通入压缩空气　在水浸过程中定期间隔通入压缩空气，一般从浸麦容器底部通入，由下而上带动物料翻腾。

(2) 空气休止　大麦水浸一段时间后，将水排掉，使麦粒暴露于空气中，直至下次进水，物料暴露在空气中的这段时间称为空气休止。

(3) 吸出 CO_2　将吸风机的吸嘴深入到浸麦槽下部的物料中，在空气休止期间吸出产生的 CO_2，同时新鲜空气被吸入物料中，起到了既排除 CO_2 又通风的作用。如图3-19所示。

(四) 洗麦和浸出有害成分

在浸麦的同时进行洗麦，通过通风翻拌和颗粒之间的摩擦，颗粒表面的污物溶入浸麦水中，在换水过程中将脏物分离。从皮壳中浸出的单宁物质、苦味物质和蛋白质等有害物质也一起被分离。

为了提高洗涤效果，促进有害物质的溶出，洗麦时常添加一些化学物质。

1. 添加 CaO

CaO 有洗涤、杀菌作用，并能浸出皮壳中的多酚物质、苦味物质，有利于提高大麦的发芽力和改善啤酒的色泽、风味及非生物稳定性。

2. 添加 NaOH 或 Na_2CO_3

添加 NaOH、Na_2CO_3 和 $Na_2CO_3 \cdot 10H_2O$ 等碱类物质，以溶解状态存在，不沉淀，洗涤效果好，并能浸出大麦皮壳中的多酚物质、苦味物质和蛋白质等。

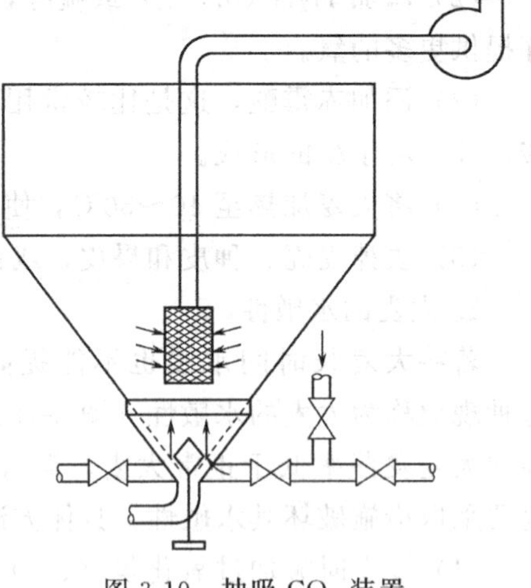

图 3-19 抽吸 CO_2 装置

3. 添加甲醛

甲醛能杀死大麦颗粒表面附着的微生物，起到防腐作用；它还能降低花色苷含量，提高啤酒的非生物稳定性。

4. 添加过氧化氢

过氧化氢能加强大麦的洗涤，有强烈的氧化灭菌作用，能破坏大麦的休眠期和水敏性，促使大麦提前萌发。

（五）浸麦度

浸麦后大麦的含水量称为浸麦度。

浸麦度的高低对发芽和麦芽质量有着重大影响，因为它直接影响到酶的形成和积累、根芽和叶芽的生长、胚乳的溶解和物质的转化过程。

如浸麦度过低，则会导致：发芽迟缓，玻璃质粒溶解差，酶系形成不完全，酶活力低。在麦芽质量上表现出如下缺陷：蛋白质溶解不足，胚乳溶解差，糖化力低，糖化时间长，α-氨基氮低。

如浸麦度偏高，则会导致：发芽过猛，品温上升过快，耗冷大，发芽难以控制，制麦损失增加，制成率降低，染菌机会增加。在麦芽质量上则表现出：蛋白质溶解过度、浸出率低、色度高等缺点。

对浸麦度的要求：一般来说，浅色麦芽为 38%～44%，深色麦芽为 45%～48%。但是，不同的制麦设备、不同的大麦品质、不同的生产季节及不同的麦芽类型，对浸麦度的要求也不一样。对于补水系统好的发芽设备、易溶解的大麦、在高温季节生产、制备色度低的麦芽，就要求浸麦度适当低一些，反之，则应高一些。

二、浸麦技术

麦粒在浸麦的第一次湿浸阶段吸水很大（注意：水敏性大的大麦，第一次湿浸时间最多不超过 5h），然后吸水速度减慢。也就是说，第一次湿浸 4h（最迟 6h）后，就应开始干浸、通风。在干浸期间，麦粒吸收“麦粒表面附着水”，麦粒水分因此而上升。此时，由于呼吸加快，形成 CO_2 多，因此每小时必须抽吸 10～15min 的 CO_2。对于当今的浸麦工艺来说，空气休止时间（干浸时间）一般占总浸麦时间的 80%左右，可使浸麦时间缩短至 36～52h，能够达到所希望的浸麦度44%～48%。

现将不同的浸麦工艺介绍如下。

（一）传统浸麦工艺

1. 没有通风的湿浸法

特点：仅进行湿浸，并且在湿浸时不通风。

缺点：吸水很慢，浸麦时间长，麦粒露点（萌发）少，发芽时间长。此工艺早已淘汰。

2. 通风浸断法

目前国内仍在使用，如“浸四断四法”、“浸四断六法”“浸二断六法”。

特点：湿浸几小时后便断水干浸几小时，如此交替进行，直至达到浸麦度。在湿浸时通压缩空气，在干浸时吸风供氧。浸水断水时间之比取决于水温、室温、大麦品种特征、水敏性值大小。对于水敏性重的大麦，第一次湿浸不宜超过6h，第一次干浸时间应适当延长。

缺点：虽然麦粒与氧的接触效果比湿浸法更好，但不如现代浸麦工艺，并且耗水量相对较大，操作繁琐。

（二）现代浸麦工艺

1. 浸水断水法（空气休止法）

断水浸麦法是浸水与断水相间进行（图3-20），常用的有浸二断六（水浸2h，断水空气休止6h)、浸二断四、浸三断三、浸三断六、浸四断四等操作法。啤酒大麦每浸断一段时间后断水，使麦粒与空气接触，水浸和断水期间均需供氧。

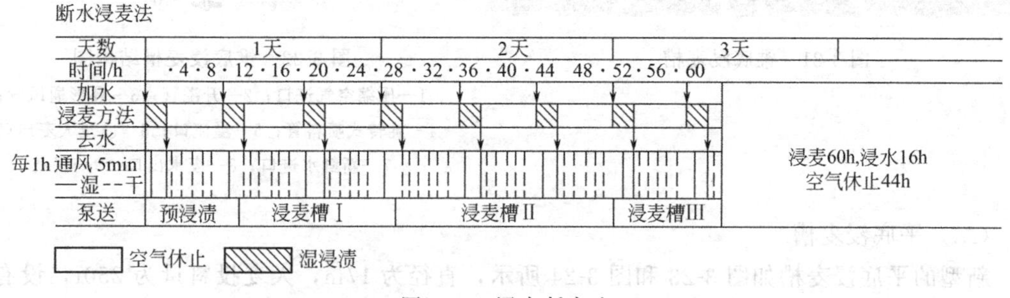

图3-20　浸水断水法

将断水时间延长，空气休止时间可长达20h，水浸时间不变或适当缩短，水浸只是为了洗涤、提供水分，这种方法称为长断水浸麦法，是由浸水断水法延伸而来。

2. 喷淋浸麦法

喷淋浸麦法是在长时间的空气休止期间采用喷淋的方式加水。长时间空气休止会使颗粒表面吸收的水分蒸发散失，如果不及时补充水分，会使颗粒表面干皱，降低吸水速度。采用喷淋方式加水，能使麦粒表面经常保持必要的水分，同时水雾可以及时带走浸麦过程中产生的热量和二氧化碳（特别是在发芽箱中效果更明显)，使麦粒接触到更多的氧气而提前萌发，缩短浸麦和发芽的时间。

3. 重浸法

重浸法是在发芽箱中进行的，先经过24～28h浸麦，使浸麦度达到38%，停止浸麦，开始发芽。大麦含水量在38%时发芽非常迅速、均匀，但这种较低的含水量只能生成两条虚弱的根。根据颗粒发芽强烈程度和温度不同，发芽时间控制在36～60h之间，一般为

48h。待所有颗粒都出芽后，立即用较高温度的水（40℃）重浸（杀胚），并使浸麦度达到要求。此法的最终浸麦度较高，应在50%～52%之间，有利于在溶解阶段达到理想的物质转变程度。

三、浸麦设备

（一）锥底浸麦槽

传统的锥底浸麦槽如图3-21和图3-22所示，一般柱体高1.2～1.5m，锥角45°，麦层厚度为2～2.5m，这类浸麦槽多用钢板制成，槽体设有可调节的溢流装置和清洗喷射系统。槽底部有较大的滤筛锥体，配有供新鲜水的附件、沥水的附件、排料滑板、CO_2抽吸系统和压力通气系统等。

图3-21　锥底浸麦槽

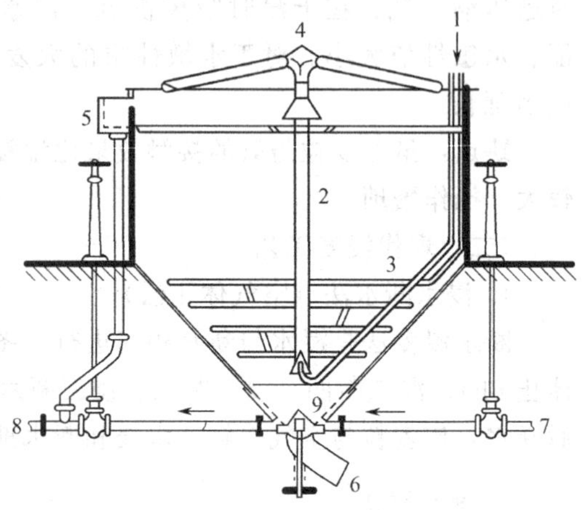

图3-22　锥底浸麦槽结构图

1—压缩空气进口；2—升溢管；3—环形通风管；4—旋转式喷料管；5—溢流口；6—已浸大麦出口；7—新鲜水进口；8—废水出口；9—假底

（二）平底浸麦槽

新型的平底浸麦槽如图3-23和图3-24所示，直径为17m，大麦投料量为250t，设有通风、抽吸CO_2、水温调节和喷雾系统等。大麦在浸渍之前先经过螺旋形预清洗器清洗。

（三）浸麦车间设备流程

浸麦车间设备流程如图3-25所示。

四、浸麦评价及损耗

（一）浸麦评价

1. 浸麦度

浸麦结束是否达到工艺规定的浸麦度。

2. 浸麦时间

先进浸麦工艺的时间一般为：24～52h。

3. 露点率

浸麦工作结束，露点率要求达到85%以上。

检验“露点率”的重要作用：

（1）反映了大麦发芽的均匀程度和发芽能力，可大致推测未来成品麦芽的质量。

图 3-23　平底浸麦槽

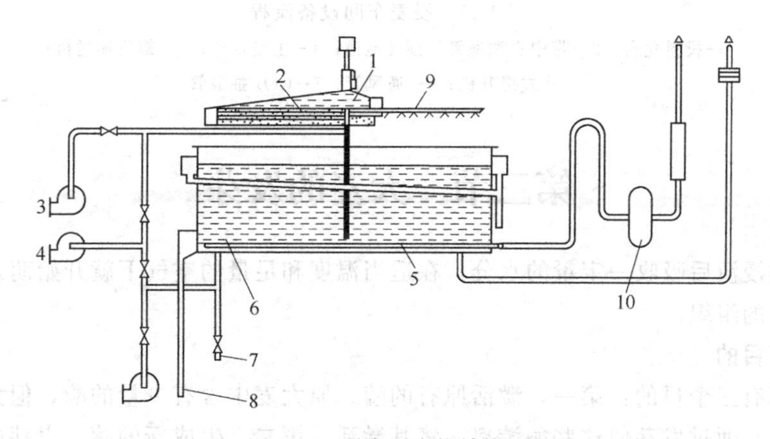

图 3-24　平底浸麦槽结构图

1—可调节出料装置；2—洗涤管；3—洗涤水泵；4—喷水和溢流水泵；5—空气喷射管；6—筛板假底；7—废水排出管；8—排料管；9—喷水管；10—空气压缩机

(2) 可检查浸麦温度、浸麦时间、浸麦度是否合适。

(3) 在一定程度上可以确定大麦的发芽时间、发芽温度和通风供氧条件。

4. 外观判断

浸渍大麦表面应洁净、不发黏、无霉味、无异味（如酸味、醇味和腐臭味），应有新鲜的黄瓜气味。

以食指和拇指逐粒按动，应松软不发硬；以手指研碎，不得有硬粒、硬块；用手握紧湿大麦，应有弹性。

(二) 浸麦损耗

浸麦过程中的浸麦损失：

(1) 灰尘和脏物，约 0.1%。

(2) 麦皮浸出物，约 0.8%。

(3) 在浸麦过程中的呼吸损失，依工艺而定，一般约 0.5%～1.5%。

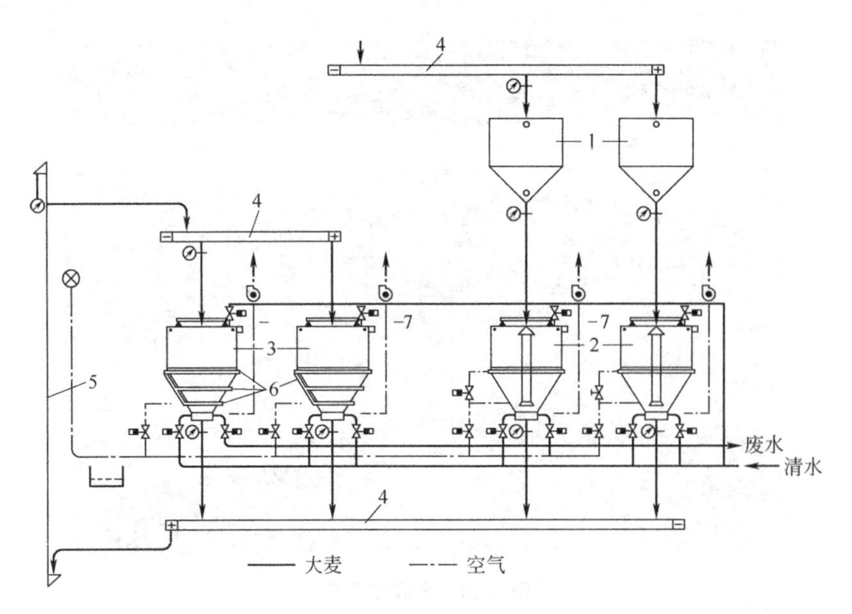

图 3-25 浸麦车间设备流程

1—投料立仓；2—带中心洗麦管的预浸泡槽；3—主浸麦槽；4—螺旋输送机；5—斗式提升机；6—通风管；7—CO_2 抽吸管

第三节 大麦的发芽

大麦经过浸渍后吸收一定量的水分，在适当温度和足量的空气下就开始萌发，根芽和叶芽生长形成新的组织。

一、发芽目的

大麦发芽有三个目的：第一，激活原有的酶。原大麦中含有少量的酶，但大部分都被束缚，没有活性，通过发芽使这些酶游离，将其激活。第二，生成新的酶。麦芽中绝大部分酶是在发芽过程中产生的。第三，物质转变。随着大麦中酶的激活和生成，颗粒内容物在这些酶的作用下发生转变。物质转变包括大分子物质的溶解和分解以及胚乳结构的改变。

二、发芽条件

（一）足够的水分

这是发芽最重要的前提条件。发芽物的水分主要由四方面提供：一是下麦后发芽前的含水量；二是发芽过程中的喷雾水量（翻麦机上的喷嘴）；三是通入发芽床的空气湿度；四是发芽间的空气相对湿度（95%以上）。

对于快速均匀萌发的麦粒来说，36%～38%的浸麦度正好。但对于胚乳的溶解、酶的大量形成和积累来说，则需 44%～48%的浸麦度（依照麦芽种类及大麦品种而不同）。

（二）温度

麦层的品温调节是发芽过程中的重要环节。通常在 20℃以下，最适温度是 14～18℃之间。

温度过低，发芽周期会延长。如在 3℃左右发芽，则根芽和叶芽的生长会停止。温度过高，则呼吸旺盛，生长过速，胚乳溶解不均匀，物质消耗过多，并且容易染菌霉烂。如在 40℃左右发芽，则会损伤胚部。

在发芽过程中，由于麦粒的呼吸会放出热量，这些热量如在麦层中积累会导致麦温升高而影响麦粒胚部的生理特性，因此在发芽过程中要通入冷空气来带走积累的热量而调节麦层的品温。在寒冷的季节，如气温过低，则需通入湿热空气来保持麦层品温。发芽时的翻麦，不仅使麦层疏松、防止缠根、保持麦层的通风流径，而且也能达到散热降温的目的。

（三）空气或氧气

麦粒的发芽是一个生命过程，而生命的延续必须有能量，也就是说，在发芽时必须供给空气，同时排除有氧呼吸的产物 CO_2。如果供氧不足，将产生厌氧呼吸，其产物会损伤胚部。不过，在发芽后期，则要保留适量的 CO_2（控制新鲜空气与回风量之比），以减轻呼吸强度，降低制麦损失。

（四）其他因素

1. 时间

取决于生产麦芽的类型，一般 6～7 天。

2. 太阳光

对发芽来说不需要。太阳光的照射，会形成少量的叶绿素，叶绿素不利于麦芽的口感。

三、发芽中的变化

（一）麦粒的外形变化

1. 颗粒吸水膨胀

大麦发芽必需一定的水分。发芽所需的水分相对较少（35%～40%，最适为 38%），酶的形成和物质转变需要较多的水分（45%～48%）。颗粒吸水后膨胀，体积增大约 40%（1t 大麦体积为 $1.42m^3$，浸渍后体积约为 $2m^3$）。

2. 根芽和叶芽生长

在麦粒萌发时，人们首先看到胚部有白色小露点，这就是最初的主根芽。主根幼芽穿破种皮和谷皮露出。由于主根芽的细胞进行分解，所以就长出了几个侧根，这就是“根芽发叉”阶段。

在根芽萌发时，叶芽也同时在背皮底下进行萌发生长。不过叶芽的生长长度不得露出麦粒，否则会造成发芽损失过高，麦芽质量会下降。

大麦颗粒发育过程如图 3-26 所示。

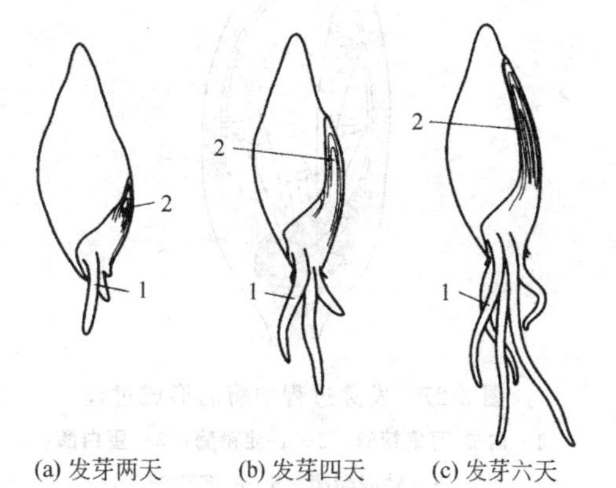

图 3-26　大麦颗粒发育过程

1—根芽；2—叶芽

在发芽过程中，随着各种水解酶的形成和积累，麦粒胚乳中的各种成分，如蛋白质、半纤维素、淀粉、脂肪等得到一定程度的分解，其各种分解产物一部分会通过输送系统（糊粉层→上皮层→盾状体）进入胚部，这样胚部就不断得到营养，根芽、叶芽的细胞组织就不断合成，根芽和叶芽也就不断生长。

（二）胚乳的物质转化

在发芽过程中，胚乳溶解和根芽、叶芽的生长是同时进行的，胚乳发生着物质转化的过程，即“合成与分解”过程。其过程如下。

在大麦的根芽和叶芽生长过程中，不仅需要构成新细胞的基础物质（如氨基酸、β-葡聚糖)，同时也要提供满足生长所需的能量，而原麦粒胚部中贮存的单糖就是麦粒萌发的最初能量来源。

未发芽的大麦，仅含有少量的酶，而且多数是以非活性酶原形式存在的。自从赤霉酸(GA)应用于制麦技术后，对麦芽中酶的形成引出了新的观点：酶可由赤霉酸刺激形成。

大量试验表明，胚只能形成少量酶，但胚体本身含有少量的GA以及在发芽阶段能分泌出GA，GA从胚轴（幼根和幼芽）进入盾状体上皮层到糊粉层，刺激糊粉层，从而产生各种各样的一系列水解酶，具有长而细窄细胞的上皮层给出较大的GA分泌面。酶的形成需要氧、氨基酸和赤霉酸。不同的大麦品种含有不同数量的GA。

各种水解酶形成以后，这些水解酶便会进入胚乳。首先蛋白酶分解连接包围淀粉细胞（或胚乳细胞）的组织蛋白，接着β-葡聚糖酶分解淀粉细胞的胞壁（半纤维素），使其形成"网状多孔"胞壁，这样就为各种淀粉酶自由进入淀粉细胞创造了条件，然后淀粉酶便开始分解淀粉细胞中的淀粉。

在根芽和叶芽不断合成的过程中，赤霉酸GA仍在不断形成，而形成的GA又会不断促进酶的积累和形成、胚乳的溶解及根芽与叶芽的生长。

大麦发芽时酶的形成如图3-27所示。

根据研究，靠近胚的部位酶含量比尖部多，酶活力高，所以胚乳是从靠近胚部开始溶解，然后沿上皮层逐渐向麦尖发展。接近胚的下半部比接近麦尖的上半部溶解得快，麦粒的背部比腹部溶解得快，如图3-28所示。

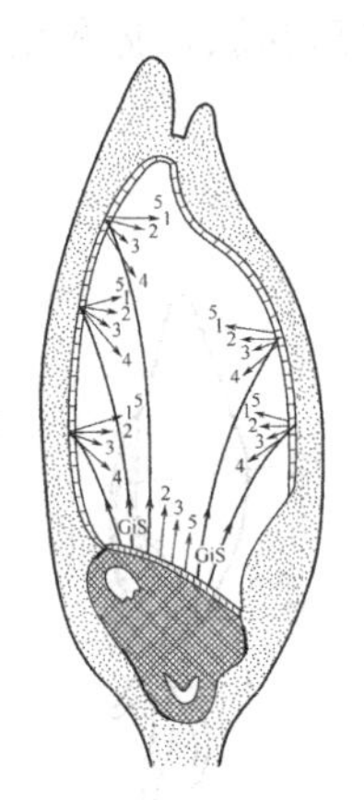

图3-27　发芽过程中酶的形成过程

1—内-β-葡聚糖酶；2—α-淀粉酶；3—蛋白酶；4—磷酸酯酶；5—β-淀粉酶

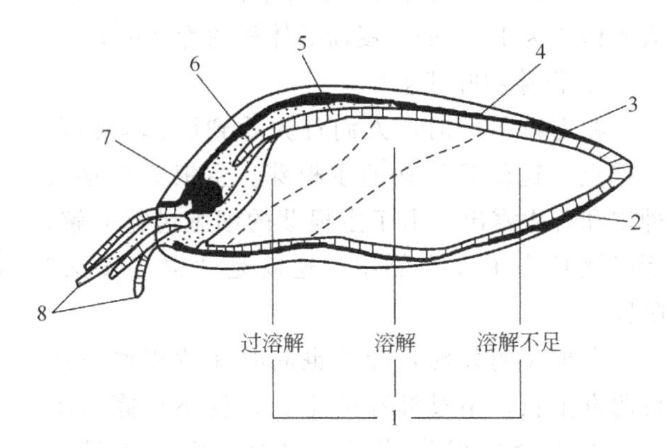

图3-28　麦粒溶解过程

1—胚乳；2—果皮和种皮；3—皮壳；4—糊粉层；5—叶芽；6—盾状体；7—基部；8—根芽

1. 淀粉的分解

在发芽过程中，发生了淀粉的分解，不仅在"量"的方面发生了变化，而且在"质"的方面也发生了变化（但与糖化过程相比，其分解程度是很小的）。淀粉的分解，一方面意味着向根芽和叶芽的生长提供能量（如葡萄糖、蔗糖、麦芽糖等），另一方面也意味着淀粉消耗了。也就是说，在发芽阶段淀粉的分解与消耗应尽可能保持在一定的程度上。由于淀粉酶对糖化过程的影响十分显著，所以必须在发芽过程中高度重视各种淀粉酶的形成（或活化）和积累。

大麦中的淀粉颗粒有大淀粉颗粒和小淀粉颗粒之分。这些以淀粉为主的胚乳细胞被半纤维素膜所包围（胞壁），这层胞膜又与蛋白质（组织蛋白）相互交联，在淀粉颗粒表面上有少量蛋白质。所以，在分解淀粉前先要分解这些蛋白质和半纤维素。

（1）α-淀粉酶 原大麦中不含有α-淀粉酶，α-淀粉酶是在发芽过程中，在赤霉酸的诱导下于糊粉层处大量形成。

α-淀粉酶的形成主要取决于大麦品质和发芽条件。α-淀粉酶是淀粉分解酶中最重要的酶之一，其活性的高低是衡量麦芽质量的一个重要指标。

① α-淀粉酶的作用特点。该酶作用淀粉时是从长链内部开始，可以任意切断α-1,4-葡萄糖苷键，但不能水解麦芽糖，它的最小作用底物是麦芽三糖。

该酶作用于直链淀粉时最终产物为13%的葡萄糖和87%的麦芽糖，但由糊精变为糖的速度是极其缓慢的，所以水解产物实际上是短链糊精、麦芽糖和葡萄糖的混合物；由于该酶不能作用支链淀粉分支点上的α-1,6-葡萄糖苷键，所以作用支链淀粉的分解产物为界限糊精、麦芽糖和葡萄糖的混合物。

② α-淀粉酶的生成极其影响因素。未发芽大麦中不含有α-淀粉酶，发芽期间在糊粉层赤霉酸的作用下才生成。发芽大麦中7%的α-淀粉酶存在于胚中，其余93%分布在胚乳中，其中约3/4在接近胚的下半部，1/4在颗粒尖部。

α-淀粉酶的形成受大麦特性的影响很大，在发芽过程中受发芽条件（水分、时间、温度、通风）的影响。浸麦度是影响α-淀粉酶生成的决定因素，当浸麦度从40%提高到43%时，酶活性上升并不太多；浸麦度从43%提高到46%，酶活性提高非常强烈。温度较高时α-淀粉酶形成迅速，但由于分解产物的积累而产生抑制作用，酶的增长量（活性）下降，发芽温度先高后低（降温发芽，先17℃后13℃），优于恒温发芽。当浸麦度足够高时，随着时间的延长，α-淀粉酶活性提高。发芽过程中通风（供氧）对α-淀粉酶的生成也有影响，随着发芽物料中CO_2浓度的提高（通风不好），α-淀粉酶的生成量下降。

（2）β-淀粉酶 在大麦颗粒中存在β-淀粉酶，一部分以游离态存在，另一部分以结合态存在。结合态的β-淀粉酶是以双硫键（—S—S）与不溶性的蛋白质相结合。将大麦粉用木瓜蛋白酶或含硫醇基的还原剂处理后，被束缚的β-淀粉酶也能释放游离出来。

在发芽过程中，由于蛋白酶分解双硫键，因此这种可溶性的、活性的β-淀粉酶就会不断增加。大麦中的游离β-淀粉酶在颗粒中的分布是不均匀的，从糊粉层至胚乳中心，其量由大到小。

① β-淀粉酶的作用特点。β-淀粉酶分解直链淀粉和支链淀粉是从分子链的一端（非还原性末端）开始的，作用α-1,4-葡萄糖苷键，依次水解下一个麦芽糖单位，同时发生转位反应，生成β-麦芽糖。作用直链淀粉可将其完全分解为麦芽糖；分解直链淀粉时到α-1,6-葡萄糖苷键附近停止，剩下带有分支点的糊精，称为β-界限糊精。最终产物为麦芽糖和大分子β-界限糊精的混合物。

② β-淀粉酶的生成及其影响因素。未发芽大麦中存在游离和被束缚的β-淀粉酶，其量为60～200°WK（维柯，糖化力单位）。β-淀粉酶的含量与大麦品种、种植区条件、年份和蛋白质含量有关，蛋白质含量越高，β-淀粉酶活性越强。

（3）蔗糖酶 原大麦中含有少量活性的蔗糖酶。在发芽过程中，蔗糖酶的增长与大麦品种关系很小，但与生长年度（自然环境）关系很大。

（4）麦芽糖酶 原大麦中含有麦芽糖酶。发芽两天或三天后，麦芽糖酶会增长一倍左右。

(5) 界限糊精酶　发芽过程中界限糊精酶常常只是游离出来。界限糊精酶的活性在浸麦时略有下降，然后提高，直至发芽结束。88℃焙焦时只有少量被破坏。

(6) 麦芽三糖酶（又称α-葡萄糖苷酶）　原大麦中含有较多的麦芽三糖酶，在浸麦过程中积累强烈，发芽32h时活力达到最高，48h以后开始下降。在干燥过程中损失很小。

添加赤霉酸，可提高麦芽三糖酶的活性30%～40%。

(7) 化检数据反映制麦时的淀粉分解情况　“20℃冷水浸出率”（哈同值）反映了制麦时各种麦粒内容物的溶解情况。“协定糖化时间”说明了麦芽中淀粉酶的积累情况和淀粉的可分解性能。“最终发酵度”说明了麦芽中β-淀粉酶的情况，有利于指导糖化工序。“糖化力”指标主要反映了β-淀粉酶的活力。

$$\beta\text{-淀粉酶活力}=\text{糖化力}-\alpha\text{-淀粉酶活力}\times 1.2$$

2. 蛋白质的分解

在大麦颗粒中，含氮物质大部分是以高分子蛋白颗粒存在，即：清蛋白、球蛋白、醇溶蛋白和谷蛋白。

发芽过程中，一部分蛋白质被蛋白酶分解为低分子氨基酸。一部分低分子氨基酸通过麦粒中的输送系统输送到盾状体，重新构成新细胞组织——根芽和叶芽的合成生长。根叶芽的合成生长还需要碳水化合物的分解和矿物质（如硫等）。为了合成蛋白质，必须通过碳水化合物和脂肪的呼吸得到能量。

在整个制麦过程中，贮存蛋白的分解程度最大，可溶性氮主要由贮存蛋白提供。组织蛋白仅分解一部分，因此使得半纤维素分解成为可能。胶质蛋白也同时减少，它的部分水解产物合成各种水解酶，主要部分则随麦糟排走。

发芽条件与蛋白溶解度的关系如下：发芽水分越高、发芽时间越长，则蛋白溶解度越大。较高的发芽温度虽然使蛋白质分解多，但重新合成根叶芽的不溶蛋白质更多。麦层中CO_2含量越大，则抑制根芽的合成也就越大。

蛋白溶解度还取决于其他因素：大麦品种、种植地区、种植年度。成熟度不够的大麦或干燥气候生长收割的大麦，其蛋白溶解度较低，蛋白质含量较高。蛋白质含量高的大麦在相同的发芽条件下，虽然协定麦汁中的可溶性氮量在增加，但蛋白溶解度仍然很低。

虽然细胞溶解和蛋白溶解之间没有明显的关系，但是细胞的溶解必须优先于一定的蛋白分解之前，以达到所期望的胚乳疏松性。比如延长发芽时间，几乎不再使库尔巴哈值提高，但细胞壁的溶解却依然进行，表现出来的特征是：粗细粉差值降低或协定麦汁的黏度下降。

(1) 内肽酶　原大麦中含有一定量有活性的内肽酶系。在发芽过程中，内肽酶的数量会有所增加。内肽酶系中，不稳定的硫水解酶（最佳pH值3.9）占主要量，较少部分是金属激活酶（最佳pH值7.0）和两种其他的硫水解蛋白酶（最佳pH值5～6.5）。

原糊粉层中存在的内肽酶与游离出的内肽酶之间没有区别。不过也有这样的情况，即：由于大麦中的蛋白抑制物使内肽酶游离不出来，所以在发芽过程中就消失了。

在发芽过程中，内肽酶的积累取决于大麦的生长时间长短、大麦品种及蛋白质含量。

有利于α-淀粉酶形成和积累的因素却不利于内肽酶的积累。经发芽48～96h后，酶的形成达到最大量，直到发芽最后一天，此酶仍在增加。

内肽酶和所有“内酶”一样，麦层中CO_2的积累对其不利。

(2) 外肽酶

① 氨肽酶。原大麦中含有此酶，它的活性可以达到成品麦芽中的40%，主要取决于大

麦品种和种植年度。随着发芽进行，它的量逐渐增加。在发芽过程中，此酶不仅与发芽物的水分无关，也与制麦工艺无关。不过，在重浸渍法工艺中，其表现却很特殊，即：重浸渍过程对氨肽酶有很大的损害。

② 羧肽酶。原大麦中含有此酶，活性大约为绿麦芽中的20%～25%。在“完全湿浸”工艺开始的24h之内，它会逐渐增加。但在第二天的湿浸，却迅速减为零。

③ 二肽酶。在大麦中，此酶含量相对较高。二肽酶主要存在于胚部，特别是在胚根和上皮层中。

(3) 蛋白质分解检查　衡量蛋白质分解的好坏主要从几个方面检查，即氨基氮、蛋白溶解度（库尔巴哈值）、甲醛氮和冷麦芽抽出物中的可溶性氮。其中，前两项指标最为重要。

3. 半纤维素和麦胶物质的变化

半纤维素主要由β-葡聚糖和戊聚糖构成，是胚乳细胞壁的主要组分。由于β-葡聚糖是影响麦汁黏度的重要因素之一，发芽过程中戊聚糖的变化很小，所以在制麦及糖化时研究半纤维素的分解实际上是研究β-葡聚糖的分解。

(1) β-葡聚糖酶

① 内β葡聚糖酶。原大麦中仅少量存在或不存在。在发芽阶段，它和α-淀粉酶一样都是由赤霉酸诱导糊粉层形成的。

最新研究结果表明，在大麦中存在一定量的内-β-葡聚糖酶，但在浸麦过程中减少了，经40h发芽后又会重新积累。此酶的最大积累量是在发芽的第五天，到了第六天又会有所减少。

大麦的品种显著影响内-β-葡聚糖酶的形成，并且大麦生长时间的长短也同样会对它有影响。

发芽过程中，以下因素会影响内-β-葡聚糖酶。

a. 发芽水分。随着发芽水分的提高，内-β-葡聚糖酶的数量也在上升。

b. 发芽温度。“13～15℃恒温发芽法”相对“较高发芽温度17℃”来说，有利于内-β-葡聚糖酶的积累。

c. 麦层中的含氧量。不仅在麦粒萌发阶段需要足够的氧气，即使在发芽后期，如果利用了回风，也不利于此酶的积累。

② 外-β-葡聚糖酶。外-β-葡聚糖酶从分子大小不等的β-葡聚糖的非还原端进行分解，产物为纤维二糖。

原大麦中，此酶大约有200～500个酶活力单位。在发芽过程中，它的积累一定程度上取决于大麦品种和蛋白质含量。

中等大小的发芽物水分有利于外-β-葡聚糖酶的形成，由于它的水敏性，在“完全湿浸工艺”（浸麦度达46%）中对此酶不利。在“长断水浸麦工艺”中，较高的浸麦度有利于此酶的形成和积累。

③ 纤维二糖酶。此酶将纤维二糖分解为两个分子的葡萄糖。

在原大麦中，此酶有很高的活性。在制麦过程中，此酶一直减少，其他酶形成的条件越好，此酶就降低得越多。它取决于大麦品种、年度和蛋白质含量。

(2) 戊聚糖酶　这是分解戊聚糖的一类酶，包括内木聚糖酶、外木聚糖酶、木二糖酶和阿拉伯糖苷酶。在发芽过程中内木聚糖酶活性比原大麦中提高三倍，外木聚糖酶提高约两倍，木二糖酶活力未变，阿拉伯糖苷酶提高近两倍。

4. 磷酸盐的分解

在发芽过程中，胚乳细胞中的有机磷酸盐一部分被磷酸酯酶分解为无机磷酸盐。大麦中的磷酸盐，一半是由"肌醇六磷酸钙镁"组成，这主要是由大麦的品种和生长条件所决定。

(1) 磷酸酯酶 大麦中含有此酶，其活性约为绿麦芽中最大活性的1/6～1/4，与大麦品种和生长条件无关。在发芽过程中，它的形成方式和α-淀粉酶一样，也是在赤霉酸的诱导下于糊粉层处形成。发芽时，水分越高，酶活性增长越大，比如40%的水分和44%水分相比，虽然在第一至第六天的活性增长一样，但在第七天却下降了，最适形成温度为15℃，过高或过低都不宜。发芽2～5天，此酶活性增长最快，直至发芽结束仍在增长。

(2) 磷酸盐分解 大麦中约有20%的磷酸盐以无机形式存在，而在麦芽中大约有40%。发芽期间，胚乳细胞中的有机磷酸盐在磷酸酯酶的作用下分解为相应的无机磷酸盐。

(3) 磷酸盐分解的评价 无机磷酸盐的游离，提高了麦芽浸出物及标准协定法麦汁的缓冲能力，导致pH值降低。麦汁缓冲能力强、滴定酸度高，意味着有机磷酸盐分解强烈。物质代谢的中间产物有机酸也对pH值起作用。标准协定法麦汁pH值范围一般为5.9～6.1之间。

四、发芽技术

(一) 根芽和叶芽长度的控制

根芽的长短与麦芽类型有关，一般浅色麦芽短些，长度为颗粒长度的1～1.5倍，深色麦芽要长些，为颗粒长度的2～2.5倍。

叶芽长度用几个阶段来衡量，即相当于颗粒长度的0、1/4、1/2、3/4、1和>1。浅色麦芽要求75%的颗粒叶芽长度为颗粒长度的3/4。深色麦芽控制75%的颗粒叶芽长度为颗粒长度的(3/4)～1。

根芽有主根和虚根，生长卷曲，从外观上判断发芽状况相对难些；叶芽是沿着大麦颗粒背部在果皮、种皮和皮壳之间朝着尖部生长，剥开皮壳可以很直观地与颗粒长度相比较，所以从叶芽的长短可以判断发芽大致时间和颗粒溶解状况。

(二) 发芽工艺条件的控制

发芽工艺条件主要控制浸麦度、发芽温度、发芽时间和通风。

1. 浸麦度

大麦生长发芽、酶的形成和物质溶解所需的浸麦度各不相同，发芽最适水分含量为38%～40%，酶的形成和物质溶解所需的浸麦度较高，为43%～48%。麦芽类型不同，要求物质溶解的程度不同，所需的浸麦度也就不同，制备浅色麦芽在43%～46%，深色麦芽在45%～48%。

一般来讲，适当提高浸麦度，有利于酶的形成和胚乳物质的溶解。但浸麦度高，麦芽色度也会相应增加。

2. 发芽温度

过去只控制发芽过程中的麦层温度，并且受外界气候条件影响很大，在天气比较热的季节，特别是夏季，颗粒呼吸旺盛时很难降温至工艺要求的温度，而冬季颗粒开始萌发缓慢。现代制麦车间制冷和加热设备都能满足工艺要求，从浸麦开始就可以人工控制温度，可以不受季节的影响。

(1) 恒温发芽 恒温发芽是指在发芽过程中温度保持不变，高温和低温发芽的区别一般以15℃为分界线，高于此温度为高温发芽，等于或低于此温度为低温发芽。要控制发芽温度始终保持恒温实际上是不太可能的，只能将温度变化控制在一定的范围内。

① 低温发芽。温度变化范围在12～15℃，冬季温度低些，夏季温度高些。低温时颗粒发芽均匀，生长与细胞溶解平行进行，蛋白质溶解均匀、溶解度高。因为根芽和叶芽生长缓慢，物质合成也慢，故胚乳中积累更多的蛋白质低分子产物，所以低温发芽更适合蛋白质含量较高的大麦。低温发芽颗粒生长、酶的生成和作用都比较缓慢，发芽时间比较长。

② 高温发芽。温度17～20℃，最高22℃。高温时颗粒生长迅速，呼吸旺盛，升温快，生长不均匀。开始时酶的生成迅速，但后期不如低温发芽。颗粒的生长与细胞溶解不再平行进行。蛋白质总的变化较多，分解快，但合成速度也快。高温发芽适合生产深色麦芽。

(2) 升温发芽　开始温度比较低，随着颗粒呼吸不断增强，麦层温度上升。开始发芽的温度一般是自然温度，受外界温度影响。冬季发芽开始一般在12℃左右，旺盛期可达18～20℃甚至更高。对于蛋白质含量较高、玻璃质粒较多的大麦，开始宜采用低温发芽，如开始13℃，三天后提高到18～20℃。

(3) 降温发芽　发芽开始采用高温，当颗粒生长到一定程度后将温度降低。现代方法越来越多地采用降温发芽法，这种方法要求在浸麦槽中浸麦度达到38%以上（38%～41%），当颗粒均匀露点后送入发芽设备，温度要求17～18℃。在发芽箱内保持温度在17～18℃，两天内将水分逐步提高到最大值，然后降温到10～13℃。

开始温度较高、水分较低有利于发芽，颗粒生长迅速、酶生成较强烈。后期降温、提高含水量有利于物质溶解。该法制麦损失低于恒温法和升温法，但在冬季需要将浸麦水加热，提高发芽起始温度，整个发芽过程控制起来难度很大。

3. 发芽时间

过去，不同类型麦芽的发芽时间主要取决于大麦品种、生长年度等因素。如今，受到现代生产能力、生产设备和生产工艺的影响，浅色麦芽一般为6～7天，深色麦芽为8～9天。

发芽温度越低、水分越少、麦层中CO_2含量越多，发芽时间就越长。

4. 通风

麦层中CO_2含量达到4%～8%就可以抑制麦粒呼吸。因此，发芽前期应通入足够量的新鲜空气，使麦层中有充足的氧，有利于颗粒发芽、生长和各种酶的生成。发芽后期，由于酶已经形成，所以可提高麦层中CO_2的浓度，抑制麦粒呼吸和根芽的生长，降低制麦损失。实际生产中一般采用循环风的办法提高物料空气中的CO_2浓度。

(三) 翻麦

发芽过程中，由于根芽向外生长，且长而卷曲，颗粒之间相互绞缠在一起，麦层逐渐压紧，影响通风效果。另外，颗粒呼吸旺盛，产生大量的热量，不易散出。通过翻麦可以疏松料层（翻麦一次提高麦层厚度10%～15%），降低品温，有利于通风和散热。小型麦芽厂或制麦车间可用人工翻麦，大型现代化企业采用机械翻麦。发芽开始时可以堆积物料，提高品温，加速发芽；颗粒呼吸旺盛时期增加翻麦次数，连续通风每天翻麦两次；发芽后期呼吸减弱，要逐渐减少翻麦次数。

(四) 喷水

发芽过程中向物料表面均匀喷洒一定温度的水，可以补充水分、防止物料表面风干和降低品温。喷洒的水量与喷水次数应以最终浸麦度和物料表面是否风干为准。

(五) 促进发芽

有的大麦品种本身发芽就比较缓慢，特别是具有休眠期和水敏性的大麦萌发更慢。另外，发芽快慢影响发芽时间的长短，进而影响设备的生产能力。随着技术的进步，越来越多的麦芽制造者采取措施加速发芽，以提高麦芽质量和设备利用率。

1. 添加赤霉酸

赤霉素是从水稻恶苗病菌的培养液中分离出来的，后经结晶并命名为赤霉素A（缩写为GA），这种结晶的有效成分是GA_1、GA_2和GA_3的混合物。添加赤霉酸是指添加GA_3。

赤霉素是一种植物激素，具有打破种子的休眠和水敏性、诱导水解酶形成、刺激叶和幼芽生长的作用，但对根芽的生长一般没有效果。在发芽初期为了弥补麦粒本身分泌赤霉素的不足，可以外加赤霉素，提高糊粉层产生相关酶的活力，加速胚乳溶解，缩短发芽周期（缩短1～2天）。

赤霉酸可以加入到最后一次浸麦水中，也可以在物料进入发芽设备后喷洒，前者会有部分赤霉酸残留在浸麦水中，后者必须喷洒均匀，否则会导致发芽不整齐。根据所要达到的效果不同，赤霉酸添加量一般为0.1～0.25mg/kg大麦。

2. 去壳

借助专用设备将麦粒皮壳除掉，能终止大麦休眠期并在一定程度上破坏水敏性。除去的皮壳量占大麦质量的7%～9%，不会损害大麦颗粒，更不会损害胚。除掉部分皮壳后，颗粒吸水迅速，浸水断水浸麦30h浸麦度能达到41%以上，辅以添加赤霉酸发芽可在66h内达到正常麦芽质量标准。

3. 擦破皮

与去壳法相比，擦破皮法所去掉的皮壳更少，只除去0.5%～1.0%的谷皮。特别是损伤了颗粒尖部的皮壳和果皮，能使赤霉酸均匀地进入颗粒内部（与添加赤霉酸结合），α-淀粉酶的生成量明显提高，发芽时间缩短近一半。

五、发芽设备及操作要点

发芽的方式主要有地板式发芽和通风式发芽两种。古老的地板式发芽由于劳动强度大、占地面积大及受外界温度影响大等缺点，已被淘汰。现在普遍采用通风式发芽。

通风式发芽麦层较厚，采用机械强制方式向麦层中通入用于调温、调湿的空气以控制发芽的温度、湿度以及氧气与二氧化碳的比例。通风方式有连续通风、间歇通风、加压通风和吸引通风等。

常用的通风式发芽设备有萨拉丁发芽箱、劳斯曼发芽箱、麦堆移动式发芽箱、矩形发芽-干燥两用箱和塔式发芽系统等。

（一）萨拉丁发芽箱

萨拉丁发芽箱是我国目前普遍使用的发芽设备，主要由箱体、翻麦机和空气调节系统等组成。如图3-29所示。

图3-29 萨拉丁发芽箱

1. 发芽箱的结构及主要技术参数

（1）箱体　箱体呈矩形，长宽比例为（5～7）∶1，由砖砌成或用钢板制成。壁高1～2m，壁厚16～20cm，表面水泥抹光，两端面内壁呈半圆形，与翻麦机的形状相适应。筛板与箱底之间的空间作为风道，箱底倾斜角度为20°，以便于排水。

（2）翻麦机　翻麦机为一套立式螺旋搅拌机，相邻搅拌机螺旋的转向相反。每组螺旋可单配小电机直接驱动，以控制不同的转速。翻麦机的机架行车由电机通过行星齿轮减速带动齿轮沿导轨运行，导轨两端装设行程开关，翻麦机行至箱端碰到触点便会自动停机。螺旋叶与箱壁间距为10～20mm，螺旋叶末端装橡胶皮并与筛板接触。翻麦机应附有喷水装置，以补充水分。

（3）发芽室　发芽室高度为2.3～2.5m，天棚呈拱形，以防凝结水滴入发芽箱，引起局部麦粒结块或根芽生长过度。

（4）空气调节系统

① 空气调节工艺技术参数。空气调节通风式发芽箱进风量一般为500～600m³/（t·h），通入空气的相对湿度要求在95%以上，增湿量为0.5kg/(t·h)，风温要比麦温低2～3℃，进风温度为12～16℃，送风速度为2.0～2.5m/s。通入麦层的新鲜空气一般混合10%～15%的室内回收空气，回风温度16～20℃，相对湿度在93%以上。

② 空气调节装置。集中空调是所有的发芽箱都使用一套空气调温调湿装置集中处理空气，分散使用。特点是：风道长，阻力大；易失水，难以保持所需空气的温湿度；常需在进入发芽箱前再喷水增湿。

分散调节是每个发芽箱都设有单独的空气调温调湿设置，优点是：风道短而平直，不会引起空气温湿度的变化；通风风速适当、均匀、柔和。缺点是：功率消耗大，设备复杂，造价高。

2. 发芽箱的布置形式

通常每间发芽室布置一个发芽箱，每个发芽箱配备一台风机和空调室，这样就可以根据发芽阶段的不同而单独控制工艺条件，特别是温度和空气中CO_2的比例。为了方便操作，在发芽箱一侧设一过道。也有的将数个发芽箱布置在一间发芽室中，并且共用一套空调系统。不同发芽箱中物料所处的发芽阶段不同，所要求的温度和新鲜空气的比例也不同，最好每个发芽箱都单独设置空调系统。

3. 发芽操作要点及注意事项

（1）进料　进料也称“下麦”，通常利用大麦的自重，大麦和水一起从浸麦槽自由下落进入发芽箱。在发芽箱上方有一根长管，管子上每隔2.5m左右开一出料口，装料量为300～600kg/m²。

（2）摊平　大麦进入发芽箱后，物料呈堆状，要利用翻麦机将麦堆摊平，麦层厚度0.8～1.5m。

（3）喷水　翻麦机的横梁上装有喷水管，随着翻麦机的移动，将水均匀地喷洒在麦层中。工艺要求不同，喷水量和喷水次数也不同。喷水的作用：保持麦芽表面湿润，防止颗粒表面干皱；补充水分，有的工艺要求在浸麦时的浸麦度较低，剩余水分必须在发芽箱中补足，在一定的时间内，通过喷水达到最终浸麦度。

（4）通风

① 连续通风。萨拉丁发芽箱采用连续通风，可保持麦芽温度稳定，麦层上下温差小，风压小而均匀，绿麦芽水分损失较小，发芽快、均匀，麦层中CO_2含量低，翻麦次数少。

② 空气调节。通入的空气应采取降温增湿措施，让空气入口温度低于品温2～3℃，相对湿度在95%以上。空气降温增湿是在空调室喷洒冷水，当空气通过空调室时吸收水分，既增加了湿度又降低了温度，必要时应添加制冷设备。部分废气通过回风管与新鲜空气混合

进入风机。

③ 废气循环及意义。发芽过程中不同阶段通入的空气中CO_2浓度不同，即新鲜空气与循环空气的比例不同。发芽开始时应通入新鲜空气，供给麦层充足的氧，加速发芽；随着时间的推移，逐渐增加循环空气的比例；发芽后期，绝大部分是循环空气，甚至能达到100%，控制麦层中CO_2含量在5%～8%。

利用循环空气的意义：提高麦层中CO_2浓度，抑制呼吸，降低制麦损失；有利于β-淀粉酶的形成和蛋白质的溶解；能够有效地节约能源。

（5）翻麦　翻麦的目的是均衡麦温，减小温差，并解开根芽的缠绕。螺旋翻麦机沿轨道从一端运行到另一端即为翻麦一次，运行线速度为0.4～0.6m/min。发芽开始及发芽后期，翻麦次数少，每隔8～12h翻麦一次；发芽旺盛时期翻麦次数多，每隔6～8h翻麦一次；连续通风每天翻麦两次，凋萎期应停止通风和搅拌。

（6）控制温度及时间　当颗粒呼吸微弱，品温降低到一定程度保持不变，根芽和叶芽生长到一定长度时，发芽基本结束。发芽时间：夏季4.5～5天，冬季5～7天，具体时间应根据大麦品种、特性、发芽的条件和麦芽的溶解状况来决定。

第一天：通干空气，排出麦粒表面多余的水分，进风温度应根据大麦品种、特性和生产季节的不同而进行调节，常控制在13～15℃。而后通入12～14℃的饱和湿空气，用以调节麦层品温。

第二、三天：适当通入12～14℃湿空气调节麦温，麦层温度逐渐增高，控制麦温每天上升1℃，麦芽最高温度控制在18～20℃，以后保持此温度或逐步下降。

第四、五天：麦温达到18～20℃，保持此温度或逐步下降。发芽旺盛，控制品温不超过20℃，如麦层温度超过20℃，需增加通风次数和延长通风时间。

（7）出料　发芽结束后，要将绿麦芽送入干燥箱。最经济实用的方法是用翻麦机出料，出料时螺旋停止旋转，翻麦机以10m/min的速度分批将绿麦芽推至发芽箱一端的出口，再利用其他方式送至干燥箱。

（二）劳斯曼发芽箱

1. 劳斯曼发芽箱的结构

劳斯曼制麦生产线是一条把六个发芽箱和一个干燥炉布置在同一平面上的直线式麦芽生产线，如图3-30所示。每一条生产线均有其独立的通风系统、温度和湿度的自动调节和控制系统、物料输送系统，并可利用回风。翻麦器中设有喷雾装置，可在发芽过程中喷雾增湿。每个发芽箱和干燥炉的底架和筛板都可由升降机构自行升降，并使箱内物料随之一起上下运动。每个发芽箱都有自己的空调和送风系统。履带式刮麦机在发芽箱底架和筛板升降的配合下，完成翻麦、倒箱、加水等操作。

2. 劳斯曼发芽箱的要求

（1）浸渍好的大麦，由第二浸麦槽经放料绞龙和布麦机放入第一发芽箱。

（2）开动刮麦机用刮麦机的叶板将大麦摊平。

（3）启动发芽箱空气室的通风机，向麦层小风量连续通风24h。发芽箱中，麦层上下温差一般为2℃左右。如果麦层温差大于2℃时，需使用大风量的一挡；如果温差在2℃左右则使用小风量的一挡（二挡风量一般是一挡风量的67%～70%）。

（4）发芽箱风机吹入麦层的是经过调温调湿后的风。调节后空气的相对湿度等于或接近100%。发芽过程中，在使用新鲜空气的同时，也要适量地使用一部分回风。

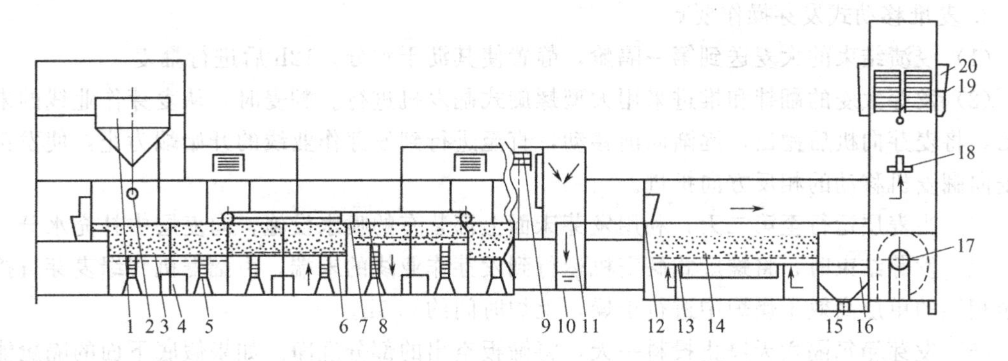

图 3-30 劳斯曼发芽箱结构图

1—浸麦槽；2—卸料和摊平装置；3—发芽箱底；4—温度测量点；5—升降装置；6—喷水装置；7—喷淋装置；8—移动式刮板翻麦机；9，19—空气挡板；10—通风机；11—冷却装置；12—干燥炉门；13—干燥箱底提升装置；14—干燥箱底；15—成品麦芽排卸装置；16—成品麦芽贮仓；17—热风机；18—加热装置；20—热交换器

(5) 在第一发芽箱，发芽大麦的品温控制在16℃，通风温度在14℃左右。

(6) 发芽24h后，将第一发芽箱的发芽大麦倒入第二发芽箱。大麦的倒箱过程同时也是翻麦、加水的过程。

(7) 倒箱完毕把大麦摊平，立即通风发芽。24h后再依次倒入第三发芽箱。

(8) 劳斯曼发芽箱大麦发芽时间共需六天，按上述方法依次每天向后倒一个发芽箱，到第七天即由第六发芽箱把发芽完毕的绿麦芽送入干燥炉干燥。

(9) 大麦在由第一发芽箱倒入第二发芽箱和由第二发芽箱倒入第三发芽箱时（即第二天、第三天），要用刮麦机强喷水喷头给发芽大麦喷水，边倒边喷直到全部倒完为止。

劳斯曼发芽箱将翻麦和输送相结合，具有节水和节能的特点。

(三) 麦堆移动式发芽箱

1. 麦堆移动式发芽箱的结构

麦堆移动式发芽箱是一种半连续式制麦设备，相当于6～7个萨拉丁发芽箱首尾相连而成的一个整体，整个发芽床只设1～2台通风装置和冷却装置，一台翻麦机和一套输送系统，发芽床和干燥炉直接相连，不需绿麦芽输送设备，直接用翻麦机上炉。附属设备少，操作简单，便于自动控制。如图3-31所示。

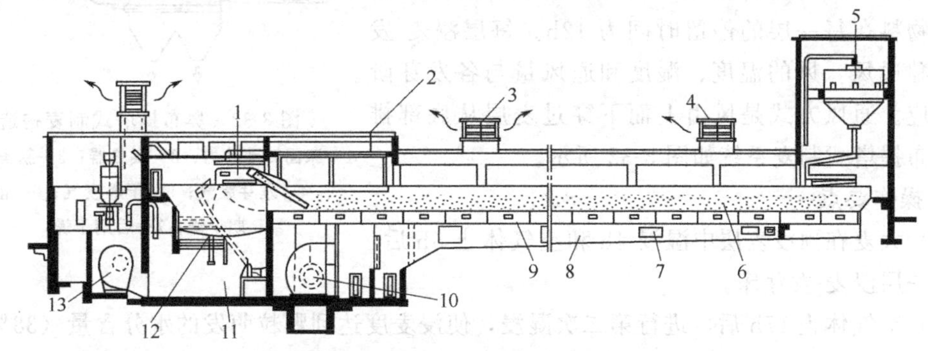

图 3-31 麦堆移动式发芽箱结构图

1—环形输送机；2—翻麦机移动台；3，4—排风筒；5—浸麦槽；6—麦层；7—混合空气风道；8—风道；9—隔舱；10—发芽鼓风机；11—单层干燥炉；12—倾翻式烘床；13—干燥鼓风机

2. 麦堆移动式发芽操作要点

(1) 浸渍结束的大麦送到第一隔舱，静置使其沥干水分，12h后进行翻麦。

(2) 发芽大麦的翻拌和推进采用大型螺旋式翻麦机进行。翻麦时，从麦芽作业线的末端开始，将麦芽向机后抛出，逐渐向前移动，直至进行到发芽作业线的开始端为止，使发芽的大麦向翻麦机移动的相反方向推进。

(3) 当麦层运行至第二天，利用发芽床面上部装有的喷水设施，向麦层中补充水分。

(4) 发芽结束时，将螺旋式翻麦机运行到发芽作业线的末端，由翻麦机将绿麦芽直接输送至相连的单层高效干燥炉中进行干燥，上炉时间约0.5h。

(5) 发芽箱每隔六天停止投料一天，将筛板空出的部分洗净。如果假底下面的隔舱能增加两个备用，便可每天进行彻底清洗而不需停止投料。

(6) 麦堆移动式发芽法的通风方式是在每条（或每两条）发芽作业线上设置两台通风机，根据需要通入新鲜空气和回风空气，或将两者按一定比例混合后再送入箱内。空气在进入箱内之前，需经调温和增湿处理。

(7) 如果选用斗式翻麦机，箱身不宜超过5m宽，日产量只能达到15t左右。如果选用螺旋式翻麦机，箱身可以加宽，日产量可提高到60t。

(8) 当翻麦机将麦芽移动前进时，要求移动幅度大，而前后麦粒的混杂率不应超过5%。

(四) 圆形塔式制麦设备

1. 结构

塔式制麦系统实际上是麦堆移动式制麦系统的垂直形式，共有15层，包括一层预浸麦层、十二层浸麦-发芽床和两层干燥床。在预浸麦层中设有普通浸麦槽所具有的装置，以保证进料、洗麦、空气休止、通风和排除CO_2。浸麦-发芽床每层面积为27.5m^2，相应投料量为14.5t。床面分割成许多部分，每部分可以绕中心轴翻转，物料自由落到下一层。采用普通发芽方法时，物料在每一层的停留时间为12h。每层浸麦-发芽床单独通风，风的温度、湿度和通风量与各发芽阶段相适应。通风方式是风由上而下穿过麦层从底部排出。奥布提塔式制麦系统如图3-32所示。

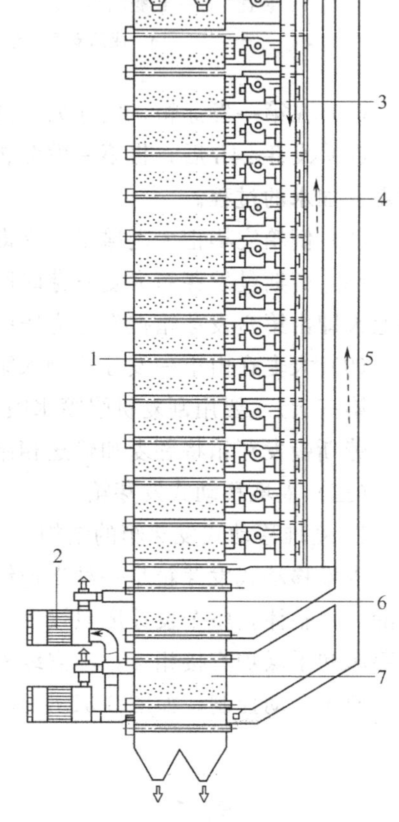

图3-32 奥布提塔式制麦构造

1—床面转动动力；2—换热器；3—新鲜空气；4—发芽废气；5—干燥废气；6—前期干燥；7—后期干燥

2. 操作要点

(1) 大麦在预浸麦层中湿浸4h和空气休止5h后，进入第一层浸麦-发芽床。

(2) 空气休止17h后，进行第二次湿浸，使浸麦度达到颗粒萌发的水分含量（38%）。

(3) 18℃发芽，这期间按时进入下一层。

(4) 当颗粒根芽均匀分叉时，第三次加水，温度为18℃，浸麦度可达50%。

(5) 在温度13～14℃下继续发芽50～55h，浸麦和发芽时间总共117h，足以使细胞壁溶解。

3. 特点

圆形塔式制麦设备的特点：占地面积小；利于实现自动控制；对大规模生产来说，投资比较少。

第四节　绿麦芽的干燥

干燥是决定麦芽品质的最后一道重要工序，通过干燥可达到以下目的。

(1) 除去绿麦芽中的多余水分，防止麦芽腐烂变质，便于除根、贮存。如果不进行绿麦芽的干燥，则不能除去对酿造有害的根芽，绿麦芽也不能进行贮存，容易腐烂。

(2) 停止绿麦芽的生长，结束酶的生化反应，固定麦芽本质特性。如果不进行绿麦芽的干燥，则酶会继续作用，胚乳会继续分解，根芽和叶芽也会继续生长，这样既增加了制麦损失，也不利于不同麦芽类型本质特性的定型。

(3) 除去绿麦芽的生腥味，形成不同麦芽类型的色、香、味。不同类型啤酒的生产，在很大程度上取决于所使用的麦芽类型，而不同类型的麦芽主要是由绿麦芽的干燥工艺所决定。

一、干燥过程中的变化

(一) 物理变化

物理变化包含四个方面：水分下降、容积下降、质量下降和色泽上升。

1. 水分下降

发芽结束时，传统工艺的绿麦芽水分在41%～43%之间，发芽强度高的绿麦芽水分在45%～50%，通过绿麦芽的干燥，使出炉水分降为：浅色麦芽 3.5%～4.0%，深色麦芽1.5%～2.0%。

根据水分下降的过程，可以将干燥工序分为两个阶段。

(1) 凋萎阶段　在低温下将麦粒水分降至10%左右。其中，从开始到“吸湿点”(即水分降至18%～20%) 阶段，水分下降很快。在从“吸湿点”(18%～20%) 至水分为10%的阶段，水分下降很慢。在单层高效炉中，排气温度上升最快，此阶段称为“穿透阶段”(即：热空气穿透麦层)，在干燥曲线上，排气相对湿度变化曲线与排气温度变化曲线的交叉点，称为“穿透点”。浅色麦芽和深色麦芽在此阶段的变化要求是不同的，制备浅色麦芽，要求用低温、大风量快速脱水，快速脱水的目的是：在此阶段尽量不进行麦粒内容物的分解，否则易导致焙焦后的麦芽色度过高。对于深色麦芽来说，则正好相反。在凋萎阶段，不得用过高的温度，否则会形成玻璃质的麦芽，在高湿度下酶受损非常严重。

(2) 焙焦阶段　在此阶段，出炉麦芽水分降至 1.5%～4%。随着焙焦的进行，麦粒内部水分的排出越来越难，麦粒的收缩以及根芽的脱落使水分排出越来越慢。焙焦温度：浅色麦芽 80～85℃，深色麦芽 95～105℃。

2. 容积下降

大麦颗粒因为吸水而膨胀，在发芽过程中因为胚乳内容物的分解而形成空洞，在干燥过程中要尽量保持这些空洞，这样就会使麦粒容积相对于大麦来说，要多 16%～23%，有时达 24%以上。如果脱水过快 (比如较高的凋萎温度)，则易使麦粒外层变成硬的玻璃质层，不利于进一步脱水，会使焙焦阶段的色泽上升，酶失活很严重。一般来说，只要干燥工艺合理，溶解好的麦芽，其容积下降比较少，成品麦芽的百升重可以反映出这种变化。

3. 质量下降

由于水分的排出，在干燥过程中发生了质量下降。一般来说，100kg 精选大麦→160kg 绿麦芽（水分约 47%）→80kg 出炉麦芽。

4. 色泽上升

干燥过程中麦芽的色度逐渐加深，麦芽最终色度与干燥温度有关，特别是焙焦温度影响最大，起始干燥温度也有影响。绿麦芽色度一般为 1.8～2.5EBC 单位，干燥后浅色麦芽色度为 2.3～4.0EBC 单位，深色麦芽色度为 9.5～21EBC 单位。

（二）化学变化

在干燥过程中，化学变化分为以下三个阶段。

1. 生长阶段

只要麦粒水分在 20%以上、温度在 40℃以下，叶芽的生长就会继续进行，即胚乳的内容物酶促分解和叶芽生长继续进行。在此阶段，麦粒水分越高、温度越高（直至 30℃），这种转化就越强烈，另外对温度敏感的酶也开始失活。

绿麦芽干燥保护得越好、在焙焦开始阶段的麦粒水分越高，则凋萎结束胚部具有活性的麦粒就越多，比如：经过 24h 的 35～55℃的凋萎，凋萎结束时的水分为 30%，75%的麦粒在凋萎结束时仍有活性（发芽能力）。

2. 酶促作用阶段

温度在 40～70℃时，会发生酶促作用，特别是淀粉酶、肽酶、β-葡聚糖酶和磷酸酯酶，直到水分进一步下降或由于温度的升高使酶失活为止。

由于酶在低水分下具有很强的抵抗力，所以只要绿麦芽水分脱得越早（即越快），则麦芽中保留的酶量就越多。

对于浅色麦芽来说，由于要在低温下快速脱水，所以焙焦中酶的损失及凋萎中物质的转化就很少。

对于深色麦芽来讲，由于要在焙焦期形成较多的色泽和香味物质，因此要求凋萎脱水慢、凋萎温度稍高，有利于酶促反应的进行，以便形成较多的低分子分解物，达到 80℃以上时麦粒的水分也高一些，最后焙焦温度 100～105℃，出炉水分 1.5%～2.0%，这样就使在绿麦芽阶段含酶丰富的麦粒经过干燥后，麦芽中酶的活性降低了许多。

3. 化学阶段

当干燥温度在 70℃以上时，大多数酶不能进行分解作用，而许多高分子物质的结构发生了变化，特别是蛋白质的空间结构，出现了胶体蛋白的凝固和胶体蛋白分散度的变大。由于较小分子和低黏度的β-葡聚糖组分形成，β-葡聚糖的物理化学特性也发生了变化，最重要的就是呈香味、色泽的类黑素的形成。类黑素是由糖分、氨基酸和低分子肽组成，形成的类黑素越多，成品麦芽中的糖分、氨基酸和低分子肽就越少。其实，在干燥的低温阶段，类黑素就已经开始形成，只不过温度在 95℃以上时形成的最多。

（1）碳水化合物的变化

① 淀粉的分解。淀粉分解与水分含量和温度有关，在含水量一定的情况下，淀粉分解有一极限温度，低于此温度便不再分解（图 3-33）。当水分含量降到 15%以下时，淀粉分解便趋于停止，即使温度上升至 60℃，分解产物也不再增加。因此，在凋萎期间，淀粉继续分解，可发酵性浸出物增加，直链淀粉增加。

② 半纤维素的变化。凋萎阶段半纤维素在葡聚糖酶的作用下继续分解，高温焙焦时 β-葡聚糖仍被分解为低分子物质。

（2）含氮化合物的分解　与淀粉分解相似，蛋白质分解也与水分含量和温度有关，在含水量一定的情况下，蛋白质分解也有极限温度，低于此温度就不再分解（图 3-34）。

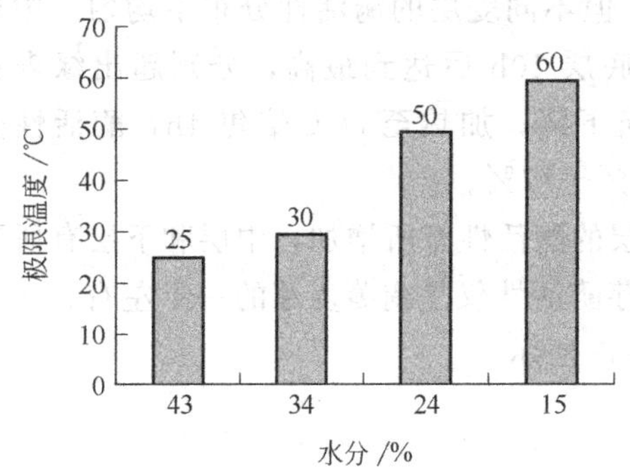

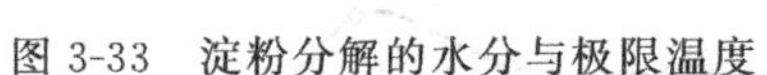

图 3-33　淀粉分解的水分与极限温度

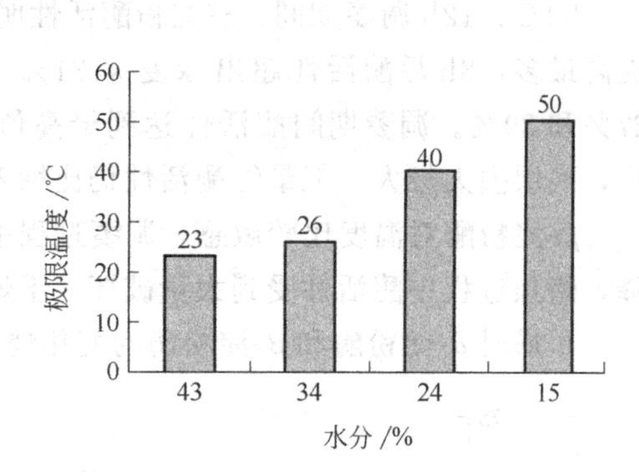

图 3-34　蛋白质分解的水分与极限温度

（3）有色物质和香味物质的生成　干燥过程中随着温度的升高和水分的降低，会产生有色物质和香味物质，主要是在焙焦阶段产生。有色物质和香味物质的生成主要通过两条途径：形成类黑素的美拉德反应和形成焦糖的褐色反应。

① 类黑素的形成。类黑素是麦芽的重要着色物质和风味物质，对麦芽特有的色、香、味起着决定性的作用。它是由氨基酸的氨基与还原糖的羰基反应形成，因此称为羰-氨反应。法国化学家美拉德在 1912 年发现了类黑素，所以该反应又称美拉德反应。

类黑素部分是可溶性的，部分是不溶性的，不能发酵。它在溶液中呈酸性，会影响麦芽及麦汁的酸度；在溶液中呈胶体状态，有利于啤酒的泡沫；作为一种保护胶体，有利于啤酒的非生物稳定性。

② 焦糖的形成。糖分在接近熔化的温度下加热时，可形成红褐色无定形脱水产物，统称为焦糖，该反应称为褐色反应。随着温度的升高，水分的降低，褐色反应愈加强烈，糖分逐渐焦化。焦糖呈黑褐色并具有焦香味，是特种麦芽的重要香味成分。

（4）二甲硫（DMS）的生成　二甲硫是 S-甲基蛋氨酸的热分解产物，作为二甲硫的前驱体，S-甲基蛋氨酸在发芽过程中就已经生成，随着细胞溶解的进行而进入颗粒内部。

二甲硫是影响啤酒风味的重要物质，口味阈值极低，为 30μg/L，超过此值会给啤酒带来不愉快的煮玉米味。但二甲硫很容易挥发（沸点 38℃），在麦芽干燥和麦汁制备过程中大部分会挥发掉。

（5）多酚的变化　凋萎阶段花色苷含量下降，可能是由于氧化酶的作用，此时氧化酶仍有较高的活性。多酚氧化可生成二羰基，二羰基再与氨基酸缩合和聚合生成类黑素。

（6）酸度的变化　在麦芽干燥过程中酸度升高，原因有三个方面：生酸酶的作用、磷酸盐相互间的作用和类黑素的生成。特别是在低温（50℃）凋萎期间，物料含水量越高，酸度变化越大。这期间主要是前两种作用使酸性磷酸盐释放出来。随着焙焦温度的提高，pH 值降低，色度升高，这主要是由于生成了类黑素及其前驱体的缘故。

（7）浸出物的变化　随着焙焦温度的提高，标准协定法麦汁浸出物下降。主要原因有三方面：一是蛋白质凝固，二是生成部分不溶性的类黑素，三是破坏了酶的活性，使得标准协定法糖化时物质转变得少。

（三）酶的变化

大部分酶在温度较低、水分较高时，即凋萎期间活性提高，随着温度的升高和水分的降低，酶活性受损，有的酶活性低于绿麦芽水平。

1. 淀粉酶的变化

50℃、12h 凋萎期间，α-淀粉酶活性明显提高，但不同麦层的酶活性分布不均匀。中层提高最多，8h 后酶活性超出绿麦芽 31%。上层和底层 10h 后达到最高，分别超出绿麦芽 27%和 29%。凋萎期间酶活性达到最高值后又有所下降，加热至 80℃焙焦 4h，酶活性受损，底层损失最大，但最终酶活性仍比绿麦芽高 12%～17%。

β-淀粉酶对温度比较敏感，凋萎过程中上层麦层的酶活性有所增加，中层和下层有所下降，焙焦过程中酶活性受到大量破坏，干燥后的麦芽酶活性仅是凋萎麦芽的一半左右。

干燥时 α-淀粉酶和 β-淀粉酶的变化情况如图 3-35 所示。

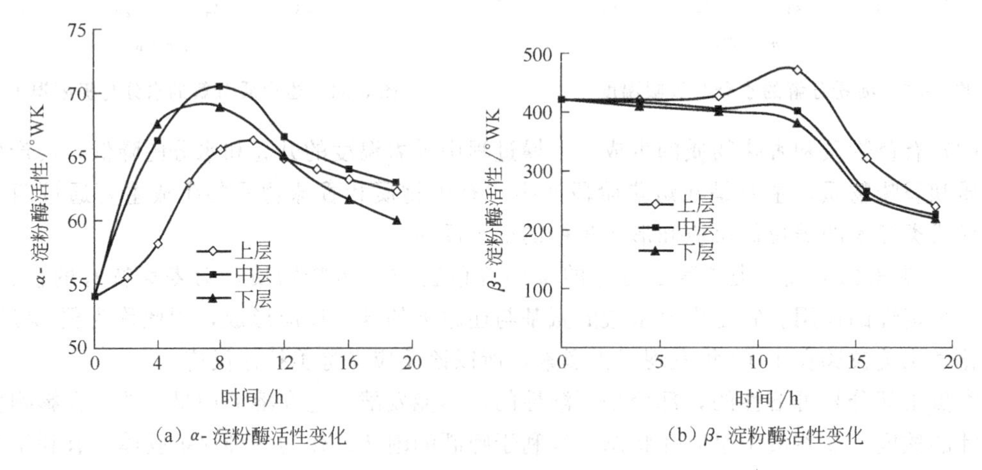

（a）α-淀粉酶活性变化　（b）β-淀粉酶活性变化

图 3-35 干燥时淀粉酶的变化曲线

2. 蛋白酶的变化

在凋萎过程中所有蛋白酶的活性都有很大程度的提高。内肽酶对温度有抗性，即使高温焙焦其活性仍有所提高。氨肽酶活性在凋萎期间提高 5 倍（相对于绿麦芽），80℃焙焦后活性仍为绿麦芽的 3.5 倍。羧肽酶在 70℃焙焦时活性仍有所提高，超过 80℃损失也随之增大。二肽酶对温度比较敏感，焙焦后酶活性低于绿麦芽。

干燥时蛋白酶的变化情况如图 3-36 所示。

3. 其他酶的变化

在干燥过程中半纤维素酶活性下降，但各种酶对温度的敏感性差别很大。内-β-葡聚糖酶相对稳定，外-β-葡聚糖酶对温度非常敏感，纤维二糖酶活性在 70～80℃焙焦仍保留 68%。

脂肪酶活性在凋萎 8h 达到最小值，而后又提高，直至凋萎结束。焙焦对酶活性有所破坏，最终接近绿麦芽的酶活性。

干燥过程中磷酸酯酶的活性一直在下降，开始采用较低的凋萎温度有利于保留磷酸酯酶的活性，干燥后麦芽酶活性约为绿麦芽的 1/3。

过氧化氢酶对温度最敏感，在凋萎过程中活性缓慢降低，加热至焙焦阶段丧失大部分活性，干燥麦芽中只剩不到 10%。过氧化物酶在干燥过程与过氧化氢酶类似，只是干燥麦芽中保留的酶活性略高些。在氧化-还原酶中多酚氧化酶的热稳定性最强，在凋萎后 1/3 时间

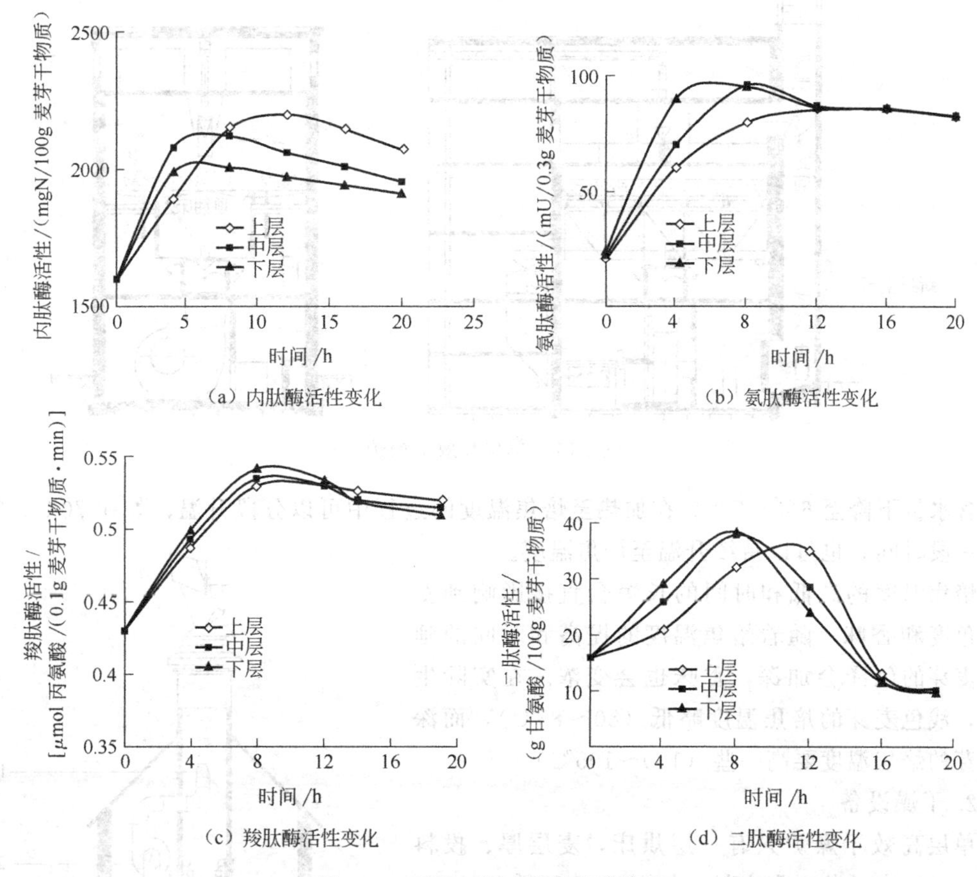

(a) 内肽酶活性变化　(b) 氨肽酶活性变化

(c) 羧肽酶活性变化　(d) 二肽酶活性变化

图 3-36　干燥时蛋白酶的变化曲线

活性降低很迅速，焙焦阶段变化并不大。

二、干燥技术和设备

（一）水平式单层高效干燥炉

1. 干燥技术

麦芽干燥过程有三个阶段的温度最重要，第一阶段即凋萎阶段是起始温度，第二阶段是中间温度（凋萎结束开始向焙焦温度升高时的温度），第三阶段是焙焦温度。

试验表明，起始温度在 40～60℃之间，粗细粉差、蛋白溶解度和可凝固性氮没有明显的区别，但起始温度的高低会影响麦芽的容积、脆度和色度，所以要选择较低的起始温度（45～55℃）。

凋萎过程要尽快降低水分，以终止颗粒的生长和酶的作用，水分低时麦芽中的酶对温度的耐受性要好于水分高时，因此在升温前就要将水分降到足够低，以避免酶的活性破坏过度，工艺上一般采用低温大风量进行控制。凋萎过程的温度一般在 45～65℃之间波动，也可以采用分段升温的方式，如 55℃、60℃、65℃。

中间温度非常重要，在该温度下一直保持物料水分降低到一定程度才可以升温。升温过早，表皮容易干皱，颗粒内部水分蒸发困难。一般以烘床下面的热空气温度与物料上方排出空气温度的差值来衡量，温差一般在 20～25℃。中间温度一般为 60～65℃，当物料上方排出空气的温度达到 40～45℃时便开始升温。这时上层物料含水量下降至 18%～20%，下层

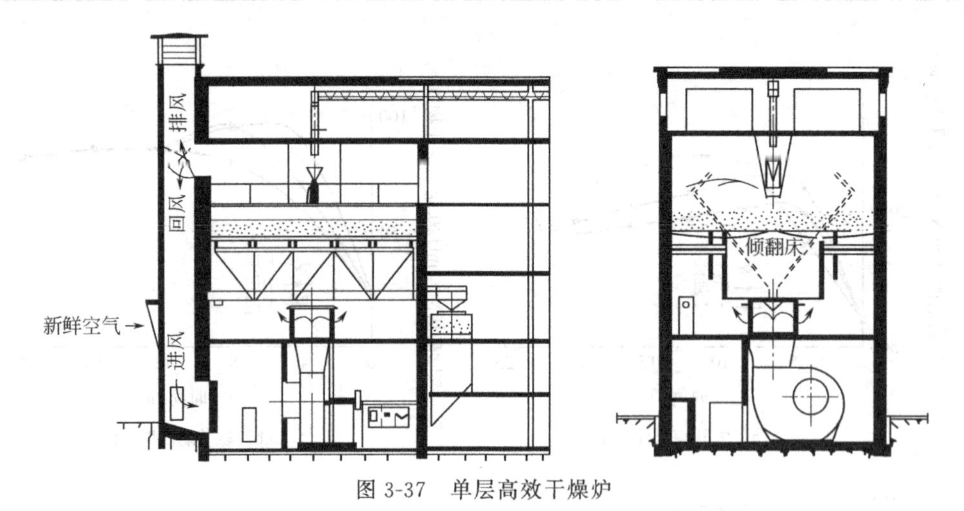

图 3-37 单层高效干燥炉

物料含水量下降至6%～7%。在加热至焙焦温度的过程中可以分段升温，如在70℃、75℃维持一段时间，也可以持续升温至焙焦温度。

焙焦温度的高低和时间的长短会直接影响到麦芽的色度和香味。随着焙焦温度的提高和时间的延长，麦芽的色泽会加深，香味也会变浓。在实际生产中，浅色麦芽的焙焦温度略低（80～85℃），而深色麦芽的焙焦温度要高一些（100～105℃）。

2. 干燥设备

单层高效干燥炉只有一层烘床，麦层厚、投料量大，可以自动装料和出料。如图3-37所示。

（1）烘床 烘床的形式如同篦子，用来承载绿麦芽。麦层厚度为0.6～1.0m，相应的烘床单位负荷为250～400kg/m²。烘床的自由流通面积为30%～40%。有的烘床可以翻转，便于出料。

（2）通风装置 大多采用离心式鼓风机，设有新鲜空气、循环空气和废气通道，并用挡板调节。浅色麦芽在凋萎期间通风量为4000～5500m³/(t·h)，焙焦时风量减半。

（3）加热装置 分直接加热和间接加热两种，直接加热是将燃料燃烧产生的热量与空气进行热交换，这种方式虽然热利用效果较好，但燃料和燃烧过程中产生的有害物质也会穿过麦层。间接加热是加热介质在换热器中与外部空气换热。

（二）水平式双层干燥炉

水平式双层干燥炉是将两层水平烘床上下安装起来，只在底部设一套加热通风装置，该设备的最大优点是能够充分利用余热（图3-38）。

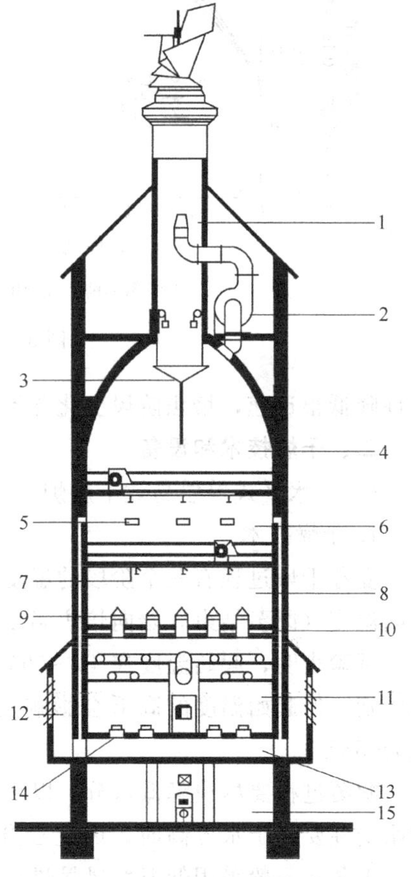

图 3-38 水平式双层干燥炉结构图

1—排风筒；2—风机；3—煤灰收集器；4—上层烘床；5—上床冷风入口；6—下层烘床；7—根芽挡板；8—根芽室；9—热风入口；10—冷却层；11—空气加热室；12—新鲜空气进风道；13—空气室；14—新鲜空气喷嘴；15—燃烧室

物料在每层烘床停留的时间一般为12h，总干燥时间24h。两层烘床的投料时间相差半个周期，即第一层烘床投料后经过12h的凋萎阶段进入下一层烘床，第一层烘床再重新投入绿麦芽。第二层烘床的麦芽由于进入到干燥的焙焦阶段，穿过麦层后的空气温度比较高，所以排出的热空气可以作为加热空气引入到第一层烘床上的物料中，这样，热空气进行了二次利用，回收了部分余热，节约了能源。

低温凋萎期间要迅速脱水，在12h内将麦芽含水量从45%左右降低到10%～12%，因此烘床单位面积的投料量不能太多。凋萎阶段的脱水分为两步进行：第一步温度35～40℃，6h将水分从45%降低到30%；第二步温度50～60℃，将水分从30%降低到10%。进入第一层烘床的空气温度不能超过60℃，否则麦芽的色度会加深、玻璃质粒也会增多。

凋萎麦芽刚进入第二层烘床时，干燥温度要与上层烘床的温度一样。约4h后升温至70℃，维持2～3h。然后在1h内逐渐升温至焙焦温度80℃，维持3～4h。

另一种双层干燥炉的形式是两层烘床各自有单独的通风加热装置，上下层的风机与各自的通风量相匹配，下层又与上层的气室相通，下层焙焦阶段排出的热空气进入上层气室，利用上层的风机通入处于凋萎阶段的麦层。两套通风装置既能独立操作，又能结合使用，与单层干燥炉相比不仅可节约20%的能源，而且还可以将两个独立的水平式单层高效干燥炉上下安装在一起，有效减少了车间的占地面积。图3-39为这两种形式干燥炉的干燥通风示意图。

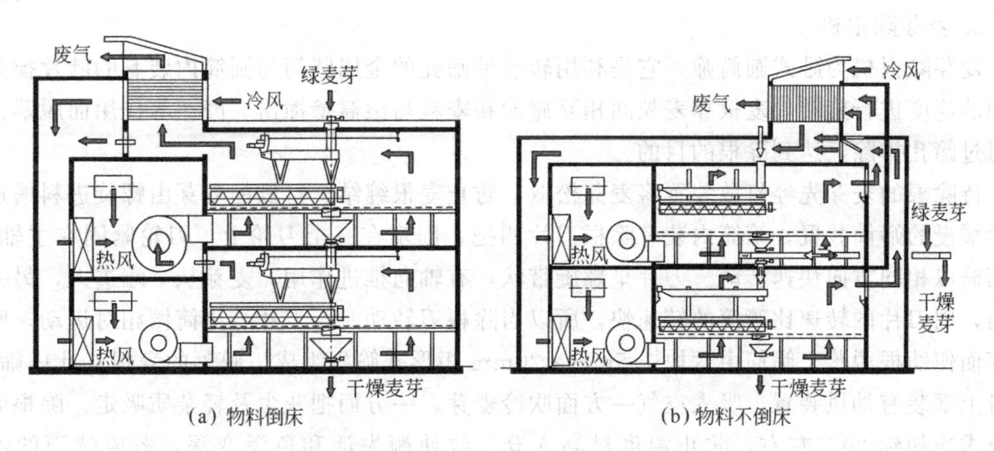

图3-39　水平双层干燥炉干燥通风示意图

(三) 发芽-干燥两用箱

发芽-干燥两用箱是在箱体的一端安装干燥通风装置和加热装置，发芽结束后在发芽箱中进行干燥。干燥总时间31～33h，比其他干燥方式多了10h以上。如图3-40所示。

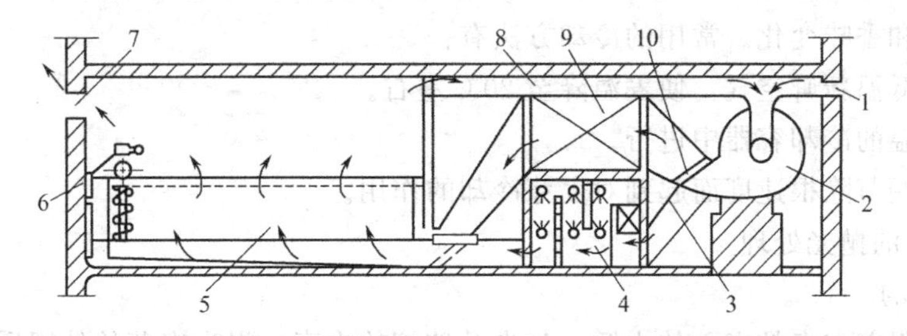

图3-40　发芽-干燥两用箱结构图

1—冷空气进口；2—鼓风机；3—风调加热器；4—空调室；5—麦芽层；6—搅拌器；7—空气出口；8—回风道；9—干燥加热器；10—发芽与干燥控制风门

第五节 干燥麦芽的处理与贮存

一、干燥麦芽的处理

干燥麦芽的处理包括干燥麦芽的除根、冷却及抛光。

(一) 麦芽除根

1. 除根目的

(1) 因为麦根的吸湿性很强，只有除根后才易于贮存。

(2) 麦根中含有杂质及不良苦味，而且色泽很深，会影响啤酒的口味、色泽以及非生物稳定性。

(3) 麦芽除根能对干燥后的麦芽起到冷却作用，便于入仓保存。

2. 工艺要求

(1) 出炉后的干麦芽要在24h内除根完毕。

(2) 除根后的麦芽中不得含有麦根。

(3) 麦根中碎麦粒和整粒麦芽不得超过0.5%。

(4) 除根后的麦芽应冷却至室温。

3. 麦芽除根机

麦芽除根机为卧式圆筒筛，它是利用转动带筛孔的金属圆筒与圆筒内装有的叶片搅刀以不同的速度进行旋转，麦根靠麦粒间相互碰撞和麦粒与滚筒壁撞击、摩擦等作用而脱落，然后通过筛孔排除，达到除根的目的。

待除根的麦芽先经打散装置将麦芽松散，防止麦根缠结。打散的麦芽由螺旋进料槽送至转动缓慢的筛筒装置，筛筒内装有除根刀片四把，固定在三个刀轮上，刀轮紧固在主轴上，与筛筒以相同方向快速转动。刀片呈螺旋带状，有轴向推进作用，麦芽从一端进入，另一端卸出，因刀片的转速比筛筒的转速快，所以当除根刀转动时，刀片与筛筒做相对运动，摩擦麦芽而使幼根脱落。筛筒由六块1.5mm×20mm矩形孔筛板组成。脱落的麦根从孔内筛出，机身上部装有抽风装置，吸入空气一方面吹冷麦芽，一方面把灰尘及轻杂质吸走。除根的麦芽要求冷却到20℃左右，防止温度过高入仓，致使酶失活和色泽变深，造成啤酒的不良味道。

麦芽除根机的结构如图3-41所示。

(二) 出炉麦芽的冷却处理

干燥后的麦芽温度为80℃左右，尚不能进行贮藏，因而必须尽快冷却，以防酶的破坏，致使色度上升和香味变化。常用的冷却方法有：

(1) 通入低温新鲜空气，使麦温降至20℃左右。

(2) 在低温的冷却容器中进行。

(3) 通过调节除根速度而起到对麦芽冷却的作用。

(三) 麦芽的抛光处理

1. 抛光目的

(1) 除去附着在麦粒表面的水锈、灰尘及破碎的皮壳，提高麦芽的外观质量。

(2) 抛光后会提高麦芽的浸出率。

(3) 能减少麦皮上的多酚物质，有利于啤酒的口味、色泽和稳定性。

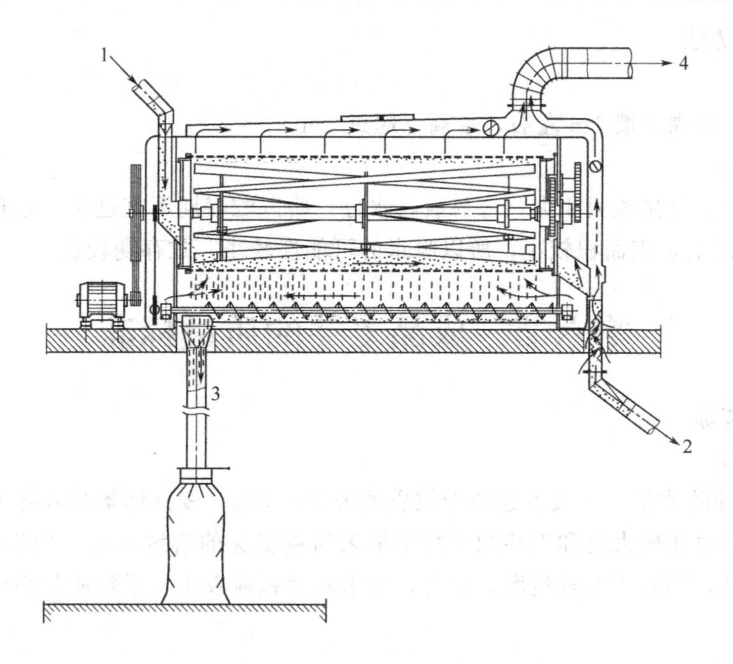

图 3-41　麦芽除根机结构图

1—干燥麦芽；2—除根麦芽；3—根芽；4—风吸

2. 抛光机的结构及工作原理

麦芽抛光机主要由两层倾斜筛面组成。第一层筛去大粒杂质，第二层筛去细小杂质，倾斜筛上方飞扬的灰尘被旋风除尘器吸出。麦芽抛光机的工作原理是经过筛选后的麦芽落入急速旋转的带刷转筒内，被波形板面抛掷，使麦芽受到刷擦、撞击，达到清洁除杂的目的。抛光机附有鼓风机，以排除细小杂质。

二、干燥麦芽的贮存

除根后的麦芽，一般需要经过 6～8 周的贮存方可投入使用。

（一）贮存目的

（1）由于干燥时操作不当而产生的玻璃质麦芽，在贮存期间可以向好的方面转化。

（2）新干燥的麦芽经过贮存，蛋白酶活力与淀粉酶活力得以提高，增进含氮物质的溶解，提高麦芽的糖化力及麦芽的可溶性浸出物，可改善啤酒的胶体稳定性。

（3）提高麦芽的酸度，有利于糖化。

（4）麦芽在贮存期间吸收少量水分后，麦皮失去原有的脆性，粉碎时破而不碎，利于麦汁过滤。胚乳失去原有的脆性，质地得到显著改善。

（二）麦芽贮存要求

（1）麦芽除根后冷却至室温左右，不要超过 20℃，方可进仓贮存，以防麦芽温度过高，发霉变质。

（2）必须按质量等级分别贮存。

（3）尽量避免空气和潮气渗入。

（4）应按时检查麦芽温度和水分变化。

（5）干麦芽贮存回潮水分 5%～7%，不宜超过 9%。

（6）应具备防治虫害的措施。

（三）贮存方法

1. 袋装

下置垫板，四周离墙 1m 左右，堆高不超过 3m。

2. 立仓贮存

由于袋装与空气接触面积大，容易吸收水分，所以贮存期不宜过长。立仓贮存麦芽，麦层高可达 20m 以上，表面积较小，所以吸水的可能性较小，贮存期较长。

第六节　成品麦芽的质量标准

一、物理指标

1. 千粒质量

1000 粒麦芽的质量。一般麦芽的千粒质量为 29～38g。麦芽溶解程度越大，千粒质量越低，因此可以通过比较大麦和麦芽的千粒质量来衡量麦芽的溶解程度。如果麦芽颗粒饱满，千粒质量却很低，则属于溶解过度；反之，如果麦芽颗粒较小，千粒质量却很高，则属于溶解不良。

2. 麦芽密度

麦芽密度表明麦芽的松软程度。麦芽质量较好，就越松软，密度也越小。可以通过沉浮试验表明麦芽的密度情况，即取定量麦芽粒倒入水中，观察沉降情况：

沉降粒＜10％　　优良
沉降粒介于 10％～25％　　良好
沉降粒介于 25％～50％　　满意
沉降粒＞50％　　不佳

3. 切断试验

切断试验是用来检查胚乳状态的，一般分为粉状粒和玻璃质粒。粉状粒指断面呈乳白色、不透明、切断疏松不平整的麦粒。玻璃质粒指断面呈透明或半透明状、且有光泽的麦粒。

可以通过 200 粒麦芽胚乳断面情况进行分析评价，粉状粒越多者越佳，玻璃质粒越多者越差。

计算玻璃质粒的方法是：一个全玻璃质粒为 1，半个玻璃质粒为 1/2，尖端玻璃质粒为 1/4。

计算其百分率，指标规定如下：

玻璃质粒介于 0～2.5％　　优秀
玻璃质粒介于 2.6％～5.0％　　良好
玻璃质粒介于 5.1％～7.5％　　满意
玻璃质粒 7.5％以上　　不佳

4. 叶芽长度

叶芽长度也是评价麦芽溶解度的一种方法。

浅色麦芽：叶芽长度为麦粒长度的 2/3～3/4 者占 75％以上，说明该麦芽溶解良好。

深色麦芽：叶芽长度为麦粒长度的 3/4～1 者占 75％以上，说明该麦芽溶解良好。

5. 脆度试验

通过脆度仪来测定麦芽的脆度，以表明麦芽的溶解程度。其指标如下：

81%～100%　　优秀

71%～80%　　良好

65%～70%　　满意

<65%　　不佳

二、化学指标

1. 水分

浅色麦芽：3.5%～6.0%。

深色麦芽：2.0%～5.0%。

2. 糖化时间（协定法麦汁）

在麦汁制备过程中，从70℃保温开始，每隔5min，用0.1mol/L碘液检查一次糖化情况，直至糖化彻底无碘液反应为止，该段时间称为糖化时间。

优良的浅色麦芽：糖化时间为10～15min。

优良的深色麦芽：糖化时间为20～30min。

如果糖化时间过长，说明麦芽溶解不足，会导致浸出率下降；如果糖化时间过短，说明麦芽溶解过度，也会导致浸出率下降。

3. 过滤速度及透明度

溶解好的麦芽过滤速度快，麦汁澄清；溶解差的麦芽过滤速度慢，麦汁浑浊。

4. 色度

麦芽色度与其生产过程有关，发芽温度高，干燥时间长，色泽深。

浅色麦芽：　　2.0～5.7EBC。

中等深色麦芽：　　11～17EBC。

深色麦芽：　　17～27EBC。

5. 浸出率

浸出率表示麦芽经过糖化过程溶解成分的数量，数量越高，说明麦芽质量越好。

浅色麦芽的无水浸出率为：78.5%～83.5%。

深色麦芽的无水浸出率为：78.5%～82%。

6. 粗细粉差

利用粗粉和细粉糖化浸出率的差值来评价麦芽胚乳的溶解情况。

麦芽粉碎机一般采用EBC粉碎机。EBC粉碎机Ⅰ号筛粉碎的细粉（细粉占90%左右）与Ⅱ号筛粉碎的粗粉（细粉仅占25%左右）分别按协定糖化法进行糖化，计算其浸出率的差值。评价如下：

浸出率差　　麦芽溶解度

<1.3%　　很完全

1.3%～1.9%　　完全

2.0%～2.6%　　正常

2.7%～3.3%　　低

>3.3%　　很低

7. 麦汁黏度

麦汁黏度可以反映出麦芽胚乳细胞壁半纤维素和麦胶物质中β-葡聚糖的降解状况，因而也能表示麦芽的溶解程度。

根据麦汁黏度的大小，可预测麦汁和啤酒过滤的难易。测定方法是将协定法麦汁的浓度调制 8.6°P 后进行测定。黏度指标如下：

＜1.53mPa·s　　优秀

1.53～1.61mPa·s　　良好

1.62～1.67mPa·s　　一般

＞1.67mPa·s　　不佳

8. pH 值

溶解良好和干燥温度高的麦芽，其协定法麦汁的 pH 值较低；溶解不足和干燥温度低的麦芽，其协定麦汁的 pH 值较高。

浅色麦芽协定法麦汁的 pH 值为 5.55～6.05，浓色麦芽协定法麦汁的 pH 值为 5.30～5.80。

9. 最终发酵度

检查可发酵浸出物和非发酵浸出物的关系。麦芽溶解越好，其最终发酵度越高。一般来说，正常麦芽协定法麦汁的表观发酵度应为 75%～85%。

10. 蛋白溶解度

蛋白溶解度也称库尔巴哈值，用麦芽协定法麦汁中可溶性氮与总氮之比的百分率来表示。其值越高，说明蛋白质分解越完全，其指标如下：

＞41%　　优

38%～41%　　良好

35%～38%　　满意

＜35%　　一般

11. 甲醛氮

可用来检查麦芽中可溶性蛋白质的分解情况。甲醛氮含量低，说明蛋白质溶解较差；甲醛氮含量高，说明蛋白质溶解良好。

测定 100g 无水麦芽甲醛氮含量，指标如下：

＞220mg　　优

200～220mg　　良好

180～200mg　　满意

＜180mg　　不佳

12. α-氨基氮

其含量多少反映麦芽中蛋白质的溶解度，也间接反应蛋白酶类的活性。

α-氨基氮主要供给酵母的生长繁殖，也构成啤酒的风味物质。正常情况下，每 100g 干麦芽中含有 120～160mg 的 α-氨基氮，具体指标如下：

＞150mg　　优

130～150mg　　良好

120～135mg　　满意

＜120mg　　不佳

13. 哈同值

哈同值又叫四次糖化法，是指麦芽在 20℃、45℃、65℃和 80℃下，分别保温糖化 1h，求得四种麦汁的浸出率，然后与协定法麦芽浸出率之比的百分数，取其平均值，以此值减去58，所得差即为哈同值（VZ）。

VZ代表不同温度的浸出率与协定法麦汁浸出率之比的百分数。

利用哈同值，可以评价麦芽的酶活性和溶解情况，指标如下：

0～3.5	溶解不良
4.0～4.5	一般
5	满意
5.5～6.5	良好
6.5～10	优秀

100g无水麦芽在20℃，pH＝4.3条件下，分解可溶性淀粉30min，产生1g麦芽汁为1个糖化力（°WK）。指标如下，

浅色麦芽：200～450°WK。

深色麦芽：100～250°WK。

第七节　麦芽质量与啤酒质量的关系

在实际生产过程中，由麦芽质量所涉及的浸出率、粗细粉差、糖化时间、过滤时间、色度、总氮、库尔巴哈值及煮沸麦汁色度等技术指标会直接影响啤酒的质量。

1. 浸出率

麦芽浸出率的多少取决于原大麦的品种，与它种植的年份和地点有关，与蛋白质含量也有一定的关系，优质麦芽浸出率通常规定在79.5%～81%。浸出率高低非常重要，不测定浸出率，就无法做麦芽分析。从技术上看，浸出率低常常是因为蛋白质溶解不足。蛋白质溶解度较高，浸出率也较高，浸出率的提高不意味着碳水化合物溶解得好，因此浸出率是一个重要的参数，细胞溶解得既好又均匀更为重要。

2. 粗细粉差

粗细粉差表示大麦细胞壁的溶解程度。粗细粉差小表示细胞壁溶解得好，有利于糖化麦汁的过滤和改善，粗细粉差影响到原料利用率以及麦汁和啤酒过滤速度，也影响到麦汁组成。优质麦芽的粗细粉差小于1.9%，利用粗细粉差低的麦芽可以提高啤酒的产量。

3. 糖化时间

尽管糖化是α-淀粉酶和β-淀粉酶共同作用的结果，糖化时间仍可间接显示麦芽中α-淀粉酶的存在量。如果浅色麦芽的糖化时间超过10～15min，糖化会有困难。溶解不好的麦芽会使糖化时间延长。适当提高浸麦度，实施低温长时间发芽，发芽后期提高麦层中二氧化碳浓度等有利于酶的生成与积累，提高酶的活力可以缩短糖化时间。

4. 色度

色度在行标中作为一般指标，浅色麦芽色度要求2.5～5.7EBC，但随着浅色啤酒的流行，啤酒厂对麦芽色度的重视程度已成为各项指标的首要因素，有些厂家要求麦芽色度越低越好，这与客观上大麦的底色和焙焦着色相违背，还有的厂家认为麦芽外观亮白，麦芽色度就浅。我们对采集的小样分析，有些麦芽外观虽然亮白，但实测麦芽色度高达9.5EBC，对于色度，国内实验室检测设备不一，有EBC比色法，同一麦芽样品，在不同实验室可能有如下读数：3.0EBC，3.1EBC，3.25EBC，3.3EBC，3.5EBC，其中3.0EBC与3.5EBC可

能由视觉误差造成，3.1EBC，3.25EBC，3.3EBC则是估计读数造成误差。另外，还有碘液比色法，操作误差较大，应予淘汰，所以应统一使用EBC色度计。标色盘定期校正，建议逐步采用EBC数字显示计。

5. 煮沸色度

煮沸色度行业标准要求甘油温度108±2℃（取一定量的协定糖化麦汁在108±2℃的甘油浴中恒温2h），而在实际试验中很难保证如此精度，甘油温度一旦升上去，再降下来需要很长时间，另外甘油上中下层温度相差较大，有的实验室采用了饱和食盐水作为恒温水浴，沸腾状态温度可达108±1℃，且各点温度一致，效果是可以的，但需统一起始温度。煮沸色度与成品啤酒色度的相关性很好，由此对可溶性氮数值做逆向检查，通常规定浅色麦芽煮沸色度最高为7EBC，不同批次的麦芽煮沸色度不能变化太大，否则会带来啤酒的色度差异太大。

6. 总氮

为测定库尔巴哈指数，需要知道麦芽的蛋白质含量，蛋白质含量对啤酒产出量的影响众所周知，蛋白质含量越高，啤酒产出量越低，但蛋白质含量对啤酒质量的影响却要比人们设想的程度低得多，单看蛋白质含量，实际在相当大范围内（10%～12%）都没有影响，重要的是要与可溶性蛋白质一起评价。

7. 可溶性氮

可溶性氮是衡量蛋白质溶解程度的重要指标，对麦汁品质有较大影响，一般以库尔巴哈指数表示，在一定程度上也反映了麦芽细胞壁溶解程度。麦芽的可溶性氮既不能太高也不能太低，以650～750mg/L为宜。如果数值低于这个范围，麦芽的蛋白质溶解度就太低了，虽然这对发酵和酵母繁殖没有影响，但会反映啤酒的香气类型，如会使乙醇含量升高，但如果可溶性氮的含量太高，其香气类型不会有什么变化，却对啤酒味道有影响，尤其是酒体会醇厚。使用未发芽谷物，降低溶解蛋白含量，会使啤酒具有“干”的味道。使蛋白质溶解度低的麦芽也可以达到这种效果，会使啤酒的酒体变淡薄。糖化对蛋白质溶解有一半影响，因此麦芽的蛋白质显得特别重要。

8. 库尔巴哈值

库尔巴哈值是指可溶性氮与总氮的比值，用百分比表示，这个指数用于测定蛋白质降解，在考虑到总蛋白含量的同时，能很好地评价蛋白质的各种关系。该指数通常规定为38%～45%。如果总蛋白偏离通常的10%～11%的含量范围，应更多注意的是可溶性氮而不是库尔巴哈值。

9. pH值

pH值表示麦芽的酸度，麦芽的pH值通常为5.90左右，当用含硫原料在加热炉直接加热时这个值会减至5.75。pH值低使得协定糖化醪的大多数酶的活性提高，因此也得到较高的浸出率和较好的45℃哈同值，但蛋白溶解较多，现在普遍采用间接加热方式，pH值会在5.85～5.90之间，测pH值时应注意：(1) pH计每天使用前应进行校正，校正时的温度与使用时的温度相差不得超过1℃，由于许多实验室没有空调，冬季、夏季温差较大，pH值测试有较大误差。(2) 应该统一使用20℃恒温进行校正和测量，报出的pH值也应统一规定为20℃时的实测值，没有温度限定的pH值没有意义。

10. 脆度

脆度反映了麦芽的溶解度和酿造性能，国际上一般要求在80%以上。实验室测定时应定期检查辊距、筛网，定期进行实验室之间的对比试验，麦芽经过贮存运输，含水量不同以及皮壳厚薄不同，对检测结果有影响，所以商品麦芽的验收，应视品种水分进行同比验收，生产厂家的出炉麦芽脆度分析值可作为质量证明。

11. 黏度

麦汁的黏度与溶解度相关，黏度值超过 1.67mPa·s 表示细胞溶解较差。黏度低于 1.48mPa·s 说明部分溶解过度。

12. α-氨基氮

α-氨基氮指氨基酸类低分子氮类，α-氨基氮对麦汁组成、啤酒发酵有重要意义，是酵母发酵时所需的主要氮源。影响麦芽中 α-氨基氮含量的主要因素是大麦品质与特性、浸麦度、发芽温度和时间、干燥前期温度和时间。如浸麦度低，发芽前期温度过高，后期又过低，干燥前期温度高，升温过快，焙焦温度高，时间长等，都会减少麦芽中 α-氨基氮的含量。

13. 糖化力

糖化力行业标准 QB/T 1686—2008 对糖化力提出明确的要求，并作为限定指数加以考核。麦芽糖化力低是因为原大麦本身糖化力低、蛋白质含量低、发芽时间短、发芽温度低、干燥温度高、升温过快、焙焦温度高、时间长。麦芽糖化力过高是因为干燥温度低、焙焦温度低、时间短、出炉水分高等。这种麦芽缺乏香味，麦汁过滤困难，浑浊不清，啤酒易发生浑浊沉淀。

第八节 特种麦芽介绍

中国啤酒生产以浅色麦芽为主，深色麦芽使用较少。此外，还有为满足特殊类型啤酒需要的麦芽，即特种麦芽。特种麦芽的应用主要有以下两个方面：

(1) 用于酿造特殊类型的啤酒。

(2) 作为酿造普通啤酒的添加剂，用以改善啤酒的酒体、色、香、味以及稳定性等。

一、小麦麦芽

以小麦为原料，经过浸麦、发芽和干燥等过程制成的麦芽为小麦麦芽。它可以用来生产上面发酵啤酒或作为下面发酵啤酒的添加剂（有利于啤酒的泡沫）。酿造小麦啤酒我国标准规定小麦麦芽的添加量在 40%以上，有的国家要求 60%以上。

(一) 原料的选择

小麦是我国的主要食物，蛋白质含量高。到目前为止，我国还没有专门用于啤酒酿造的小麦品种，只能从诸多小麦品种中选择蛋白质含量相对较低、适合于啤酒酿造的品种。

(二) 浸麦

浸麦方法与大麦相似，但小麦不带皮壳，吸水快，浸麦时间短，约 24h 就达到了发芽最适水分，38～55h 浸麦度可达到 43%～44%。另外，小麦无外壳，容易污染，必要时可添加甲醛杀菌，根据污染程度甲醛添加量在 0.05‰～0.1‰之间。

(三) 发芽

与大麦发芽相比要注意两点：第一，小麦料层压得比较紧，投料量要少些，在发芽箱中发芽比大麦投料量少 10%～20%；第二，小麦根芽非常容易脱落，翻麦时要特别小心，并尽可能少翻麦。

（四）干燥

小麦麦芽干燥过程中初始温度、中间温度和焙焦温度最重要。单层高效干燥炉的初始温度在40～50℃之间，双层干燥炉在35～40℃之间。中间温度60℃，避免过早加热升温。小麦麦芽的焙焦温度略低于大麦麦芽，建议不超过82℃。

二、焦香麦芽

焦香麦芽是在普通麦芽的基础上加工而成。麦芽在转鼓式烘炉内于60～75℃继续分解，使整个颗粒都得到溶解，蛋白质的分解比淀粉分解得更多，酸度升高。然后加热至150℃左右，使之焦糖化，产生典型的焦香物质。焦香麦芽的色度波动范围很宽，分为三种类型：深色焦香麦芽色度为100～120EBC，浅色焦香麦芽色度为50～70EBC单位，低色焦香麦芽色度为3.5～6EBC单位。

焦香麦芽有益于啤酒的醇厚和圆润感，提高啤酒的泡持性，突出啤酒的麦芽香特点，调节啤酒的色泽。一般浅色啤酒的添加量为3%～5%，深色啤酒在10%左右。

三、着色麦芽

着色麦芽具有较黑的麦汁色度和更强烈的风味，大多用于生产黑色啤酒，其生产过程也是在普通麦芽基础上加工而成。将浅色干燥麦芽或凋萎麦芽放入转鼓式烘炉中焙炒，在高温下生成类黑素并有焦煳味，颜色变为深咖啡色。

着色麦芽最大的特点是着色力强，本身色度为1.3×10^3～1.6×10^3EBC单位，添加1%～2%即能达到调整色度的目的。

四、乳酸麦芽

制造乳酸麦芽有两种方法，第一种方法是将生物乳酸溶液喷洒在正常发芽的绿麦芽上，然后干燥。通过凋萎和焙焦过程，乳酸浓缩，最终成品麦芽中乳酸含量可达3%～4%。第二种方法是将干燥麦芽在盛有47℃水的容器中浸泡，当麦芽上有乳酸杆菌繁殖、乳酸含量达到0.7%～1.2%、品尝麦芽和浸泡水有明显酸味时，将浸泡水排掉。然后在低温下风干，然后在60～65℃干燥至水分约5.5%。

乳酸麦芽主要用于调节糖化醪的pH值，将糖化醪pH值调节至5.5～5.6，能促进酶的作用。由于磷酸酯酶在适宜pH值条件下作用效果增强，从而提高了糖化醪和麦汁的缓冲能力。另外，投料时加入乳酸麦芽，麦汁色度有所降低，蛋白溶解强烈，特别是α-氨基氮和甲醛氮提高，还原性物质增加，啤酒的氧化稳定性有所改善。

乳酸麦芽抽提物以及由乳酸麦芽制备的标准协定法麦汁的pH值为3.8～4.2，色度3.0～6.0EBC。在实际生产中，乳酸麦芽的添加量一般为2%～10%。

思考题

1. 麦芽制备的目的是什么？
2. 简述麦芽制备的工艺流程。
3. 大麦贮存的目的是什么？贮存时应注意哪些问题？
4. 浸麦的目的是什么？
5. 常用的浸麦方法有哪几种？各有何特点？
6. 大麦发芽的目的是什么？
7. 简述大麦发芽过程中的物理变化。

8. 简述大麦发芽过程中的化学变化。
9. 麦芽厂常用的发芽设备有哪几种?
10. 绿麦芽干燥的目的是什么?
11. 麦芽干燥过程中发生了哪些变化?
12. 麦芽干燥过程大致可分为哪几个阶段?
13. 常用的麦芽干燥设备有哪几种? 各有何特点?
14. 简述麦芽除根的目的和要求。
15. 举例说明特种麦芽的种类、作用及制造方法。
16. 简述成品麦芽的基本要求及评价方法。

第四章　麦汁制备技术

学习目标

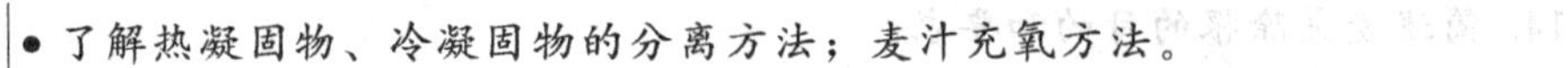

- 了解热凝固物、冷凝固物的分离方法；麦汁充氧方法。

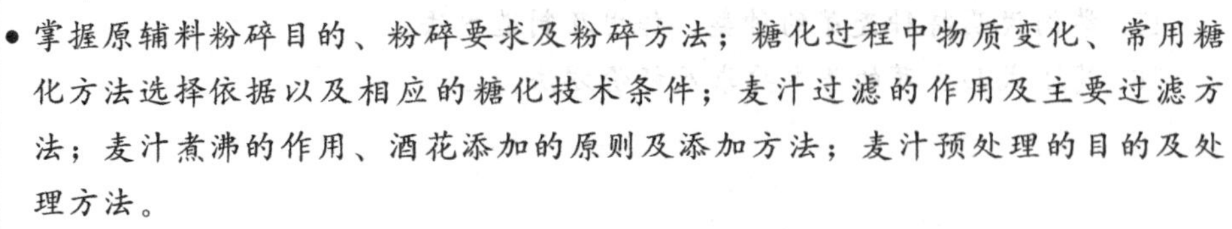

- 掌握原辅料粉碎目的、粉碎要求及粉碎方法；糖化过程中物质变化、常用糖化方法选择依据以及相应的糖化技术条件；麦汁过滤的作用及主要过滤方法；麦汁煮沸的作用、酒花添加的原则及添加方法；麦汁预处理的目的及处理方法。

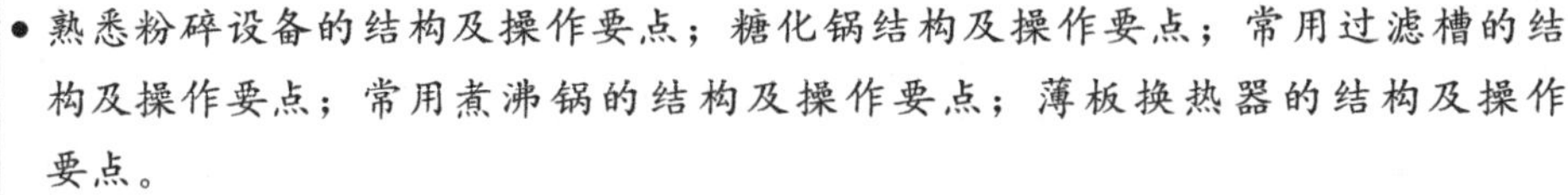

- 熟悉粉碎设备的结构及操作要点；糖化锅结构及操作要点；常用过滤槽的结构及操作要点；常用煮沸锅的结构及操作要点；薄板换热器的结构及操作要点。

麦汁制备是啤酒生产过程中最重要的环节，是发酵的重要前提和基础。大麦经过发芽内含物达到了一定程度的分解，但还不能全部被酵母所利用，需要通过糖化工序将麦芽及辅料中的非水溶性组分转化为水溶性物质，即将其转化为能被酵母利用的可发酵性糖，以保证啤酒发酵的正常进行。

麦汁制备过程主要包括原辅料的粉碎、糊化、糖化、麦芽汁过滤、煮沸、麦汁后处理等过程。麦汁制备工艺流程如图 4-1 所示。

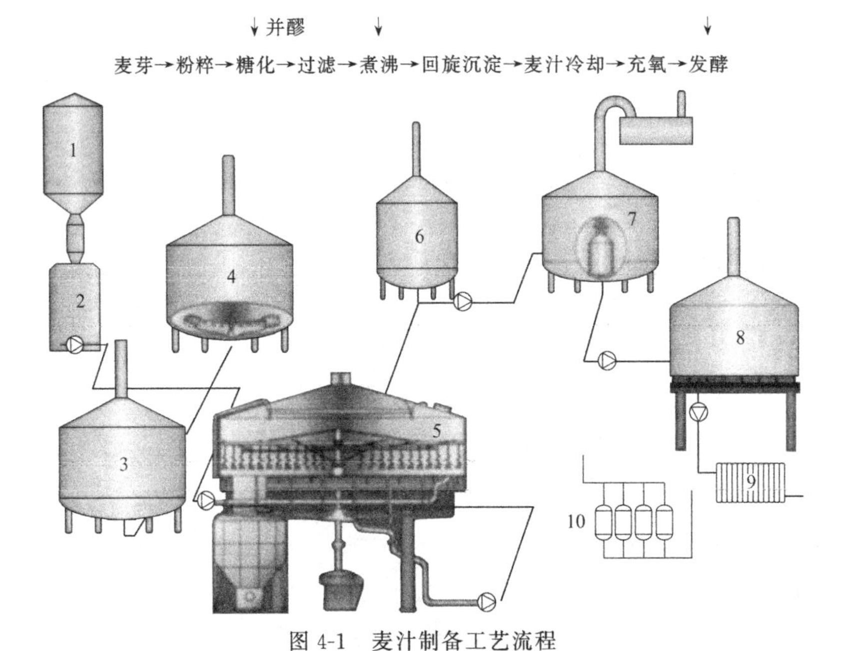

图 4-1　麦汁制备工艺流程

1—原料暂存立仓；2—粉碎机；3—糊化锅；4—糖化锅；5—过滤槽；6—麦汁暂存罐；7—麦汁煮沸锅；8—回旋沉淀槽；9—薄板式换热器；10—CIP 系统

麦芽和辅料粉碎物与投料水充分混合后，在糊化锅3和糖化锅4中进行原辅料内容物质的分解，在过滤槽5中，麦汁中的可溶性浸出物与不溶性物质及麦糟分离，过滤后的麦汁先泵入暂存罐6，然后泵入煮沸锅7中煮沸，煮沸后的麦汁泵入回旋沉淀槽8，将麦汁中的热凝固物与麦汁分离，澄清的麦汁通过薄板式换热器9进行冷却，同时向冷麦汁中通入无菌空气，并接入酵母，麦汁进入发酵工序。

第一节　麦芽与谷物辅料的粉碎

一、粉碎概述

(一) 粉碎的目的

麦芽和谷物辅料（大米、玉米、大麦等）经过粉碎可以增加与水、酶的接触面积，使其所有部分都能进行酶催化分解反应，达到物料溶解的目的。粉碎质量对于糖化过程中各物质的生化变化、麦汁组成、麦汁过滤和原料的利用率，都有重要作用。

(二) 粉碎的目标

1. 麦芽粉碎的目标

减少原料颗粒的大小，以适用于麦糟和麦汁分离为目标。

(1) 尽量减小麦皮的破损程度，保持麦皮的完整性。麦皮除含有主要组成物质纤维素(纤维素不溶于水且几乎不受酶的作用，对麦汁影响不大）外，还有一系列其他可溶性物质如苦味物质、单宁、色素等，这些物质在糖化过滤时会溶入麦汁，使啤酒色泽加深、口味变差。如果麦皮粉碎得太细，就会增加麦汁流出和洗糟困难，降低麦汁过滤性能，甚至造成严重的过滤困难，致使麦汁中有害成分过多溶入麦汁中；如果使用麦汁压滤机麦皮可适当粉碎得稍细一些，对保持糖化的均匀性是有利的。

(2) 胚乳应粉碎得适当细且均匀。麦汁的浸出物主要来源于胚乳，胚乳的主要成分是淀粉和蛋白质，胚乳的组成物质全部溶解时麦芽才能得到充分的利用，因此，胚乳应粉碎细些，便于酶的作用。

一般麦芽粉碎要求粗粉与细粉比例为1∶2.5，细粉比例过大会影响麦汁过滤。

2. 辅料粉碎的目标

辅料粉碎要求有较大的粉碎度，以有利于辅料的糊化、糖化。辅料粉碎越细越好。

二、粉碎方法及粉碎设备

啤酒厂多采用辊式粉碎机粉碎麦芽及大米。

(一) 麦芽粉碎

麦芽粉碎常用方法有干法粉碎、增湿粉碎及湿法粉碎三种。

1. 干法粉碎

干法粉碎是传统的粉碎方法，设备装置简单，是中小型啤酒厂普遍采用的麦芽粉碎方式，要求麦芽水分在6%～8%，其缺点是麦皮易碎，粉尘大。常用的干式麦芽粉碎机为辊式粉碎机。

辊式粉碎机采用光面或带齿纹（拉丝辊）的铸铁滚筒，以相同或不同的转速相向转动，麦芽在挤压力和摩擦力作用下，被辊子压碎，胚乳从麦皮中碾出。辊子的差速转动有利于通过强烈的碾压作用使胚乳破坏。

按照辊子的数目辊式粉碎机可以分为：对辊式粉碎机、四辊式粉碎机、五辊式粉碎机和六辊式粉碎机等。

（1）辊式粉碎机核心部件——辊筒 辊筒的表面形式分两种，一种为平面辊，另一种为拉丝辊。对于多辊粉碎机第一对辊筒多为平面辊，其他为拉丝辊（图 4-2～图 4-4）。

辊筒拉丝开槽与辊轴不平行，有一定的边缘倾斜角，由此来加强滚动直至产生剪切效应。

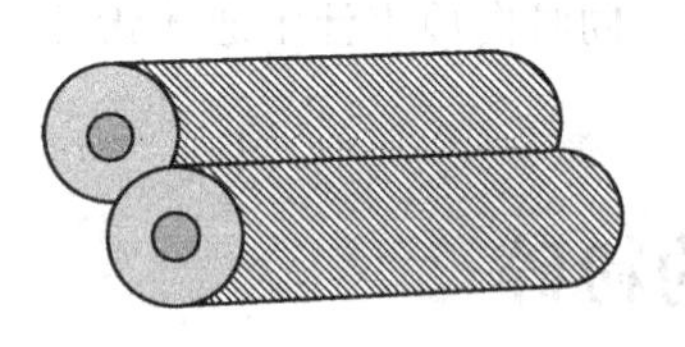

图 4-2 拉丝辊示意图

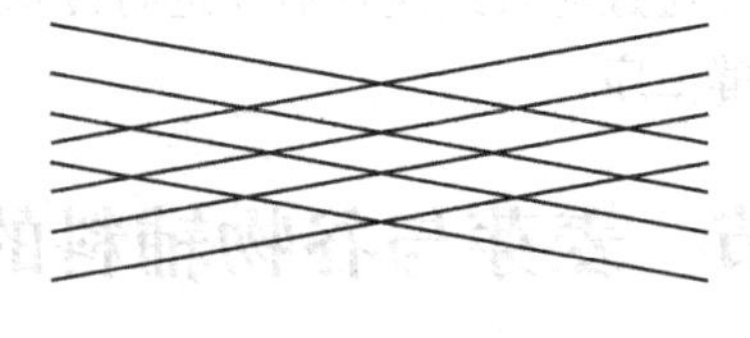

图 4-3 拉丝辊辊面拉丝线

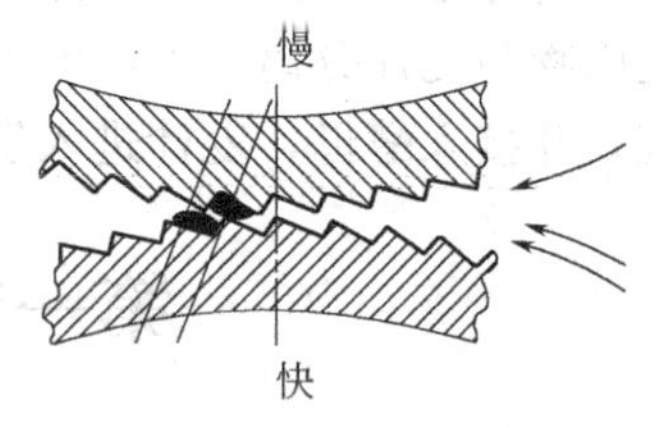

图 4-4 拉丝辊的剪切效应

（2）对辊式粉碎机 对辊粉碎机是最简单的粉碎机，结构如图 4-5 所示，主要由一对直径相同转向相反、平行安装的拉丝辊组成，运行时两辊以不同的转速转动，通过挤压和剪切作用粉碎物料。对辊粉碎机粉碎的物料较粗，只有溶解良好的麦芽使用对辊粉碎机粉碎，才能获得满意的麦汁过滤速度和收得率。若对粉碎度要求较高或粉碎溶解较差的麦芽，则需要重复对辊粉碎过程，即需要多辊粉碎机。

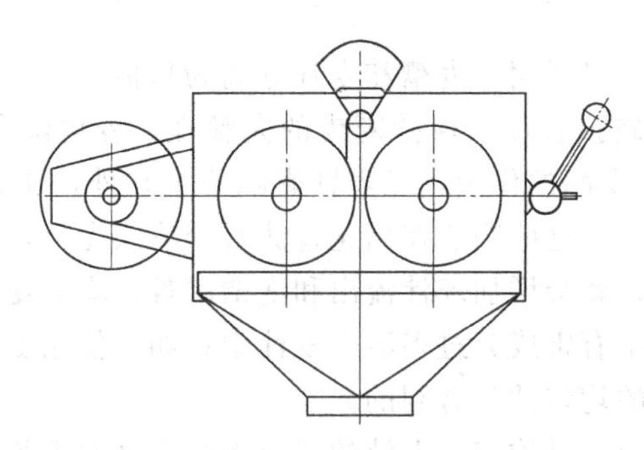

图 4-5 对辊式粉碎机

（3）四辊式粉碎机 四辊式粉碎机结构如图 4-6 所示，主要由两对辊组成，上面一对辊

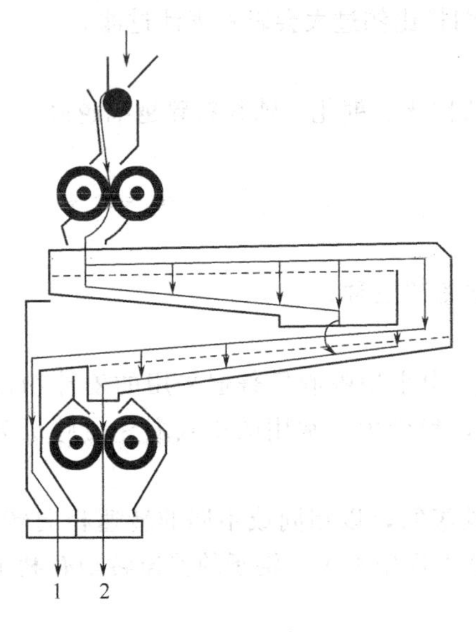

图 4-6 四辊式粉碎机

1—麦壳；2—粉和粒

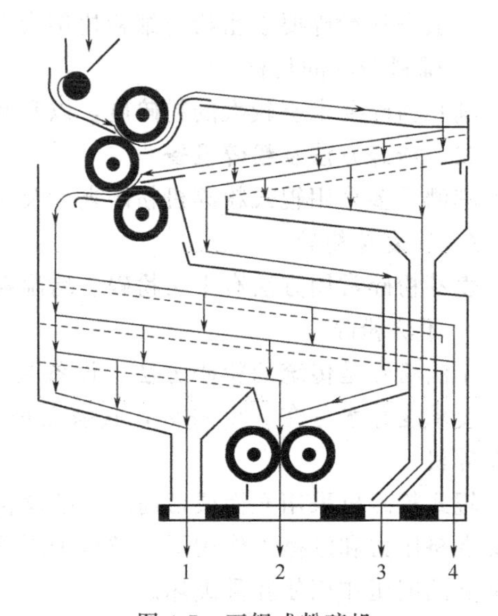

图 4-7 五辊式粉碎机

1，3—细粉；2—粒；4—麦壳

是麦芽预磨辊，预磨后的粉碎物通过两对辊之间的振动筛进行分离，将留在上层筛面上的麦皮直接送到粉碎机外，较粗的粉碎物进入第二对辊进行再粉碎。四辊式粉碎机只是对部分粉碎物进行后粉碎，降低了麦皮的破碎程度，四辊式粉碎机粉碎度基本可以符合麦芽粉碎工艺要求。

(4) 五辊式粉碎机　五辊式粉碎机结构如图 4-7 所示，主要由五个辊筒组成，前三个辊筒复联成两对对辊，后两个辊筒组成一对对辊，前三个辊筒是平面辊，后两个辊是拉丝辊。麦芽经过第一对辊粗磨，过筛后细粉进入料仓，麦皮和较粗颗粒经过第二对辊再粉碎，再进行筛分，麦皮和细粉进入料仓，粗粒及第二对辊粉碎后的粗粒一起进入第三对辊重新粉碎。五辊式粉碎机适用于各种麦芽，粉碎度符合各种酿造方法的要求，但不易清洗。

(5) 六辊式粉碎机　六辊式粉碎机结构如图 4-8 所示，共三对辊，前两对辊为平面辊，第三对辊为拉丝辊，每对辊之间都有两层筛子，将以粉碎的麦芽过筛，细粒及粉末不再粉碎，较大的谷皮再经第二对辊粉碎，粗粒则经第三对辊粉碎。六辊式粉碎机粉碎辊电机如图 4-9 所示。六辊粉碎机适用于各种麦芽，粉碎度符合各种酿造方法的要求。

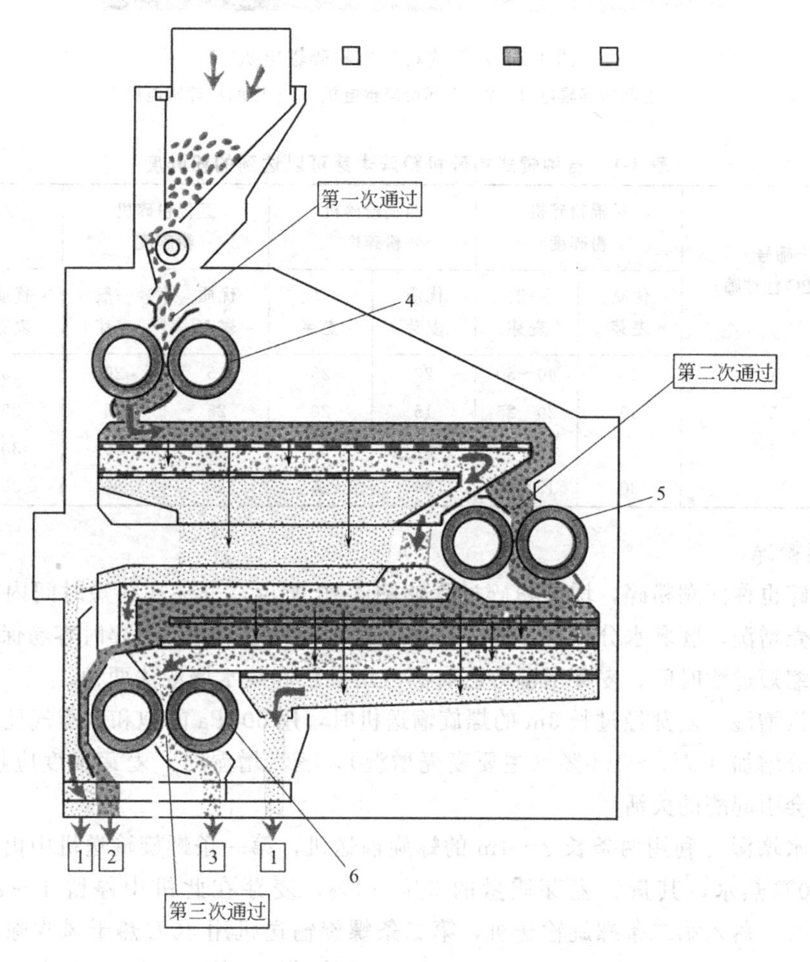

图 4-8　六辊式粉碎机

1—粗粉；2—麦皮；3—细粒；4—预磨辊；5—麦皮辊；6—粗粒辊

各种辊式粉碎机粉碎麦芽可以达到的粉碎度见表 4-1。

图 4-9 六辊式粉碎机粉碎辊电机

1—上部粉碎辊电机；2—下部粉碎辊电机；3—中间粉碎辊电机

表 4-1 各种辊式粉碎机粉碎麦芽可以达到的粉碎度

分级	筛号（EBC 标准筛）	对辊粉碎机粉碎度		四辊粉碎机粉碎度		五辊粉碎机粉碎度		六辊粉碎机粉碎度	
		优质麦芽	一般麦芽	优质麦芽	一般麦芽	优质麦芽	一般麦芽	优质麦芽	一般麦芽
皮壳	1	20	40～50	20	25	15	20	15	20
粗粒	2	30	20～25	15	20	25	25	25	25
细粒	5	20	10～15	35	30	30	25	30	25
细粉	—	30	15～20	30	25	30	30	30	30

2. 增湿粉碎

增湿粉碎也称回潮粉碎，增湿粉碎过程如图 4-10 所示，麦芽在很短时间内通入蒸汽或热水，使麦壳增湿，胚乳水分保持不变，这样使麦壳有一定柔性，粉碎时容易保持完整，有利于过滤，缩短过滤时间。麦芽增湿方法有蒸汽增湿法和喷水增湿法两种。

(1) 蒸汽增湿　麦芽经过长 3m 的螺旋输送机时，用 50kPa 的饱和水蒸气处理 30～40s，使麦芽总水分增加 0.7%～1.0%（主要麦壳增湿），蒸汽增湿时，麦芽温度应控制在 40～50℃，过高会引起酶的失活。

(2) 喷水增湿　利用两条长 3～4m 的螺旋输送机，第一条螺旋输送机中由热水喷雾管喷入 40～50℃热水，其量为麦芽质量的 3%～4%，麦芽在此机中停留 1～2min，增重 1.5%～2.0%，落入第二条螺旋输送机，第二条螺旋输送机用 40℃热干风吹除麦芽表面游离水。回潮后麦芽增重 1.0%～1.5%，而麦壳水分约增加 1 倍（12%～15%），胚乳水分保持不变。

3. 湿法粉碎

湿法粉碎过程如图 4-11 所示。湿法粉碎是麦芽在预浸槽中用温水（20～50℃）浸泡

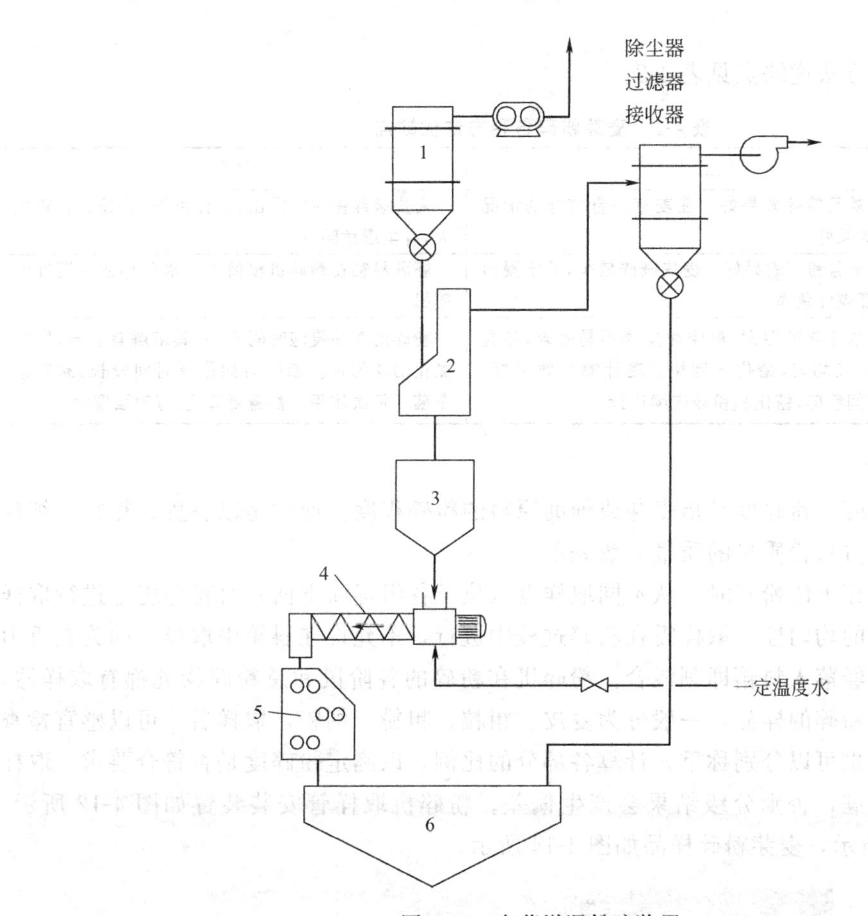

图 4-10　麦芽增湿粉碎装置

1—麦芽过滤器、接收器；2—麦芽除尘器；3—暂存斗；4—麦芽增湿装置；5—麦芽粉碎机；6—称量斗

10～20min，使麦芽含水量达到 25%～35%，麦芽体积增加 35%～40%，麦芽中的酶开始活化；排掉（或不排）浸泡水，通过加料辊把麦芽加入二辊或四辊式粉碎机中粉碎，同时自动系统转换至糖化用水，加入 30～40℃水调浆，糖化用水量取决于最终要求的料水比，要考虑三个方面因素：浸泡后麦芽含水量、粉碎时添加水量和粉碎后清洗用水量。匀浆后用泵

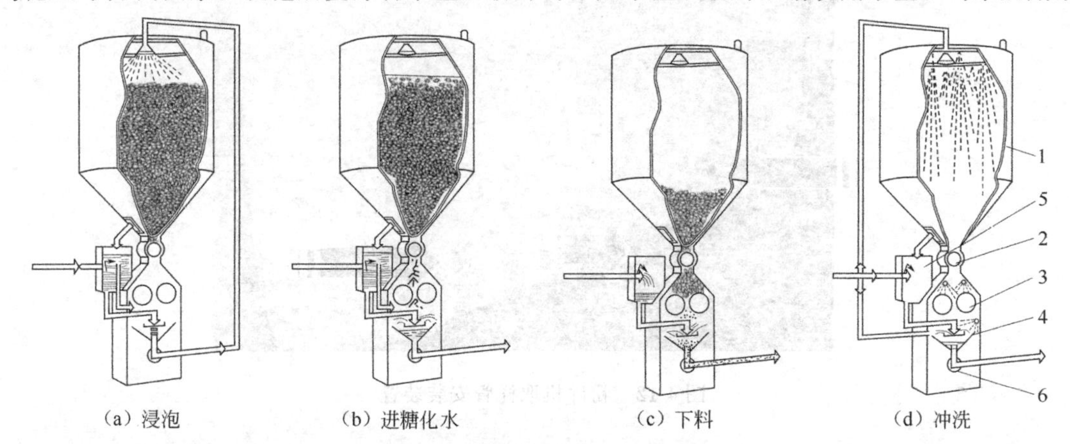

图 4-11　湿法粉碎工艺流程

1—麦芽贮槽；2—分配辊；3—粉碎辊；4—糖化醪混合槽；5—供水系统；6—糖化醪泵

打入糖化锅。

麦芽粉碎各种方法优缺点见表 4-2。

表 4-2 麦芽粉碎各种方法优缺点

	优点	缺点
干法粉碎	胚乳干燥且粉碎效果好。在麦芽质量较好的情况下，粉碎效果好	麦皮破碎使单宁浸出，麦汁色深、味偏苦。粉尘大，有尘爆危险
增湿粉碎	胚乳干燥且粉碎效果好。麦皮破碎较少，单宁浸出少，可保证麦汁色泽	胚乳易粘在粉碎机辊筒上。水分存在易腐蚀粉碎机
湿法粉碎	麦皮吸水变软弹性大，粉碎时皮壳不易磨碎，胚乳带水碾磨，较均匀，糖化速度快。麦汁滤出效果好。在糖化车间粉碎，糖化和粉碎连续进行	粉碎的麦芽浸泡时间不一，其溶解有差异，影响糖化的均匀性。粉碎后如停留时间较长，易感染杂菌。每次使用后都需要清洗，劳动强度大

4. 粉碎的评价

(1) 麦芽粉碎度　粉碎度是指麦芽或辅助原料的粉碎程度。通常是以谷皮、粗粒、细粒及细粉的各部分所占料粉质量的质量分数表示。

(2) 取样　麦芽干法粉碎时，从不同取样点（位于各组辊筒下面）对粉碎麦芽进行取样即可判断麦芽粉碎的均匀性。取样需在粉碎过程中进行，不允许在料箱中取样，因为在重力作用下，粉碎物一经落入料箱即刻混合。粉碎机在粉碎的各阶段和总粉碎物处都有取样器，可以取得不同部位粉碎的样品，一般分为麦皮、粗粒、粗粉、细粉，取样后，可以感官检查各部位粉碎情况，也可以分别称重，计算各部分的比例，以确定粉碎度是否符合要求。取样时，取样器不能太满，否则分级结果会产生偏差。粉碎机取样管安装装置如图 4-12 所示，取样管如图 4-13 所示，麦芽粉碎样品如图 4-14 所示。

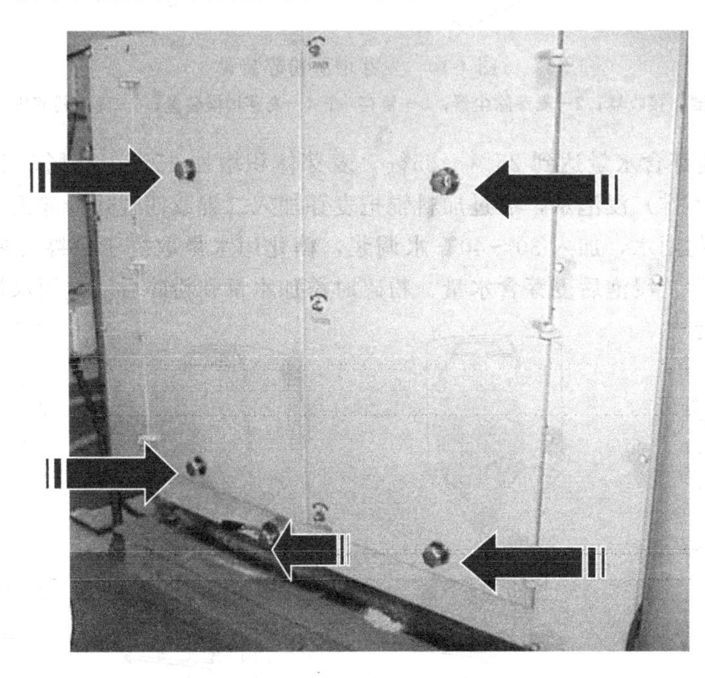

图 4-12　粉碎机取样管安装装置

(3) 粉碎物的筛选分级　对麦芽粉碎质量的客观评价用标准筛进行，啤酒工业常用欧洲啤酒酿造协会推荐的普氏（pfung stadt）平板筛（亦称 EBC 标准筛）作为麦芽粉碎物的标

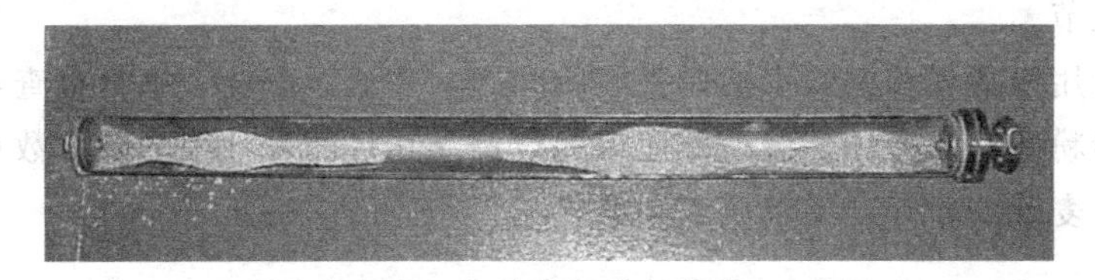

图 4-13　取样管

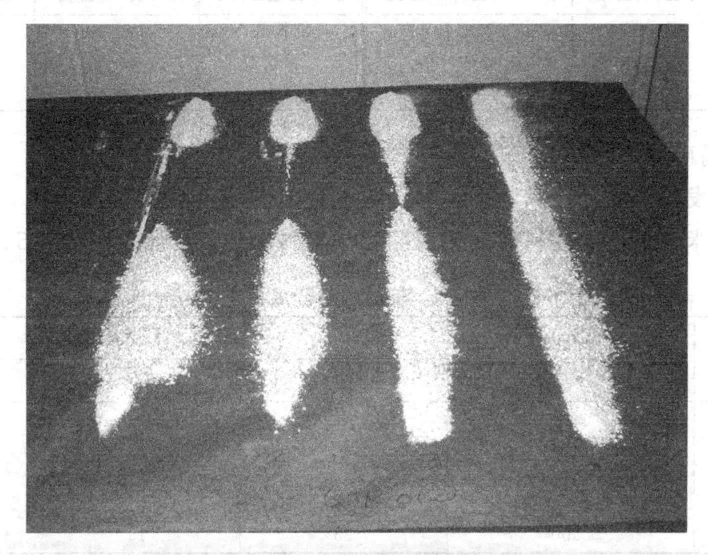

图 4-14　麦芽粉碎样品

准筛，粉碎物通过筛子后被分为不同的组分，普氏筛规格见表 4-3。

表 4-3　普氏分级标准筛的规格

组分	筛号	筛孔数/(个/cm²)	筛的线径/mm	筛孔净宽/mm
麦皮	1	36	0.31	1.270
粗粒	2	64	0.26	1.017
细粒Ⅰ	3	106	0.15	0.547
细粒Ⅱ	4	961	0.07	0.253
粗粉	5	2704	0.04	0.152
细粉	筛底	—	—	—

5. 麦芽粉碎度的技术要求

麦芽的粉碎度应视投产麦芽的性质、糖化方法、麦汁过滤设备的具体情况来调节。

(1) 麦芽性质　对于溶解良好的麦芽，粉碎后细粉和粉末较多，易于糖化，因此可以粉碎得粗一些；而对溶解不良的麦芽，玻璃质粒多，胚乳坚硬，糖化困难，因此应粉碎得细一些。

(2) 糖化方法　不同的糖化方法对粉碎度的要求也不同。采用浸出糖化法或快速糖化法时，粉碎应细一些；采用长时间糖化法或煮出糖化法，以及采用外加酶糖化法时，粉碎可略粗些。

(3) 过滤设备　采用过滤槽法，是以麦皮作为过滤介质，要求麦皮尽可能完整，因此麦芽应粗粉碎。采用麦汁压滤机，是以涤纶滤布和皮壳作过滤介质，粉碎应细一些。

麦芽及辅料的粉碎度可通过对糖化收得率、过滤时间、麦汁浊度以及碘液颜色反应的分析检验结果来调节。

操作时，可用厚薄规和调节手柄调整辊的间距，并通过取样，感官检查麦皮的粗粒和细粉的比例，判断粉碎度的好坏。湿粉碎还可通过漂浮在过滤麦汁中的颗粒数量的多少来判断粉碎度的大小。麦芽的粉碎度要求见表 4-4。

表 4-4 麦芽的粉碎度要求（普氏标准筛）

粉碎物组分/%	粉碎度(过滤槽)	粉碎度(麦汁压滤机)	粉碎物组分/%	粉碎度(过滤槽)	粉碎度(麦汁压滤机)
麦皮	18～26	7～11	细粒Ⅱ	14～20	20～30
粗粒	8～12	3～6	粗粉	4～6	8～11
细粒Ⅰ	30～40	28～38	粉末	9～11	17～22

（二）辅料粉碎

由于辅料未发芽，胚乳比较坚硬，对辅料的粉碎要求有较大的粉碎度，粉碎越细越好，不得含有整粒大米，以利于辅料的糊化、糖化。辅料的粉碎度要求见表 4-5。

表 4-5 辅料的粉碎度要求

组分	筛孔数/(个/cm^2)	粉碎度		
		大米	玉米	大麦
皮壳	49	—	20	35
粗粒	256	60	40	25
细粒	1156	15	25	15
细粉	2500	25	15	25

第二节 糖 化

一、糖化的基本概念

糖化是指利用麦芽本身所含有的各种水解酶（或外加酶制剂），在适宜的条件（温度、pH 值等）下，将麦芽和辅料中的不溶性高分子物质（淀粉、蛋白质、半纤维素等）分解成可溶性的低分子物质（如糖类、糊精、氨基酸、肽类等），即提取麦芽和辅料成分的过程。这一过程发生在一个被称为糖化锅的容器内，混合液称为糖化醪液，由此制得的溶液就是麦汁。麦汁中溶解于水的干物质称为浸出物，麦芽汁中的浸出物含量与原料中所有干物质的质量比称为无水浸出率。

糖化的目的就是要将原料和辅料中的可溶性物质萃取出来，并且创造有利于各种酶作用的条件，使高分子的不溶性物质在酶的作用下尽可能多地分解为低分子的可溶性物质，制成符合生产要求的麦汁。

糖化的要求是在较短的时间内获得较多的最高质量的浸出物，浸出物的组成及其比例符合啤酒发酵中酵母发酵丰富的营养物质及酒精产生的要求。

二、糖化时主要酶的作用

糖化过程中的酶主要来自麦芽本身，有时也用外加酶制剂。这些酶以水解酶为主，包括淀粉分解酶（α-淀粉酶、β-淀粉酶、界限糊精酶、R-酶、α-葡萄糖苷酶、麦芽糖酶和蔗糖酶等）；蛋白分解酶（内肽酶、羧肽酶、氨肽酶、二肽酶等）；β-葡聚糖分解酶（内-β-1,4-葡聚糖酶、内-β-1,3-葡聚糖酶、β-葡聚糖溶解酶等）等。糖化时主要酶作用的最适条件见表 4-6。

表 4-6　糖化时主要酶作用的最适 pH 值、温度

酶		最适 pH 值	最适温度/℃	失活温度/℃
淀粉酶类	α-淀粉酶	5.6～5.8	70～75	80
	β-淀粉酶	5.4～5.6	60～65	70
	麦芽糖酶	6.0	35～40	＞40
	界限糊精酶	5.1	55～60	＞65
	R-酶	5.3	40	＞70
蛋白酶类	内肽酶	5.0～5.2	50～60	80
	羧肽酶	5.2	50～60	70
	氨肽酶	7.2～8.0	40～45	＞50
	二肽酶	7.8～8.2	40～50	＞50
β-葡聚糖酶类	内-β-葡聚糖酶	4.5～5.0	40～45	＞55
	外-β-葡聚糖酶	4.5～5.0	27～30	＞40
	β-葡聚糖溶解酶	6.6～7.0	60～65	72

1. 淀粉酶

淀粉酶是可以水解淀粉为糊精、寡糖和单糖等产物的酶的总称。

α-淀粉酶是液化型淀粉酶，对热较稳定。作用于直链淀粉时，生成麦芽糖、葡萄糖和小分子糊精；作用于支链淀粉时，生成界限糊精、麦芽糖、葡萄糖和异麦芽糖。

β-淀粉酶是一种耐热性较差，作用较缓慢的糖化型淀粉酶，作用于淀粉时，生成较多的麦芽糖和少量的糊精。

R-酶又称脱支酶，它能将支链淀粉分解为直链淀粉。

2. 蛋白酶

蛋白酶作用于原料中的蛋白质，可以将蛋白质分解为胨、多肽、低肽和氨基酸。

3. β-葡聚糖酶

β-葡聚糖酶可将黏度很高的β-葡聚糖降解，从而降低醪液的黏度。

三、糖化时主要物质的变化

麦芽中可溶性物质很少，约占麦芽干物质的 18%～19%，其主要成分为少量的蔗糖、果糖、葡萄糖、麦芽糖等糖类和蛋白胨、氨基酸以及果胶质和各种无机盐等。麦芽中不溶性和难溶性物质占绝大多数，如淀粉、蛋白质、β-葡聚糖等，辅助原料中的可溶性物质则更少，这些物质的分解主要依靠酶的作用，通过糖化过程实现。麦芽和辅料在糖化过程中的主要物质变化如下。

（一）淀粉的水解

麦芽中淀粉含量为干物质的 50%～60%，辅料大米的淀粉含量为干物质的 90%左右。麦芽淀粉颗粒在发芽过程中，因受酶的作用，其外围蛋白质层和细胞壁的半纤维素物质已逐步分解，更容易受酶的作用而分解。

淀粉的水解分为三个彼此连续进行的过程（图 4-15），即糊化、液化和糖化。

1. 淀粉的糊化

淀粉（直链或支链）胚乳细胞经过加热，迅速吸水膨胀，淀粉细胞壁出现裂纹，淀粉颗粒被裂解成多层，淀粉分子溶出，呈胶体状态分布于水中形成淀粉糊，这一过程称为糊化。

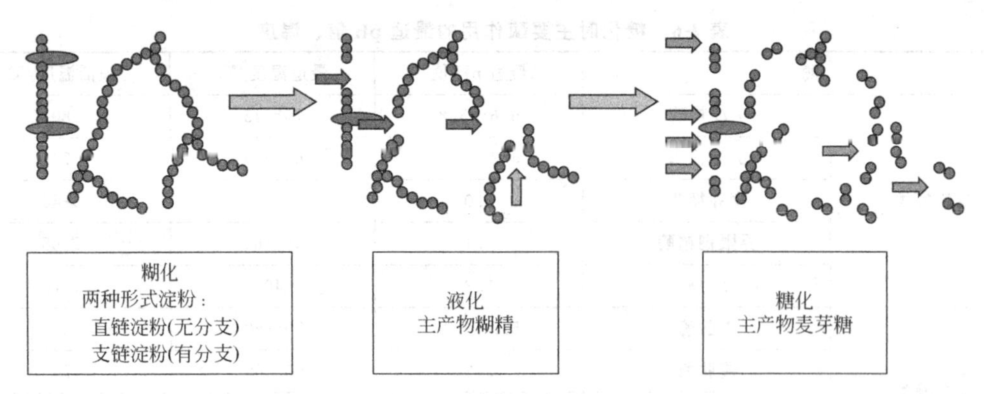

图 4-15 淀粉水解过程

此时的温度称为糊化温度。淀粉的糊化过程如图 4-16 所示。

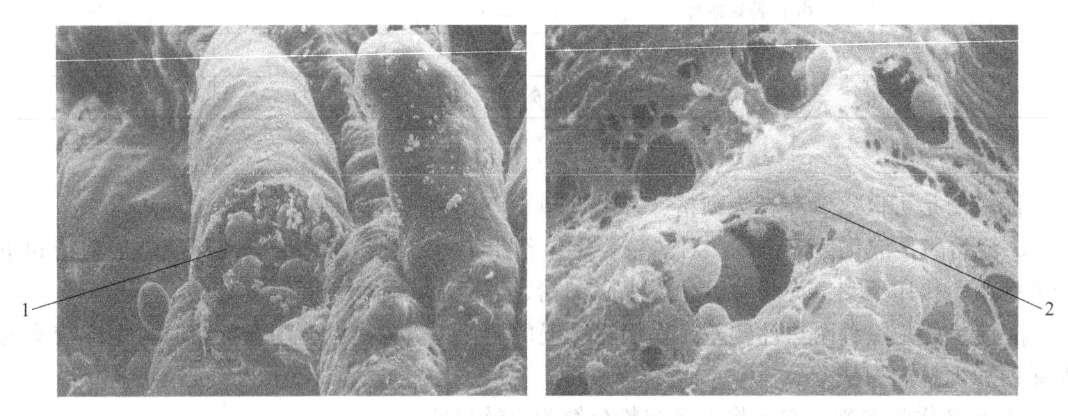

图 4-16 淀粉糊化过程

1—淀粉颗粒；2—淀粉细胞壁降解

不同的辅料淀粉细胞壁的强度、淀粉颗粒大小不同，糊化温度也各不相同，啤酒酿造辅料的糊化温度见表 4-7。

表 4-7 啤酒酿造辅料的糊化温度

辅料名称	淀粉颗粒直径/μm	糊化温度范围/℃
普通玉米	5～25	62～70
大麦	5～40	52～59
小麦	2～45	59～64
大米(粳)	3～8	68～78
大米(籼)	2～9	70～85

糊化时常向糊化锅中添加麦芽粉或酶制剂，即外加一定数量的液化酶，其主要原因是液化酶存在可降低糊化醪黏度，便于进一步升温煮醪，达到彻底糊化的目的。由于麦芽中淀粉酶耐热性和外加酶制剂不同，麦芽中 α-淀粉酶最适温度 70～75℃，而酶制剂（耐高温的 α-淀粉酶）最适温度 90～95℃，100℃时仍不失活，故糊化醪保温的温度和时间应根据酶的作用温度而定。

2. 淀粉的液化

经糊化的淀粉在 α-淀粉酶的作用下，将淀粉分子长链分解为短链的低分子的 α-糊精并使黏度迅速降低的过程称为液化。生产过程中，糊化与液化两个过程几乎是同时发生的。

判别糊化、液化程度的方法：啤酒厂用黏度判别，若辅料加水为1：(5～6)，用麦芽粉协助糊化和液化，得到的糊化醪黏度应为0.04～0.06Pa·s，用高温淀粉酶协助糊化和液化，得到的糊化醪黏度应为0.01Pa·s左右。

3. 淀粉的糖化

糖化是指辅料的糊化醪和麦芽中淀粉受到淀粉酶的继续作用，产生以麦芽糖为主的可发酵性糖和以低聚糖为主的非发酵性糖的过程。

可发酵性糖指麦汁中能被啤酒酵母发酵的糖类，如果糖、葡萄糖、麦芽糖、蔗糖和麦芽三糖等；非发酵性糖指麦汁中不能被啤酒酵母发酵的糖类，如低聚糊精、异麦芽糖、戊糖等。

4. 影响淀粉水解的因素

(1) 麦芽质量的影响　淀粉颗粒由胚乳细胞壁包围，胚乳细胞壁主要由半纤维素组成。溶解良好的麦芽，不仅淀粉酶含量高，而且胚乳细胞壁分解比较完全，内容物易受酶的作用，淀粉分解既快又完全，制成的麦汁清亮透明、泡沫多。溶解差的麦芽，情况则相反。

(2) 麦芽粉碎度的影响　若粗粒多，则原料不易吸水，同时相对表面积小，不利于酶的作用，分解作用不完全，影响原料收得率；但若细粉太多，则会影响麦汁过滤。

(3) 糖化温度和时间的影响　温度对糖化的影响非常大，淀粉水解时，主要依靠α-淀粉酶和β-淀粉酶，他们分解淀粉的最适温度和产物不同，α-淀粉酶作用的最适温度是70～75℃，主要产物是低聚糊精，β-淀粉酶作用的最适温度是60～65℃，主要产物是麦芽糖，糖化要在以上两种淀粉酶的最适温度下休止，即在70～75℃长时间糖化α-淀粉酶起主要作用，产生较多的糊精和少量的麦芽糖，生产出最终发酵度低、含糊精丰富的啤酒；在60～65℃长时间糖化β-淀粉酶起主要作用，产生较多的麦芽糖和少量的糊精，生产出最终发酵度高的啤酒。因此，通过调整糖化温度和时间，就可以控制麦汁中可发酵性糖和不可发酵性糖含量，从而生产出不同性质的啤酒。

(4) 糖化醪pH值的影响　pH值是酶发生作用的决定性因素之一。α-淀粉酶pH＝5.6～5.8，β-淀粉酶pH＝5.4～5.6，当醪液的pH值在5.5～5.6时，是两种淀粉酶的最佳pH值范围，在此pH值下可形成较多的可发酵性糖，进而提高最终发酵度，因此，糖化时控制的pH值为5.5～5.6。

(5) 醪液浓度的影响

① 浓醪糖化。浓醪中，酸性缓冲物质（磷酸盐类）所占比例高，有利于醪液pH值的降低，同时浓醪中浸出物具有很好的胶体保护作用，可以较好地保持酶的活性，延长糖化时间可以提高可发酵性糖的含量和麦汁最终发酵度。但糊化醪黏度高影响淀粉分解；糖化醪浓度高影响过滤速度；头道麦汁浓度高，有利于洗糟。

② 稀醪糖化。稀醪有利于淀粉糊化，使淀粉水解速度加快，可缩短糖化时间，浸出率高。但稀醪对保护淀粉酶的活性不利，头道麦汁浓度低，不利于洗糟。

实际生产中，淡色啤酒一般料水比为1：(4～5)，低于1：4时为浓醪糖化。

(6) 糖化方法的影响　蒸煮部分糖化醪可以使淀粉细胞壁破裂，淀粉游离出来，更利于淀粉酶的作用。虽然蒸煮时会破坏该部分糖化醪中酶活性，但糖化效果却得到改善，对于溶解不良的麦芽效果更加明显。

5. 淀粉水解程度的控制

淀粉的水解产物是构成麦汁浸出物的主要成分，在发酵过程中，酵母利用麦汁中的可发酵性糖，通过发酵作用，形成酒精及具有各种风味的代谢产物。对于非发酵性糖，虽然不能被酵母利用，但他们可赋予啤酒适口性、黏稠性和泡持性，但含量过多，会造成啤酒发酵度偏低，黏稠不爽口和有甜味等缺点。因此，需对淀粉分解程度进行控制，具体方法如下。

(1) 碘检验法　糖化结束，淀粉必须分解至不与碘液起呈色反应为止，即取样碘检应为黄色或浅红色，不应出现蓝色或红棕色。此时淀粉已全部分解为可溶性低聚糊精和可发酵性糖，其比例为2∶7。

(2) 麦汁极限发酵度法、糖与非糖比例法　糖化过程中，需要合理的麦汁碳水化合物结构，以生产出具有某种口感、酒精度和热含量的啤酒，必须提供足够的可发酵性糖、足够的不可发酵的糊精，酒精、糊精和其他不可发酵物质必须不超出啤酒成品的热量指标。

生产中可发酵性糖含量鉴定方法有以下两种。

① 麦汁极限发酵度表示法。麦汁极限发酵度指麦汁中可发酵性糖占麦汁浸出物总量的百分比，也称为麦汁可发酵性。其值应大于70%～75%。

$$\text{麦汁极限发酵度}=\frac{\text{可发酵性糖}}{\text{可发酵性糖}+\text{不可发酵的浸出物}}\times 100\%$$

通常通过快速发酵少量麦汁样品来测量麦汁极限发酵度。

② 糖与非糖比例法。通过控制麦汁中糖与非糖比例来控制麦汁中可发酵性糖与各组分含量，一般浅色啤酒麦汁糖与非糖之比应控制在1∶(0.23～0.35)，深色啤酒麦汁控制在1∶(0.3～0.5)，黑啤酒非糖比例应适当提高。这里的糖不等同于可发酵性糖，是指麦汁用还原法（菲林试剂法）测定的还原糖（以麦芽糖表示），包括麦芽糖、葡萄糖、果糖、麦芽三糖及其他有还原性的戊糖和低聚糊精。非糖是指麦汁浸出物中除了还原性糖以外的其他所有的浸出物，主要是低聚糊精、含氮化合物、无机盐、多酚类化合物等。

如麦汁浸出物含量为10.5%，用还原糖法测定还原糖（以麦芽糖表示）为8.0%，则该麦汁的糖∶非糖为∶8.0%∶(10.5%－8.0%)＝1∶0.31。

(二) 蛋白质的水解

蛋白质水解也称为蛋白质休止，水解温度称为休止温度，水解时间称为休止时间。蛋白质水解是指蛋白质在蛋白酶作用下依次分解为高分子氮（多肽）、中分子氮（多肽、肽类）和低分子氮（氨基酸）的过程。大麦中蛋白质的分解大部分是在发芽过程中完成的，麦汁中70%以上的氨基酸直接来自于麦芽，只有10%～30%的氨基酸需要通过糖化过程分解产生。

不同的蛋白质水解产物会对啤酒质量产生不同的影响，糖化时只有对蛋白质的水解进行控制，使其水解产物高分子氮、中分子氮和低分子氮比例控制在合理范围内，才能生产出符合产品特性的高品质啤酒。

蛋白质水解过程如图4-17所示。

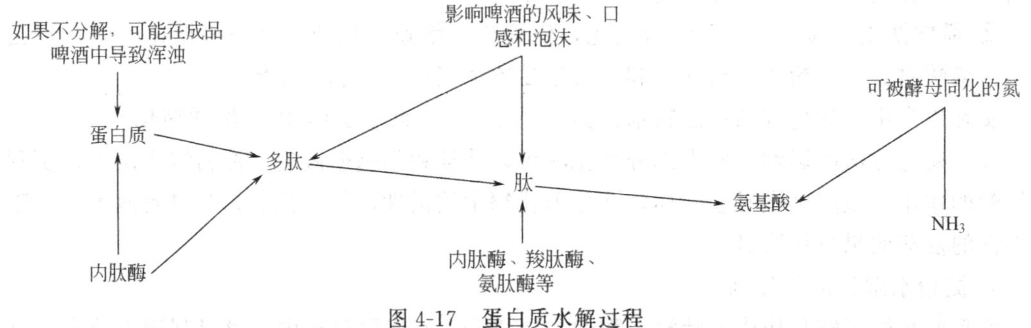

图4-17　蛋白质水解过程

1. 麦芽蛋白酶的性质和作用方式

蛋白酶的性质、作用条件、作用方式及主要产物见表 4-8。

表 4-8　蛋白酶的性质、作用条件、作用方式及主要产物

酶	性质	最适作用条件	作用方式	作用基质	主要分解产物
内肽酶	内酶	pH 值：5.0～5.2 温度：50～60℃	从分子内部肽键分解蛋白质	蛋白质、多肽	氨基酸、肽类、多肽
羧肽酶	外酶	pH 值：5.2 温度：50～60℃	从肽链羧基末端肽键分解蛋白质	蛋白质、多肽	氨基酸
氨肽酶	外酶	pH 值：7.2～8.0 温度：40～45℃	从肽链氨基末端肽键分解蛋白质	蛋白质、多肽	氨基酸
二肽酶	内酶	pH 值：7.8～8.2 温度：40～50℃	作用于二肽的肽键	二肽	氨基酸

2. 糖化过程影响蛋白质分解的主要因素

麦汁中含氮物质可分为：高分子氮、中分子氮和低分子氮（α-氨基氮），它们影响着啤酒的泡沫、风味和非生物稳定性。高分子氮含量过高，煮沸时凝固不彻底，极易引起啤酒早期沉淀；中分子氮含量过低，啤酒泡沫性能不良，过高也会引起啤酒浑浊沉淀；低分子氮含量过高，啤酒口味淡薄，过低则酵母的营养不足，影响酵母的繁殖。因此麦汁中高分子氮、中分子氮、低分子氮组分要保持一定的比例。糖化过程影响蛋白质分解的主要因素如下。

(1) 麦芽的溶解情况　溶解良好的麦芽，已经有足够的可溶性氮和 α-氨基氮，在糖化时应限制蛋白质分解，避免麦芽中的中分子肽类被分解而形成 α-氨基氮，导致啤酒缺少泡持物质。溶解不足的麦芽，在糖化时应强化分解，可以增加 α-氨基氮生成量，但高分子含氮物质也会增加，啤酒的非生物稳定性会受到影响。

(2) 糖化过程中温度、pH 值、糖化时间的影响　蛋白质分解主要依靠麦芽的内肽酶和羧肽酶催化水解，其次是氨肽酶和二肽酶，他们的作用温度范围是 40～65℃，蛋白质休止温度低（40～50℃）有利于积累氨基酸。

① 蛋白质休止温度和时间对可溶性氮的影响。由图 4-18 可以看出，在相同的蛋白质休

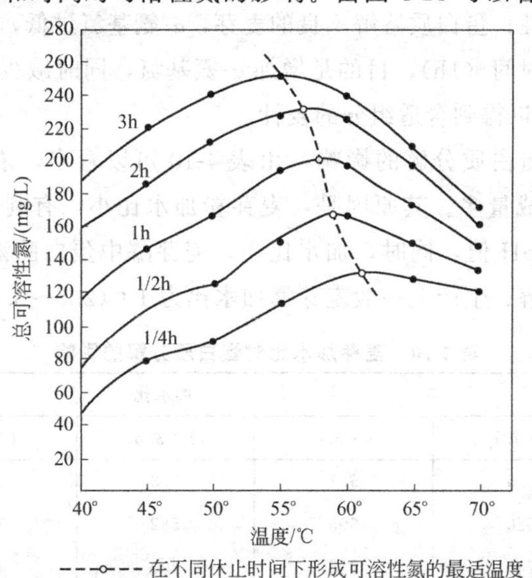

图 4-18　蛋白质休止温度和时间对可溶性氮的影响

止时间下，休止温度高（50～65℃）有利于积累总可溶性氮，在此范围内，休止温度越高，水溶性氮越多；休止时间越长，总可溶性氮越多。对溶解良好的麦芽，蛋白质分解时间可短一些；对溶解不良的麦芽，蛋白质分解时间应延长一些，特别是增加辅料用量时，更需要加强蛋白质的分解。

② 蛋白质休止温度、pH值对麦汁含氮组分的影响。由表4-9可以看出，在相同pH值下，提高蛋白质休止温度能增加麦汁水溶性含量，硫酸镁沉淀氮即高分子氮生成也愈多，麦汁氨基氮却没有规律，因此，休止温度高并不能提高啤酒的非生物稳定性，相反休止温度低啤酒的非生物稳定性反而好。

表4-9　蛋白质休止温度、pH值对麦汁含氮组分的影响

麦芽醪pH值	休止温度/℃	水溶性氮/(mg/100g绝干麦芽)	氨基氮/(mg/100g绝干麦芽)	$MgSO_4$沉淀氮/(mg/100g绝干麦芽)
6.5	40	97	41	11
	50	114	36	14
	60	140	31	16
6.8	40	151	56	13
	50	203	60	24
	60	220	55	49
5.5	40	220	55	19
	50	298	71	33
	60	323	90	62
5.0	40	278	84	23
	50	370	110	40
	60	386	193	63

生产上，对溶解良好的麦芽，常采用较高的休止温度（如52℃），目的是限制蛋白质过度分解，提高啤酒泡持性；蛋白质溶解不良的麦芽，α-氨基氮过低，只能采用较低休止温度（45～50℃），较长休止时间（1h），目的是增加α-氨基氮，同时减少高分子氮的比例。通常调整pH值至5.2～5.3以得到合适组分的麦汁。

（3）糖化醪浓度对蛋白质分解的影响　由表4-10可以看出，浓醪有利于蛋白质分解，可溶性氮及α-氨基氮生成量多。其原因是：麦芽粉加水比小，有利于麦芽中酸性物质溶解达到麦芽蛋白质分解的pH值，同时，加水比小，麦芽醪中蛋白酶浓度高，底物浓度也高，以上均有利于蛋白质分解。生产上一般麦芽醪加水比为1∶(2.5～3.5)。

表4-10　麦芽加水比对蛋白质分解的影响　　mg/100g绝干麦芽

项　目	加水比				
	1∶2.7	1∶3.0	1∶3.5	1∶4.0	1∶4.5
麦芽醪pH值	5.6	5.7	5.8	5.9	6.1
水溶性氮	620	605	582	575	558
总可溶性氮	740	715	700	685	660
α-氨基氮	208	195	190	184	176

3. 蛋白质分解程度的控制

麦汁中高中低级蛋白质分解产物的比例需控制在合理范围内，才能生产出具有一定的适口性、泡持性和非生物稳定性的啤酒。麦汁中高分子可溶性氮（相对分子质量大于30000）应不超过麦汁总氮的15%，凝结性高分子氮应小于总氮的3%，麦汁中中分子氮（相对分子质量4600～30000）应占麦汁总氮的15%～25%，麦汁中低分子氮（相对分子质量小于4600）应占麦汁总氮的25%～35%。但这个比例将随大麦种类不同而有所变动。

（三）β-葡聚糖的分解

β-葡聚糖存在于大麦胚乳细胞壁内，在制麦过程中，已有80%左右的β-葡聚糖被分解，但在麦芽中，特别是在溶解不良的麦芽中仍有相当数量的高分子β-葡聚糖未被分解，糖化中β-葡聚糖在β-葡聚糖溶解酶作用下溶出，会提高麦芽汁的黏度，因此，糖化时要创造条件，通过麦芽中β-葡聚糖分解酶的作用，促进β-葡聚糖降解为糊精和低分子葡聚糖。β-葡聚糖溶解酶活性温度60～70℃，β-葡聚糖酶活性温度35～50℃，糖化过程中，控制醪液pH值在5.6以下、在37～45℃休止，将有利于促进β-葡聚糖的分解和降低麦芽汁的黏度。当然，β-葡聚糖不可能、也不需要完全被分解，适量的β-葡聚糖也是构成啤酒酒体和泡沫的主要成分。β-葡聚糖的分解过程如图4-19所示。

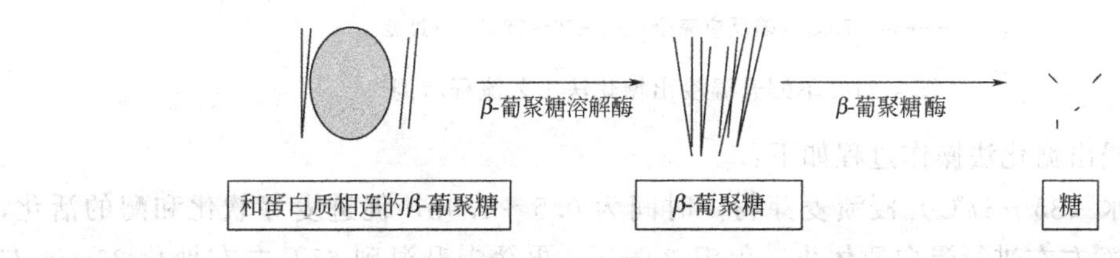

图4-19　β-葡聚糖的分解过程

（四）酸的形成

糖化时，由于麦芽所含的有机磷酸盐的分解和蛋白质分解形成的氨基酸等缓冲物质的溶解，使醪液的pH值下降。

（五）多酚类物质的变化

溶解良好的麦芽游离的多酚物质较多，在糖化时溶出的多酚也多。糖化中，多酚物质通过游离、沉淀、氧化和聚合等多种形式不断地变化。

游离出的多酚，在较高温度（大于50℃）下，易与高分子蛋白质结合而形成沉淀；另外在某些氧化酶的作用下，多酚物质不断氧化和聚合，也容易与蛋白质形成不溶性的复合物而沉淀下来。因此，在糖化操作中，减少麦汁与氧的接触、适当调酸降低pH值、让麦汁适当的煮沸使多酚与蛋白质结合形成沉淀等，都有利于提高啤酒的非生物稳定性。

四、糖化方法

糖化方法是将原料（麦芽）和辅料（未发芽谷物）的不溶性固形物转化为可溶性的、符合麦汁组成比例要求的浸出物所采用的工艺条件和工艺方法。糖化方法通常分为浸出糖化法和煮出糖化法。

（一）浸出糖化法

浸出糖化法是单纯利用酶的生化作用进行糖化的方法。其特点是用不断加热或冷却调整醪液的温度，缓慢分阶段达到糖化各阶段温度。应用此法，醪液未经煮沸。浸出糖化法要求麦芽发芽率高，溶解充分，否则会影响麦汁收得率。

根据糖化过程是否添加辅料，可以分为单醪浸出糖化法和双醪浸出糖化法。所谓单醪是指不加辅料，只有投入到糖化锅的原料麦芽粉碎物配成的醪液（称为麦芽醪）；双醪是指辅料（未发芽谷物）粉碎后配成的醪液和麦芽粉碎物配成的醪液。

单醪浸出糖化法又可分为恒温浸出糖化法和升温浸出糖化法，其中单醪浸出糖化法常用于小型啤酒自酿糖化工艺。

1. 单醪恒温浸出糖化法

单醪恒温浸出糖化法工艺示例图解如图 4-20 所示。

投料 65℃（1.5～2.0h）（糖化完全）⟶76～78℃⟶过滤

图 4-20 单醪恒温浸出糖化法工艺流程示例

单醪恒温浸出糖化法操作过程如下：

粉碎后的麦芽投入水中搅匀，65℃保温糖化 1.5～2.0h（碘反应基本完全），然后把糖化完全的醪液加热到 76～78℃，终止糖化，泵入过滤槽过滤。

2. 单醪升温浸出糖化法

单醪升温浸出糖化法工艺示例图解如图 4-21 所示。

投料 35～37℃（0.5～1.0h）⟶50℃（30min）⟶65℃（30min）
⟶68～70℃（碘反应完全）⟶76～78℃⟶过滤

图 4-21 单醪升温浸出糖化法工艺流程示例

单醪升温浸出糖化法操作过程如下：

先用低温水（35～37℃）浸渍麦芽粉，时间为 0.5～1.0h，促进麦芽软化和酶的活化，然后升温到 50℃左右进行蛋白质休止，保温 30min，再缓慢升温到 65℃左右糖化 30min 左右，然后再升温至 68～70℃至碘反应完全，再升温至 76～78℃，终止糖化。

3. 双醪浸出糖化法

双醪浸出糖化法是指麦芽醪和糊化醪对醪后，醪液不再煮沸，而是直接在糖化锅升温，达到糖化各阶段所要求的温度。

其工艺示例图解如图 4-22 所示。

双醪浸出糖化法糖化曲线如图 4-23 所示。

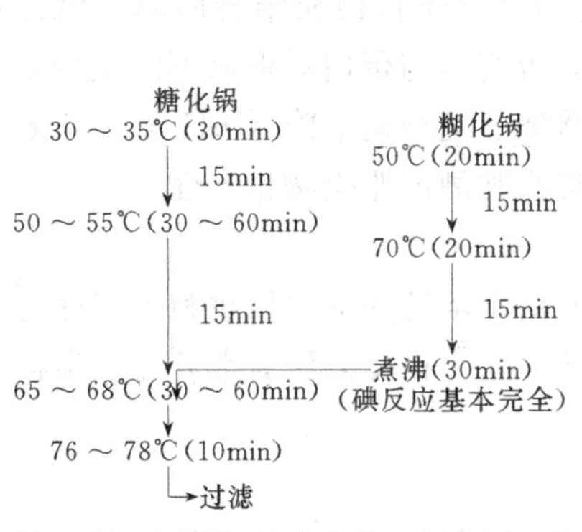

图 4-22 双醪浸出糖化法工艺流程示例

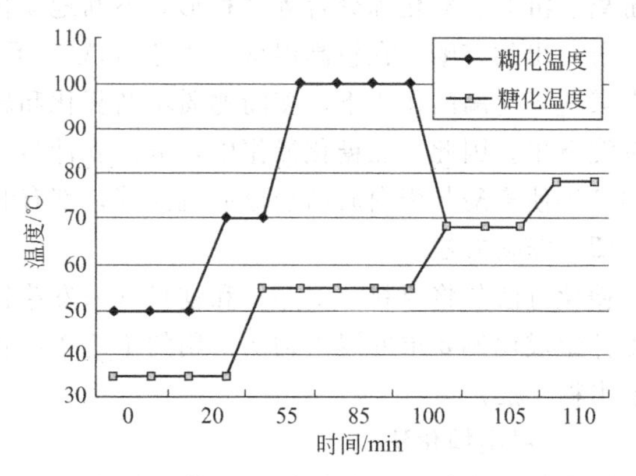

图 4-23 双醪浸出糖化法糖化曲线

双醪浸出糖化法的特点是糊化料水比大（1∶5 以上），辅料比例大（占总料 30%～50%），均采用糊化锅添加耐高温的淀粉酶协助糊化、液化。由于只有辅料煮沸，保证了麦芽中酶的活性，又使所制的麦汁色泽浅，特别适于酿造浅色淡爽型啤酒和干啤酒，同时操作简单，糖化周期短，3h内即可完成。目前国内多数啤酒厂广泛采用此法酿造添加辅料的啤酒。

（二）煮出糖化法

煮出糖化法是利用酶的生化作用和热力的物理作用进行糖化的方法。其特点是通过部分糖化醪热煮沸、与其余未煮沸的醪液并醪，使全部醪液温度分阶段地升高到不同酶分解所需要的温度，最后达到糖化终了温度。煮出糖化法可以弥补一些麦芽溶解不良的缺点。应用此法，部分醪液被煮沸。

根据糖化过程是否添加辅料，可以分为单醪煮出糖化法和双醪煮出糖化法。根据分醪煮出的次数，又可以把单醪煮出糖化法和双醪煮出糖化法分为一次、二次和三次煮出糖化法。

1. 单醪煮出糖化法

单醪煮出糖化法不添加辅料，只有麦芽醪。即将一部分麦芽醪泵入糊化锅，在糊化锅内逐渐升温至煮沸并停留一定时间，然后泵回到糖化锅，与剩余部分麦芽醪混合，使混合醪的温度达到下一个工艺要求温度，根据分醪的次数可分为单醪一次、单醪二次和单醪三次煮出糖化法。

(1) 单醪一次煮出糖化法　单醪一次煮出糖化法是部分醪液只经过一次蒸煮。溶解良好的麦芽可采用较高温度（蛋白质休止温度）45～55℃投料，溶解不良的麦芽可以采用较低温度（麦芽浸渍温度）35～37℃投料然后加热到45～55℃进行蛋白质休止，然后加热升温至糖化温度并维持一定时间糖化至碘反应基本完全，取部分醪液泵入糊化锅煮沸，之后泵回糖化锅，混合后温度达到76～78℃糖化终止。

其工艺示例图解如图4-24所示。

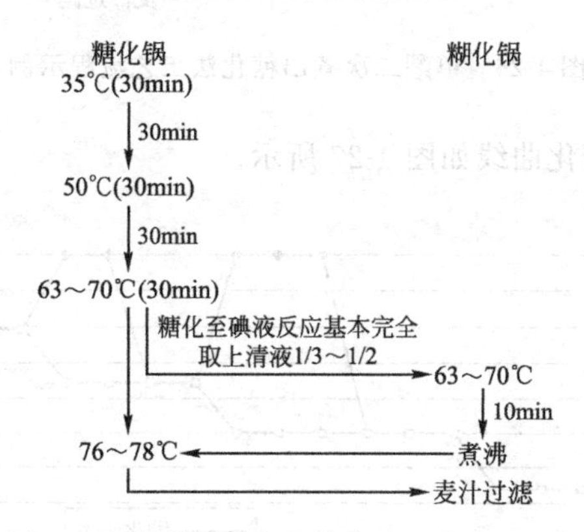

图4-24　单醪一次煮出糖化法工艺流程示例

单醪一次煮出糖化法曲线如图4-25所示。

单醪一次煮出糖化法操作过程如下。

① 麦芽投料（糖化锅）。35～37℃，保温30min左右。

② 蛋白质休止。45～55℃保温30min。

③ 糖化。加热至63～70℃，保温糖化至碘反应基本完全。

④ 煮醪。取出部分醪液泵入糊化锅，升温至煮沸，剩余醪液继续保温糖化。

⑤ 并醪。并醪后温度76～78℃，泵入麦汁过滤槽。

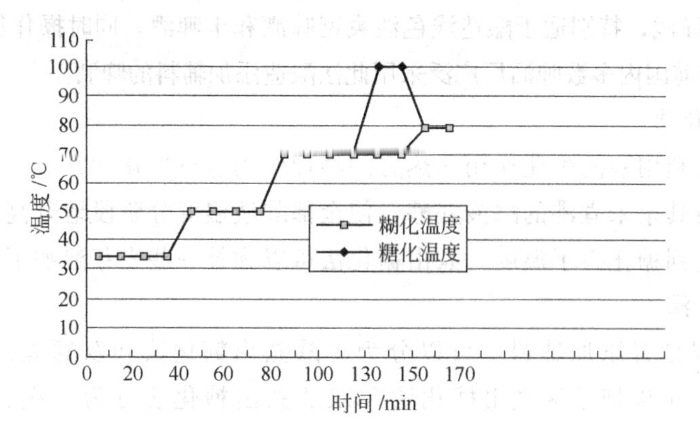

图 4-25 单醪一次煮出糖化法糖化曲线

(2) 单醪二次煮出糖化法 其工艺示例图解如图 4-26 所示。

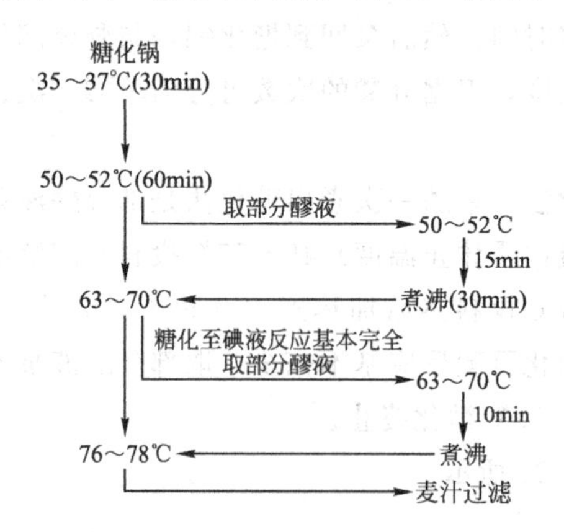

图 4-26 单醪二次煮出糖化法工艺流程示例

单醪二次煮出糖化法糖化曲线如图 4-27 所示。

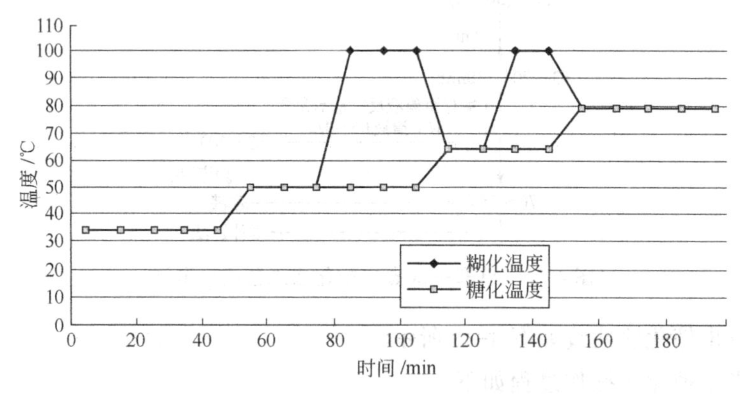

图 4-27 单醪二次煮出糖化法糖化曲线

单醪二次煮出糖化法操作过程是在单醪一次煮出糖化法基础上增加一次分醪煮出过程。

(3) 单醪三次煮出糖化法 其工艺示例图解如图 4-28 所示。

单醪三次煮出糖化法糖化曲线如图 4-29 所示。

单醪三次煮出糖化法操作过程是在单醪二次煮出糖化法基础上增加一次分醪煮出过程。

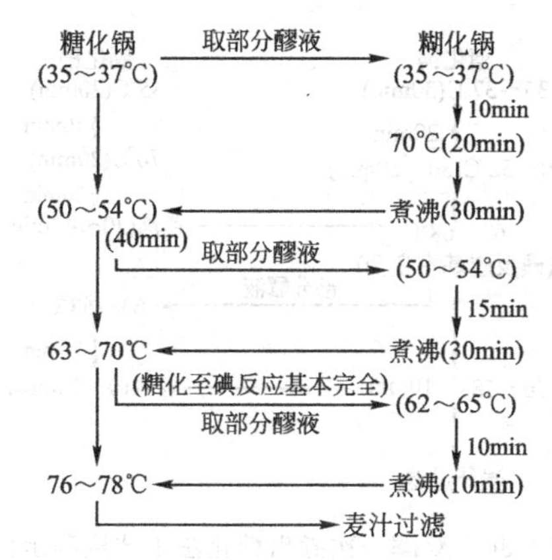

图 4-28　单醪三次煮出糖化法工艺流程示例

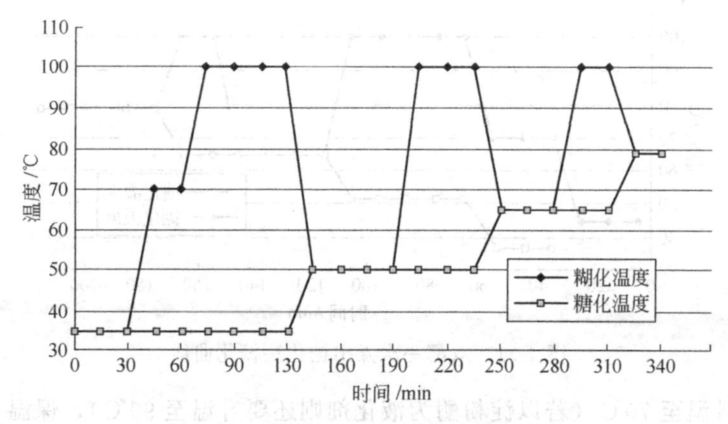

图 4-29　单醪三次煮出糖化法糖化曲线

2. 双醪煮出糖化法

在使用未发芽谷物（如大米、玉米和小麦等）做辅料时，由于未发芽谷物中淀粉是包含在胚乳细胞壁中的淀粉，只有经过破除淀粉细胞壁，使淀粉溶出，再经过糊化和液化，使之形成稀薄的淀粉浆，才能受到麦芽中淀粉酶充分作用，该糊化需要在糊化锅完成，所形成的醪液称为糊化醪，糊化醪泵入糖化锅与麦芽醪混合为糖化醪，根据糖化醪分醪煮沸的次数可分为双醪一次、双醪二次、双醪三次煮出糖化法。

（1）双醪一次煮出糖化法　辅料在糊化锅中糊化、液化成糊化醪，麦芽在糖化锅中糖化成麦芽醪，然后将糊化醪和麦芽醪于糖化锅中混合，在一定温度下糖化一段时间至碘反应基本完全，取部分混合醪液打入糊化锅煮沸，之后泵回糖化锅，混合后温度达到 76～78℃糖化终止。由于进行了一次煮出，强化了淀粉的溶解，同时也使麦汁色泽加深，此法适于用一般质量的麦芽酿造浅色啤酒及深色啤酒情况，国内应用较广。

其工艺示例图解如图 4-30 所示。

双醪一次煮出糖化法糖化曲线如图 4-31 所示。

双醪一次煮出糖化法操作过程如下。

① 糊化锅。

a. 大米投料。糊化锅内先放入 45～50℃水，料水比 1∶5 左右（具体比例根据啤酒类型及辅料种类确定），保温 20min 左右。

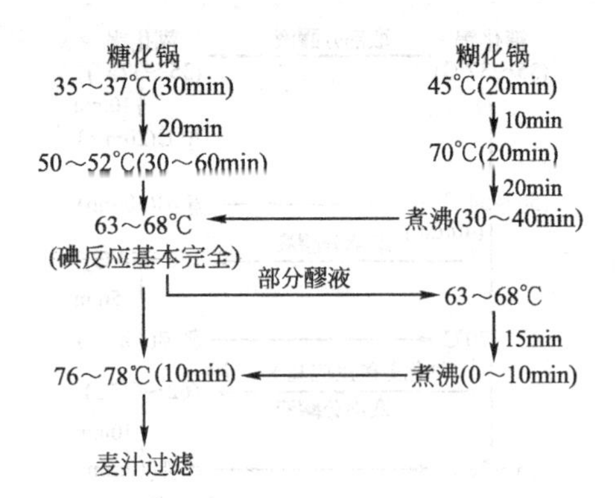

图 4-30　双醪一次煮出糖化法工艺流程示例

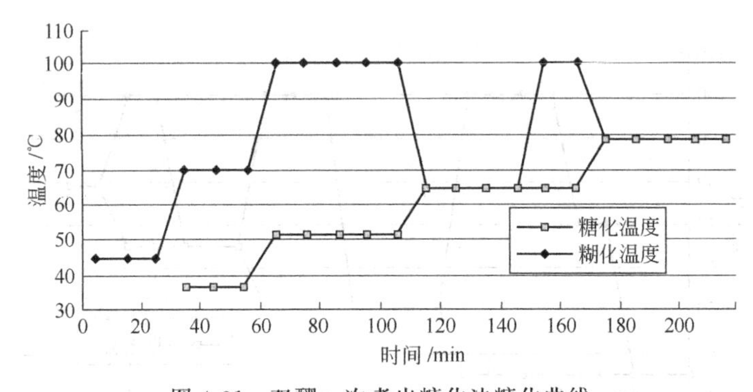

图 4-31　双醪一次煮出糖化法糖化曲线

b. 液化。升温至 70℃（若以淀粉酶为液化剂则还要升温至 90℃），保温 20min 左右。

c. 煮沸。升温至煮沸，煮沸 30～40min。

② 糖化锅。

a. 麦芽投料。投料温度 50℃（蛋白质休止温度）或 35～37℃（麦芽浸渍温度），保温时间 30min，料水比 1∶3.5 左右。

b. 蛋白质休止。温度 45～55℃，保温时间 30～60min，时间长短由麦芽质量决定。

c. 并醪。煮沸的糊化醪泵入糖化锅并醪，并醪后温度 63～68℃，保温糖化至碘反应基本完全。

d. 煮醪。从糖化锅取出部分醪液（约 1/3）泵入糊化锅煮沸，糖化锅剩余醪液继续保温糖化。

e. 第二次并醪。将糊化锅醪液并入糖化锅，并醪后温度 76～78℃，保温 10min 后泵入麦汁过滤槽。

（2）双醪二次煮出糖化法　其工艺示例图解如图 4-32 所示。

双醪二次煮出糖化法糖化曲线如图 4-33 所示。

双醪二次煮出糖化法操作过程是在双醪一次煮出糖化法基础上增加一次分醪煮出过程。

（3）双醪三次煮出糖化法　双醪三次煮出糖化法操作过程是在双醪二次煮出糖化法基础上增加一次分醪煮出过程。此法可以提高原料浸出物收得率，提高啤酒色泽，所酿制的啤酒口味醇厚，适合于酿造浓色啤酒，但由于煮沸次数多，导致糖化时间长达 4～6h，热能和电能消耗多，生产成本高，设备利用率低。很少厂家采用此法。

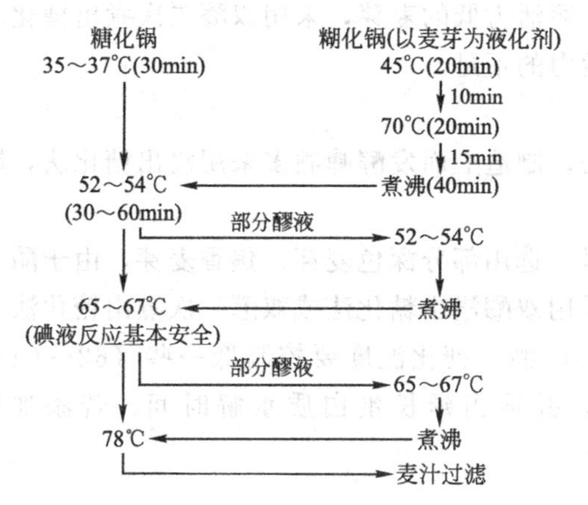

图 4-32　双醪二次煮出糖化法工艺流程示例

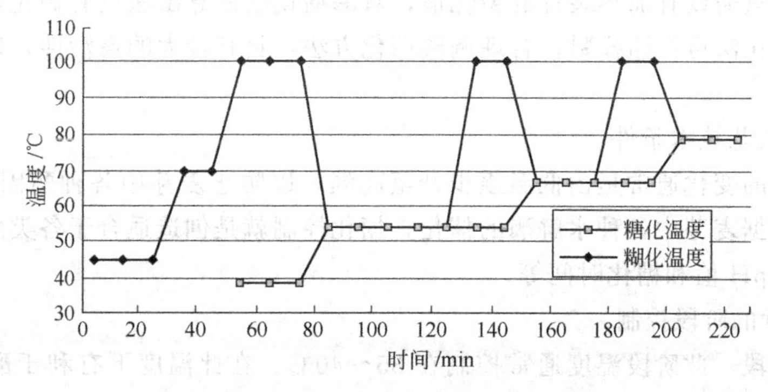

图 4-33　双醪二次煮出糖化法糖化曲线

（三）外加酶制剂糖化法

其工艺示例图解如图 4-34 所示。

外加酶制剂糖化法有以下特点。

(1) 原辅料　原料麦芽用量小于 50%，使用双辅料：其中大麦占 25%～50%，大麦或玉米占 25%。要求选用优质麦芽，大麦和麦芽占总料的 55%～70%，以保证麦汁过滤时有适当的滤层厚度，提高过滤效果。

(2) 添加酶制剂　糊化锅添加耐高温 α-淀粉酶，糖化锅加入复合酶包括 α-淀粉酶、中性细菌蛋白酶、β-葡聚糖酶及少量糖化酶。

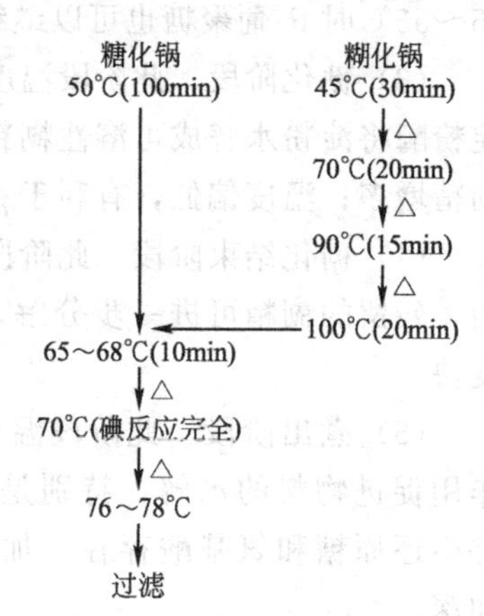

图 4-34　外加酶制剂糖化法工艺流程示例图

外加酶制剂糖化法已被多数啤酒厂采用。

（四）糖化方法选择的依据

实际生产中，糖化方法的选择应考虑以下因素。

1. 原料

(1) 使用溶解良好的麦芽，采用浸出糖化法。若添加辅料，可采用双醪一次浸出或二次浸出糖化法，蛋白质分解温度适当高些，时间可适当短一些。

(2) 使用溶解一般的麦芽，采用一次或二次煮出糖化法；若添加辅料，可采用双醪一次煮出糖化法，蛋白质水解温度可稍低，延长蛋白质水解和糖化时间。

（3）使用溶解较差、酶活力低的麦芽，采用双醪二次煮出糖化法。控制辅料用量或添加酶制剂，以弥补麦芽酶活力的不足。

2. 产品类型

（1）传统的生产方法，制造上面发酵啤酒多采用浸出糖化法，制造下面发酵啤酒多采用煮出糖化法。

（2）酿造浓色啤酒时，选用部分深色麦芽、焦香麦芽，由于酶活力较低，采用三次煮出糖化法；酿造淡色啤酒采用双醪浸出糖化法或双醪一次煮出糖化法。

（3）生产高发酵度的啤酒，糖化温度要控制低一些（62～64℃），或采用两段糖化法（62～63℃，67～70℃），并适当延长蛋白质水解时间，若添加辅料，麦芽糖化力要求高些。

3. 生产设备

（1）浸出法只需设有加热装置的糖化锅，双醪糖化法或煮出法应有糊化锅和糖化锅。

（2）双醪糖化法可穿插投料，合理调整糖化方法，具有较大的灵活性，以达到最大的设备利用率。

（五）糖化工艺技术条件

糖化时温度的变化通常是由低温逐步升至高温，以防止麦芽中各种酶因高温而被破坏。糖化过程就是依据麦芽中各种水解酶的催化，糖化控制就是创造适合于各类酶作用的最佳条件，包括温度、pH 值和糖化时间等。

1. 糖化温度的阶段控制

（1）浸渍阶段　此阶段温度通常控制在 35～40℃。在此温度下有利于酶的浸出和酸的形成，并有利于β-葡聚糖的分解。

（2）蛋白质休止阶段　此阶段温度通常控制在 45～55℃。此阶段是利用麦芽中内肽酶分解蛋白质形成多肽和氨基酸和利用羧肽酶分解多肽形成氨基酸。温度偏向下限，低分子氮含量较高，反之，则高分子氮含量较高。溶解良好的麦芽，可采用高温短时间蛋白质分解，溶解不良的麦芽，可采用低温长时间蛋白质分解。麦芽溶解良好，可省略蛋白质分解阶段。45～55℃时β-葡聚糖也可以继续分解。

（3）糖化阶段　此阶段温度通常控制在 62～70℃。此阶段是利用麦芽中α-淀粉酶和β-淀粉酶将淀粉水解成可溶性糊精和可发酵性糖。温度偏高，有利于α-淀粉酶作用，可溶性糊精增多；温度偏低，有利于β-淀粉酶作用，可发酵性糖增多。

（4）糖化结束阶段　此阶段温度通常控制在 76～78℃。在此温度下，α-淀粉酶仍起作用，残留的糊精可进一步分解，而其他酶则受到抑制或失活，以保证醪液黏度低、过滤速度快。

（5）煮出阶段　此阶段温度控制在 100℃。部分糖化醪加热至 100℃，主要利用热力作用促进物料的水解，特别是使生淀粉彻底糊化、液化，提高浸出物收得率。由于被煮醪中还原糖和氨基酸存在，加热能促进美拉德反应和焦糖生成，使麦汁口味变厚，色泽加深。

2. pH 值

pH 值是糖化中酶作用的一项重要条件，麦芽中的各种主要酶的最适 pH 值都较糖化醪的 pH 值低，为了创造酶作用的最佳 pH 值，需要调整糖化醪的 pH 值。

（1）糖化过程的最适 pH 值　糖化过程的最适 pH 值见表 4-11。

表 4-11 糖化过程的最适 pH 值

序号	项 目	最适 pH 值
1	α-淀粉酶活力最高	5.3～5.7
	β-淀粉酶活力最高	5.3
	可发酵性糖生成量最多	5.3～5.4
2	蛋白酶活力最高	4.6～5.0
	永久性可溶性氮及甲醛氮生成量最多	4.6(糖化醪),4.9～5.1(麦汁)
3	浸出率最高(浸出法)	5.2～5.4(糖化醪)
	浸出率最高(煮出法)	5.3～5.9(糖化醪)
4	糖化时间最短	5.3～5.6

(2) 调整 pH 值的方法　酿造用水 pH 值一般在 6.8～7.2 之间，虽然投入麦芽粉后，麦芽中的酸性物质溶出会使醪液 pH 值有所降低，但一般不能满足蛋白质休止和糖化过程对 pH 值的要求，同时酿造用水中的碱性盐类和氢氧化物对醪液 pH 值也会产生一定的影响，因此，常用添加食用磷酸、乳酸或用生物酸化法调整醪液 pH 值，使醪液 pH 值下降并达到糖化要求的 pH 值，对糖化及煮沸麦汁的蛋白质凝固均有促进作用。

3. 糖化时间

广义的糖化时间是指从投料至麦汁过滤前的时间；狭义的糖化时间是指糖化醪温度达到糖化温度起至糖化完全即碘反应基本完全的一段时间。

表 4-12 糖化方法与糖化时间的关系

糖化方法		糖化时间/h
煮出法	一次煮出糖化法	2.5～3.5
	二次煮出糖化法	3～4
	三次煮出糖化法	4～6
浸出法		3

由表 4-12 可以看出，煮出法糖化时间较长，浸出法糖化时间较短。对于生产淡色啤酒，如果麦芽质量优良，常采用浸出法进行糖化；如果麦芽质量一般，常采用一次煮出糖化法；如果麦芽质量较差，则采用二次煮出糖化法。对于生产深色啤酒，常采用加入深色麦芽的浸出法或多次煮出糖化法。

4. 糖化用水

糖化用水是指直接用于糖化锅和糊化锅、使原辅料溶解所需要的水，糖化用水量将决定醪液浓度并直接影响酶的作用效果。

糖化用水包括糖化锅（麦芽糖化）用水量和糊化锅（辅料糊化）用水量，通常用料水比表示，即每 100kg 原料的用水量（L）。

(1) 糖化锅用水量　一般根据啤酒类型来确定糖化锅用水量。淡色啤酒的料水比为 1∶(4～5)，浓色啤酒的料水比为 1∶(3～4)，黑啤酒的料水比为 1∶(2～3)。

(2) 糊化锅用水量　稀醪有利于淀粉的糊化和液化，辅料糊化时的料水比一般控制在 1∶5.0左右。

5. 洗糟用水

第一批麦汁滤出后，用水将残留在麦糟中的糖液洗出所用的水称为洗糟用水。洗糟用水量主要根据糖化用水量来确定，这部分水约为煮沸前麦汁量与头号麦汁量之差，其对麦芽收得率有较大影响，制造淡色啤酒，糖化醪浓度较稀，洗糟用水量则少；制造深色啤酒，糖化醪浓度大，相应地洗糟用水量大。

洗糟用水温度为75～80℃，残糖质量分数控制在1.0%～1.5%。酿造高档啤酒，应适当提高残糖质量分数在1.5%以上，以保证啤酒的高质量。混合麦汁浓度应低于最终麦汁质量分数1.5%～2.5%，过分洗糟，会延长煮沸时间，对麦汁质量会产生不利影响，而且也是不经济的。

（六）糖化设备

糖化设备是指麦芽汁制造设备，对于微型啤酒生产线的糖化部分，通常配置两个或三个糖化容器，糖化设备具有多种功能。而大型啤酒厂的糖化车间多采用四器组合，即糊化锅、糖化锅、煮沸锅、过滤槽，也有采用六器组合，即在四器组合基础上增加一个煮沸锅和一个过滤槽。

糖化车间平面布置如图4-35所示。

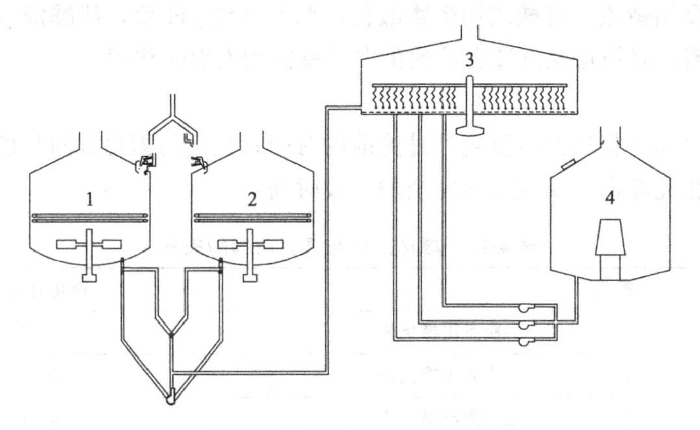

图4-35　糖化车间平面布置

1—辅料糊化锅；2—麦芽糖化锅；3—过滤槽；4—煮沸锅

1. 糊化锅

糊化锅是用来加热煮沸辅料（如大米粉、玉米粉等）和部分糖化醪液使淀粉糊化和液化的设备。

糊化锅结构如图4-36所示，锅身为圆柱形；锅底为球缺形夹层，该夹层加热面积与锅体有效面积之比为（1～1.3）∶1；顶盖为碟形；锅体直径与圆柱高之比为2∶1；上部有排气管，排气管截面积为锅体截面积的1/30～1/50；锅内有搅拌器，搅拌器多采用二叶旋桨式，搅拌器的转速一般有两挡，一挡为快速，用于水和原料搅拌混合，一挡为慢速，用于加热保温时醪液的搅动，防止原料固形物沉积和粘底。

2. 糖化锅

糖化锅是用于麦芽粉碎物投料、部分醪液及混合醪液的糖化。其结构与糊化锅相同，只是传统糖化锅没有加热装置，升温是在糊化锅中进行的。现代糖化锅带有加热装置，本身可以将糖化醪加热，尤其适合于浸出糖化法。一般糖化锅比糊化锅约大一倍。

（七）糖化过程的质量检查

1. 醪液的外观检查

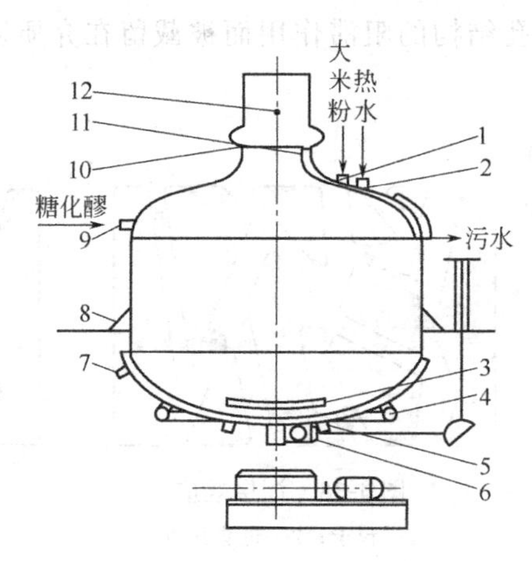

图 4-36　糊化锅结构

1—大米粉进口；2—热水进口；3—搅拌器；4—蒸汽进口；5—蒸汽出口；6—糖化醪；7—不凝性气体出口；8—耳架；9—糖化醪入口；10—环形槽；11—污水排出管；12—风门

(1) 糊化醪液化后应澄清快，有明显的上清液，泵醪时速度快，说明糊化醪的液化效果好。

(2) 糖化锅所投麦芽醪颜色呈黄白色，较黏稠，随着糖化过程的进行，糖化醪颜色逐渐加深，打入过滤槽后澄清快，过滤麦汁澄清，说明糖化效果好，变色缓慢或不澄清，说明糖化效果不好。

2. 检查碘液显色反应

(1) 糊化醪液化结束时，碘检应呈红色，如呈蓝色表示淀粉液化不好。

(2) 糖化后，取样碘检应为黄色或浅红色，不应出现蓝色或红棕色。

3. 检查醪液 pH 值

糊化醪的 pH 值一般为 6.0～6.2，麦芽醪蛋白质休止 pH 值为 5.2～5.4，并醪后糖化醪 pH 值为 5.4～5.6。

第三节　麦汁过滤

糖化过程结束时，麦芽和辅料中高分子物质的分解已经基本完成，必须在最短时间内把糖化醪中的可溶性物质（浸出物）从麦芽壳和其他不溶性谷物颗粒（麦糟）中分离以得到澄清麦汁，此分离过程称为麦汁过滤。

一、麦汁过滤原理

1. 筛分效应

糖化醪中比过滤介质孔隙小的粒子能透过孔隙，比过滤介质空隙大的颗粒则不能通过过滤介质空隙而被截留下来。随着过滤的进行，被截留的粒子越来越多，停留于介质表面，对于硬质不变形的颗粒将附着在过滤介质表面形成粗滤层，而软质黏性颗粒会黏附在过滤介质空隙中，甚至使空隙堵塞，增大过滤压差，降低过滤效率。筛分效应如图4-37所示。

2. 深层效应

多孔过滤介质中长且曲折的微孔通道对发酵液中粒子产生一种阻滞作用，使发酵液中的粒子，由于过滤介质微孔结构的阻滞作用而被截留在介质微孔中。深层效应如图4-38所示。

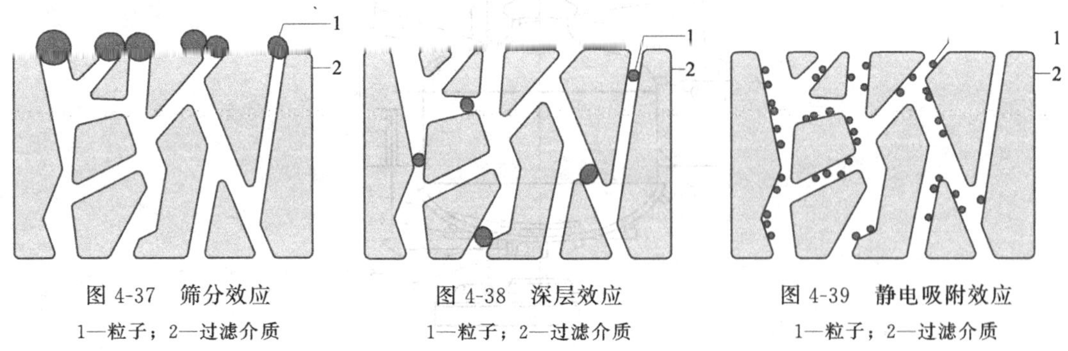

图 4-37　筛分效应
1—粒子；2—过滤介质

图 4-38　深层效应
1—粒子；2—过滤介质

图 4-39　静电吸附效应
1—粒子；2—过滤介质

3. 静电吸附效应

糖化醪中的粒子与过滤介质所带电荷为异性电荷，使糖化醪液中的粒子与过滤介质发生静电吸附效应而截留在过滤介质中。此现象称为静电吸附。静电吸附效应如图 4-39 所示。

二、麦汁过滤要求

(1) 迅速、彻底地分离糖化醪中的可溶性浸出物，在不影响麦汁质量的前提下，尽最大可能获得较高的浸出物收得率。

(2) 得到较高澄清度的麦汁。

(3) 迅速过滤，尽量减少糖化醪中影响啤酒风味的皮壳多酚、色素、苦味物质、纤维素等物质进入麦汁，减少氧的溶入，缩短麦汁被氧化的时间，保证麦汁良好的口味和色泽。

三、麦汁过滤过程

麦汁过滤过程如图 4-40 所示。麦汁过滤过程包括以下三个阶段：

(1) 残留在糖化醪仅剩的 α-淀粉酶，将少量的高分子糊精进一步液化，使之全部转化为无色糊精和糖类，提高原料浸出物收得率。

(2) 从糖化醪中分离出“头号麦汁”。

(3) 用热水洗涤麦糟，洗出吸附于麦糟中的可溶性浸出物，得到“二滤、三滤麦汁”。

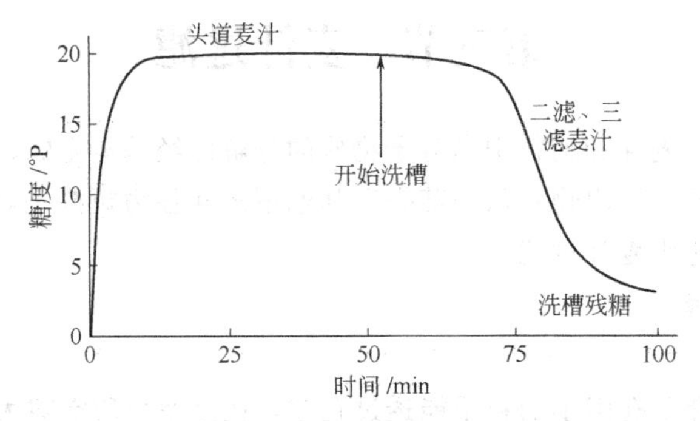

图 4-40　麦汁过滤过程

四、麦汁过滤方法

麦汁过滤方法主要分为三种：过滤槽法、压滤机法和快速渗出槽法。

(一) 过滤槽法

过滤槽法是麦汁过滤最常用的方法。它是以过滤筛板和麦糟构成过滤介质，依靠糖化醪液液柱产生的静压力为推动力进行麦汁过滤的方法。

1. 过滤槽的基本结构

如图 4-41 所示，过滤槽是由不锈钢制成的圆柱形容器，其上部配有弧形顶盖，槽底大多为平底（或浅锥形底），平底槽有三层底，最上层是水平筛板，接着是麦汁收集底，最外层是可通入热水保温的夹底，过滤槽中心有一升降的轴，带动两至四壁的耕糟刀。

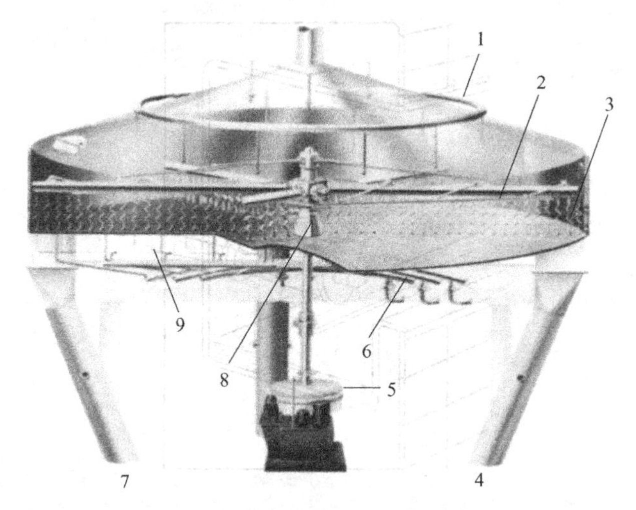

图 4-41 过滤槽的基本结构

1—淋洗环管；2—犁；3—耙；4，7—废麦槽斜道；5—驱动电动机；

6—排出环管；8—循环泵；9—底部冲水

(1) 过滤槽的容积　啤酒厂一般以每吨投料约需 5～5.5m^3 槽有效容积，槽充满系数为 75%～80%，槽的圆筒体高度受麦糟层高度控制，麦糟层厚度是过滤阻力产生的主要来源，因此糟厚度的选择必须以保持一定的过滤速度为原则，根据经验数据：麦芽干法粉碎（含增湿粉碎）糟厚度一般为 28～35cm，麦芽湿法粉碎糟厚度一般为 40～50cm 的麦糟层厚度。在相同投料量和麦芽粉碎度下，通过加大槽直径来降低糟厚度方法可以提高过滤速度。

(2) 筛板　老式的过滤槽筛板采用厚度为 3.5～4.5mm 的紫铜，用铣床铣出条形筛孔，上面孔宽为 0.6～0.7mm，下面孔宽为 3～4mm，孔长 20～30mm，筛板开孔率为 6%～8%；新式过滤槽筛板用不锈钢梯形钢条焊接而成，上孔宽 0.6mm，下孔宽 2.5mm，开孔率 15%～20%（小于 15%过滤速度慢）。孔的截面呈梯形，以减少流体流动阻力，防止滤板堵塞。两种型式筛板及其开孔方式如图 4-42 所示。

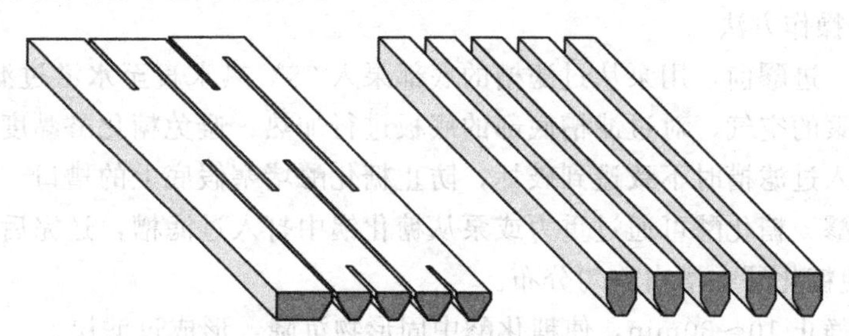

图 4-42 两种型式筛板及其开孔方式

(3) 筛板与槽底间距　筛板与槽底间距，即筛板和麦汁收集底之间的距离，其值大小是一项重要指标。间距过小，在麦汁通过麦汁阀排出时能形成抽吸力，有利于过滤，但同时由于啤酒生产使用辅料较多，沉积在收集底的泥状沉积物过多，间距过小会导致阻塞过滤孔，因此生产上一般控制在8～15mm。

(4) 麦汁收集管　平底过滤槽在麦汁收集底每1.25～1.5m^2均匀设置一根麦汁收集管，管径为25～45mm，为保证收集底麦汁液位，防止由麦汁出口阀及麦汁管吸进空气堵塞滤板，出口阀装有鹅颈管，如图4-43所示，鹅颈管出口必须高于筛板2～5cm。

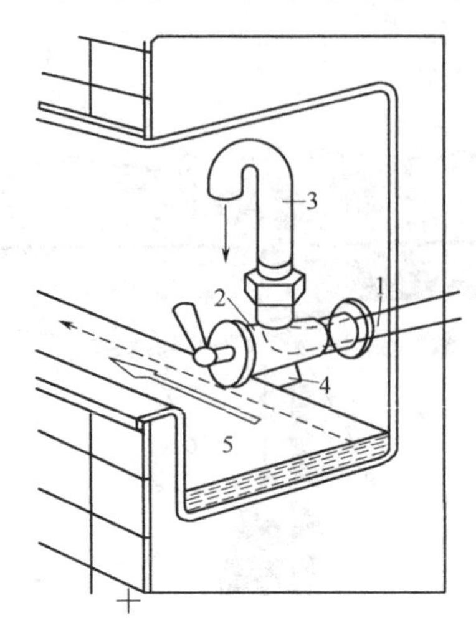

图4-43　麦汁收集管

1—过滤管；2—过滤阀；3—排气弯管；4—预喷开口；5—麦汁受皿

(5) 耕糟装置　随着过滤的进行，糟层逐渐加厚并压实，过滤阻力不断加大，麦汁流量不断减小，此时，需要对糟层进行疏松，使阻力减小，保证麦汁过滤的正常进行。在洗糟过程中，耕糟可以使洗糟过程迅速且彻底，提高浸出物回收率，这一切，都需要耕糟装置来完成。耕糟装置如图4-44所示，耕糟装置主要由双速电机（耕糟转速为0.4～0.5r/min，排糟转速为3～4r/min）、减速器、油压升降轴、耕糟臂、耕糟刀组成。

耕糟臂有2～4个（相应投料为3t、3～5t、6～10t），过滤槽容积越大，耕糟臂数越多，耕糟臂上每隔20～30cm，装有垂直于筛板的耕糟刀，要求每个耕糟刀的耕糟轨迹互不重叠、运动轨迹具有互补性，从而达到耕糟均匀、细密的目的。耕糟刀距筛板不能低于1～2cm，以防止耕糟刀刮伤筛板。

(6) 洗糟水喷洒装置　过滤槽顶部槽盖内装有内外两个环形管，环形管上均匀分布小孔，洗糟时洗糟水以细液滴喷至糟面进行均匀洗糟。

2. 过滤槽法操作方法

(1) 顶热水　进醪前，用泵从过滤槽的底部泵入78℃热水直至水溢过滤板，其目的是，排出假底下方积聚的空气，对过滤槽底部的底板进行加热，避免糖化醪黏度增加，对醪液进行缓冲，使其进入过滤槽时不致遭到破坏，防止糖化醪堵塞假底上的槽口。

(2) 进糖化醪　糖化醪可通过重力或泵从糖化锅中打入过滤槽，送完后开动耕糟机缓慢转动3～5圈，使糖化醪在槽内均匀分布。

(3) 沉淀　静止10～30min，使糖化醪中固形物沉降，形成过滤层。

(4) 循环　通过麦汁阀或麦汁泵将浑浊麦汁从过滤槽底部循环回到谷物床顶部，直至麦汁澄清，此时形成了滤床。一般为10～15min。

(5) 过滤　头道麦汁达到要求的清亮度后，逐渐调小麦汁流速，使麦汁流出量与麦汁通

图 4-44　耕糟装置

1—耕槽臂；2—耕槽刀；3—刮刀

过麦糟的量相等，收集头道麦汁进入煮沸锅，一般需 45～60min。

(6) 耕糟　待麦糟刚露出时，开动耕糟机耕糟，疏松糟层。

(7) 洗糟　洗糟是从废麦糟中提取浸出物。用洗糟泵将 75～78℃洗糟水输送至过滤槽内的洗糟环管，可采用连续式或分 2～3 次洗糟。同时收集“二滤麦汁”，如浑浊，需回流至澄清，在洗糟过程中，如果麦糟板结，需进行耕糟，洗糟时间控制在 45～60min，洗糟至残糖达到工艺规定值（如一般啤酒残糖质量分数控制在 1.0%～1.5%，高档啤酒，残糖质量分数在 1.5%以上）。

(8) 排糟　过滤结束，利用排糟刀进行排糟，在排糟过程中，需要打开糟门，让废麦糟流经废麦糟斜道进入过滤槽正下方的废麦糟箱。排糟处结构如图 4-45 所示。

图 4-45　排糟处结构图

（二）压滤机法

根据结构不同，压滤机法分为板框式压滤机、袋式压滤机和膜式压滤机三种，常用设备为板框式压滤机。

板框过滤是以泵送醪液产生的压力作为过滤推动力，以过滤布为过滤介质，谷皮为助滤剂的垂直过滤方法。

1. 板框式压滤机结构

如图 4-46 所示，板框式压滤机是由容纳糖化醪液（过滤后为麦糟）的框、收集麦汁的滤板（沟纹板）及分离麦汁的滤布组成过滤原件，再配以顶板、支架、压紧螺杆或液压系统组成，压滤机的板及框有正方形和长方形两种，两者大小一致，每一对板与框组成一个过滤

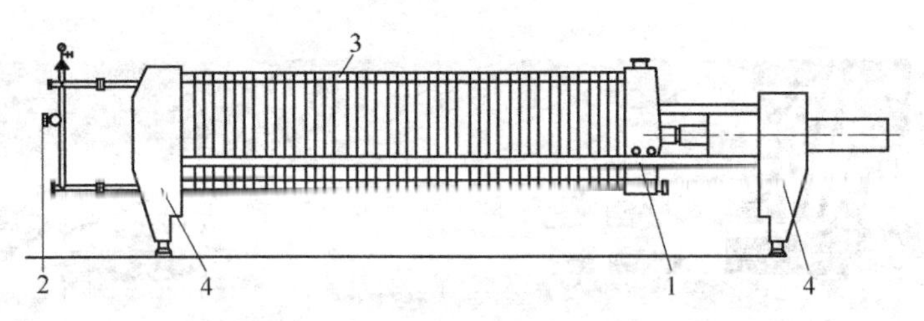

图 4-46 板框式压滤机结构

1—板框支撑架；2—混酒入口；3—板和框；4—机座

单元为一个滤框，压滤机滤框数一般为 10～60 个。糖化醪用泵送入滤框室，滤框室的框紧贴于套在滤板上的滤布，麦汁受压穿过框内滤糟、穿过滤布，汇集在滤板上收集排出。

2. 板框式压滤机操作方法

(1) 顶热水　向压滤机内泵入 78℃热水，静置 30min，以预热压滤机并排出机内空气。

(2) 进糖化醪　排出预热水，同时泵入糖化醪并打开压滤机麦汁排出阀，边进料边排出麦汁。泵入糖化醪前，糖化锅应先开动搅拌，充分搅匀糖化醪。

(3) 循环　在未形成麦糟滤层前，麦汁较浑浊，可回流至糖化锅，约 30～45min 头号麦汁可全部滤完。

(4) 洗糟　头号麦汁滤完，立即泵入 75～78℃洗糟水，洗糟水应以与麦汁过滤相反的方向穿过滤布和麦糟层，充分洗出糟内麦汁。洗糟时间为 90～100min。洗糟结束，再通入压缩空气，充分挤出糟内吸附的残留麦汁，以提高浸出物收率。

(5) 排糟　打开压滤机，排出麦糟，洗涤滤布，装机待用。

(三) 快速渗出槽法

1. 快速渗出槽结构

快速渗出槽法国内啤酒厂很少使用。它是依赖于液柱正压和麦汁泵抽吸产生的局部负压之差进行麦汁过滤的方法。其结构如图 4-47 所示。

2. 操作方法

(1) 抽滤　先用泵把糖化醪泵入已用热水预热的渗出槽，醪液通过两个分配器均匀地分布在槽内，醪液在过滤管上形成滤层（图 4-48），当醪液没过过滤管后（图 4-49），开始用泵抽滤，开始流出的麦汁较浑浊，用泵泵回渗出槽，待麦汁澄清后，送入麦汁煮沸锅，抽滤时间长短与麦芽质量有关，约 15～20min。

(2) 洗糟　当糖化醪的液面下降到接近最上层过滤管的麦糟层时，用 75～78℃热水经分配器均匀地喷洒在麦糟层上，而后用泵抽滤，洗涤麦汁送入煮沸锅。洗糟时间约为 20min。

(3) 排糟　洗糟结束后，打开锥底下部的麦糟排出口，利用压缩空气和螺杆泵把麦糟送到贮槽，再用水清洗渗出槽。

快速渗出槽法过滤面积大，过滤压差大，过滤时间短，但麦汁澄清度差。

五、影响麦汁过滤的因素

影响麦汁过滤的因素有以下几点。

1. 醪液黏度

醪液黏度越大，过滤速度越慢。醪液黏度主要受麦汁中糊精含量及 β-葡聚糖分解程度等因素的影响。

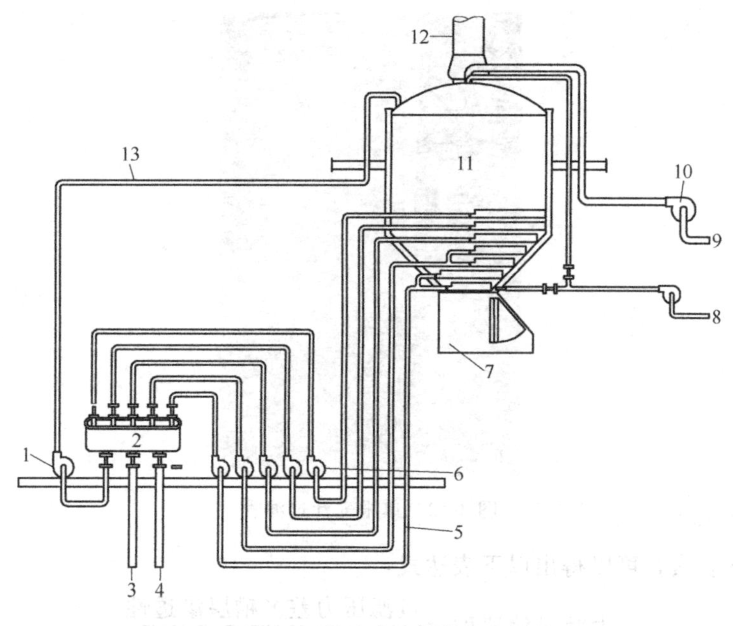

图 4-47　快速渗出槽结构图

1—循环泵；2—传输装置；3—排水；4—麦汁进煮沸锅；5—麦汁排出管；6—麦汁泵；7—废糟出口；8—洗糟水；9—糖化醪；10—糖化醪泵；11—快速渗出槽；12—排气筒；13—循环管

图 4-48　麦汁通过过滤管形成滤床

2. 滤层厚度

滤层厚度越大，过滤速度越小。糖化投料量、原辅料配比及粉碎度决定麦糟体积、麦糟厚度和糟层性质。

3. 滤层阻力

滤层阻力大，过滤慢。滤层阻力取决于麦皮形成的孔道直径的大小、孔道长度、孔道弯曲率及孔隙率。滤层阻力是由糟层厚度和糟层渗透性决定的。

4. 过滤压力

过滤压力与滤速成正比。

图 4-49 单根麦汁过滤管

综上所述各要素，可以得出以下表达式：

$$麦汁过滤速度=\frac{过滤压力差\times糟层渗透性}{滤层厚度\times醪液黏度}$$

第四节 麦汁煮沸与酒花添加

麦汁过滤结束应立即进行麦汁煮沸，并在煮沸过程中添加酒花。麦汁的煮沸是酿酒过程的一个关键环节，麦汁煮沸过程中会发生一系列复杂的化学反应，煮沸后，麦汁成分会发生显著变化，该变化将对清酒的特性起到决定性作用。煮沸前麦汁中固形物成分见表 4-13。

表 4-13 煮沸前麦汁中固形物成分

含量	主要成分	类 别	子 类 别
90%	碳水化合物	可发酵性糖类	葡萄糖、果糖、麦芽糖、麦芽三糖
		不可发酵的碳水化合物	糊精、β-葡聚糖
4%	氮化合物	蛋白质	氨基酸
		核酸	—
6%	其他化合物	维生素	生物素、肌醇、硫胺素、吡哆醇、烟酸
		油脂	脂肪酸
		矿物质	钠、钙氯化物、硫酸盐、铜、铁、锌、钾、磷酸盐、硝酸盐

一、麦汁煮沸的目的

（1）蒸发多余水分，使麦汁达到规定的浓度。

（2）抑制酶的活性，稳定麦汁组分。

（3）对麦汁进行灭菌，消灭麦汁中存在的各种微生物，保证最终产品的质量。

（4）浸出酒花中的有效成分，赋予麦汁独特的苦味和香味，提高麦汁的生物和非生物稳定性。

（5）凝聚蛋白质，析出某些受热变性以及与多酚物质结合而絮状沉淀的蛋白质，提高啤酒的非生物稳定性。

（6）降低麦汁 pH 值。

（7）形成麦汁色泽。

（8）蒸发出具有不良气味的挥发物。

（9）加入液体辅料。

二、麦汁煮沸过程中各种物质的变化

1. 蒸发多余水分，使麦汁达到规定的浓度

麦汁煮沸时，水分蒸发，麦汁的浓度随之升高。

过滤得到的头号麦汁和洗槽麦汁混合后，形成的混合麦汁，其浓度低于定型麦汁浓度1.0～1.5°P，通过煮沸使麦汁达到工艺规定的浓度。

2. 抑制酶的活性，稳定麦汁组分

传统麦汁煮沸是在100℃条件下进行的，在此温度下麦汁中酶将全部失活，从而固定麦汁成分。

3. 对麦汁进行灭菌，消灭麦汁中存在的各种微生物，保证最终产品的质量

麦汁富含各种营养成分，接近于（有害）细菌滋长的理想环境，这些细菌将导致啤酒变质并影响口味，通过煮沸可以杀灭麦汁中各种微生物。

4. 浸出酒花中的有效成分，赋予麦汁独特的苦味和香味，提高麦汁的生物和非生物稳定性

酒花的主要成分是酒花树脂、酒花油（精油）和多酚物质，以上成分主要包含于酒花腺体中，麦汁煮沸时，热量和剧烈的沸腾使酒花黄色腺体脱离原花，并溶于麦汁，从而使酒花主要成分进入麦汁。

（1）添加酒花的目

① 赋予啤酒特有的香味。酒花中的酒花油和酒花树脂在煮沸过程中经过复杂的变化以及不良的挥发性成分的蒸发，可赋予啤酒特有的香味。

② 赋予啤酒爽快的苦味。酒花中酒花树脂包含α-酸和β-酸，α-酸占干燥酒花球果质量的2%～16%，β-酸占干燥酒花球果质量的1%～10%，α-酸微溶于麦汁，浓度约为3mg/kg，β-酸几乎不溶于麦汁，因此，α-酸是啤酒苦味的主要来源。麦汁煮沸期间，α-酸经异构化转变成异α-酸（图4-50），异α-酸极易溶于麦汁（可高达120mg/kg），异α-酸比α-酸苦很多（约9倍），由α-酸形成的异α-酸是啤酒真正苦味来源的主要部分，异α-酸造就了成品

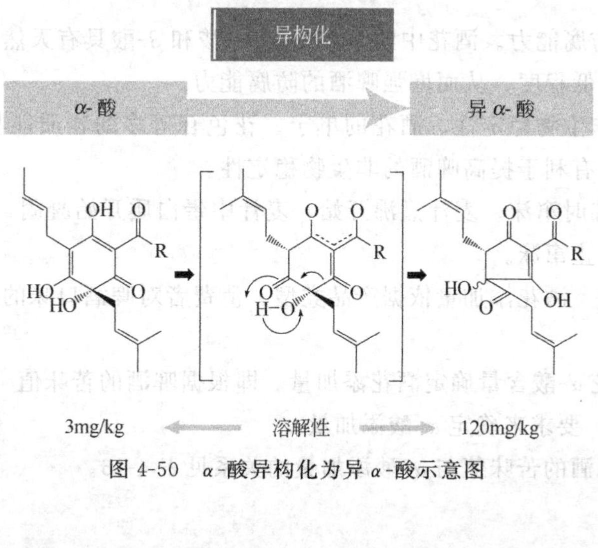

异构化

α-酸　→　异α-酸

3mg/kg　←　溶解性　→　120mg/kg

图4-50　α-酸异构化为异α-酸示意图

啤酒具有干净、爽口、转瞬即逝的苦味特性。

酒花利用率主要是以α-酸形成异α-酸的比率来衡量，如下式：

$$酒花利用率(\%)=\frac{异\alpha-酸量}{酒花\alpha-酸量}\times100\%$$

一般酒花利用率在20%～30%，低浓度麦汁比高浓度麦汁利用率高。为了改变α-酸的溶解度，通常将α-酸异构化后（即制成酒花制品），再用于啤酒酿造，较大地提高了酒花的利用率。

麦汁煮沸过程中添加酒花，有利于酒花中α-酸溶解并异构化为异α-酸，与其有关的因素主要有以下两点。

a. pH值为5.0～5.7最适宜异构化反应。α-酸的溶解度主要取决于麦汁的pH值，并且只有溶解的α-酸才可能发生异构反应。

由表4-14可以看出：麦汁pH值降低，α-酸溶解度下降，苦味物质异构率降低，生产中以pH值5.0～5.7为苦味物质异构化最适宜范围。

表4-14 麦汁pH值对α-酸异构的影响

项目	麦汁pH值				
	4.75	5.03	5.28	5.52	5.85
α-酸/(mg/L)	3.4	4.0	4.3	4.6	6.7
异α-酸/(mg/L)	28.9	33.1	34.0	36.5	39.5

b. 异α-酸的浓度与麦汁滞留在高温下的时间成正比，煮沸时间越长、沸腾越剧烈，异构率越高。

麦汁煮沸时间对α-酸的异构化起一定作用，见表4-15。通常情况下，α-酸异构率为15%～25%，若过度的煮沸和氧化将使α-软树脂和β-软树脂转化为硬树脂，会给啤酒带来不愉快的后苦味。

表4-15 煮沸时间对α-酸异构的影响

煮沸时间/min	5	15	30	45	60	120
异构率/%	3	12	25	33	41	42

③ 增加啤酒的防腐能力。酒花中的α-酸、异α-酸和β-酸具有天然的杀菌特性，能够将细菌的生长抑制在最低程度，从而增强啤酒的防腐能力。

④ 提高啤酒的非生物稳定性。酒花的单宁、花色苷等多酚物质能与麦汁中蛋白质形成复合物而沉淀出来，有利于提高啤酒的非生物稳定性。

⑤ 防止麦汁煮沸时窜沫。麦汁煮沸开始，麦汁中蛋白质开始凝固，此时麦汁极易起沫，加入少量酒花可以防止窜沫。

（2）酒花添加量　酒花添加量依据产品类型、消费者对啤酒口味的要求喜好以及酒花中α-酸含量来确定。

① 国际上以酒花α-酸含量确定酒花添加量。即根据啤酒的苦味值（以BU量化，1BU=1mg苦味质/L啤酒）要求来确定α-酸添加量。

德国不同类型啤酒的苦味值与α-酸添加量的关系见表4-16。

表 4-16　德国不同类型啤酒的苦味值与 α-酸添加量的关系

啤酒类型	α-酸添加量/(g/100L 啤酒)	啤酒苦味值/BU	啤酒类型	α-酸添加量/(g/100L 啤酒)	啤酒苦味值/BU
小麦啤酒	5.0～7.0	14～20	无醇啤酒	7.0～9.0	22～28
强啤酒	6.0～8.0	19～23	出口啤酒	7.5～11.0	10～22
三月啤酒	7.0～8.5	20～25	比尔森啤酒	10.0～16.0	28～40

② 传统啤酒酒花添加量通常以每吨啤酒所需添加的酒花量表示，生产 11～12°P 啤酒每吨加入压缩整酒花 1.5kg 左右（0.15%），啤酒的苦味值为 30～40BU。现广泛采用颗粒酒花，用量明显减少，一般用量为（0.5～0.6）kg/吨啤酒，啤酒苦味值为 25～30BU。

（3）酒花添加方法　颗粒酒花添加多为两次，第一次全量麦汁煮沸 20～30min 后加 70%，其主要原因是酒花中的单宁比大麦单宁活泼，煮沸后加酒花是使大麦单宁先与蛋白质作用，然后酒花中的单宁再与蛋白质作用形成复合物，这样可以充分利用麦汁中的单宁来凝固蛋白质，提高啤酒的非生物稳定性，第一次酒花加量较大，主要是 α-酸异构化。第二次煮沸结束前 10～20min 加 30%，此次加酒花是为了提高啤酒的酒花香气，一般最后一次多采用香型花。

当然有些啤酒厂采用三次酒花添加法，如全量麦汁煮沸时间为 90min，第一次全量麦汁煮沸 10～15min 后加总量的 5%～10%，为消除麦汁泡沫，第二次在麦汁煮沸 30～40min 加总量的 55%～60%，使一半以上酒花达到萃取异构化，第三次煮沸结束前 5～10min 加总量的 30%～35%，此次加酒花是为了提高啤酒的酒花香气。

酒花添加原则是应先加陈花，后加新花；先加苦型花，后加香型花。

5. 凝聚蛋白质，析出某些受热变性以及与多酚物质结合而絮状沉淀的蛋白质，提高啤酒的非生物稳定性

麦汁含有许多不同分子量的含氮化合物，如多肽、肽类、氨基酸等，一些高分子化合物（可凝固性氮）虽为水溶性，有一定的溶解度，但当 pH 值降低、受热、氧化、振荡等情况发生时，将会从啤酒中分离出来，这些物质如果没有去除，将会影响啤酒的口味和非生物稳定性。

（1）蛋白质的变性和絮凝　麦汁中的蛋白质在未煮沸前，外围包有水合层，具有胶体性质，处于稳定状态。当麦汁被煮沸时，由于沸点温度及 pH 值达到蛋白质等电点等原因，均使蛋白质外围失去了水合层，由有秩序状态变为无秩序状态，仅靠自身的电荷维持其不稳定的胶体状态，当带正电荷的蛋白质与带负电荷的蛋白质相遇时，两者发生聚合，先呈细粒而后随着煮沸的进行颗粒不断增大最后沉淀下来，使麦汁中的可凝固性氮析出。

（2）蛋白质-多酚复合物的形成　麦芽和酒花中的多酚是一种复杂的化合物类，它们带有负电荷，易于同蛋白质的正电荷（H－键）结合在一起，形成蛋白质-多酚复合物，该复合物在加热时不溶解，并且在麦汁煮沸时以凝固物的形式析出。

一般用麦汁中可凝固性氮含量来评价蛋白质凝聚的程度，可凝固性氮含量越低，蛋白质凝聚质量越好，反之则差。影响蛋白质凝聚的因素有以下几个方面。

① 煮沸温度。麦汁被加热的温度越高，蛋白质变性越充分，麦汁煮沸温度对蛋白质凝聚的影响见表 4-17。

表 4-17　麦汁煮沸温度对蛋白质凝聚的影响

煮沸温度/℃	106	108	110	112
可凝固性氮/(mg/100mL)12°P 麦汁	1.6	1.6	1.1	0.9

② 煮沸时间。煮沸时间延长，能促进蛋白质变性和凝聚，但过长的煮沸时间会导致已经絮凝的蛋白质重新被打碎而分散，使麦汁浑浊。一般在90min以内，可凝固性氮含量随着煮沸时间的延长明显减少。麦汁煮沸时间对蛋白质凝聚的影响见表4-18。

表4-18 麦汁煮沸时间对蛋白质凝聚的影响

煮沸时间/min	0	30	60	90	120
可凝固性氮/(mg/100mL)12°P麦汁	5.5	4.0	3.4	2.7	2.2

③ 煮沸强度。剧烈煮沸可以加剧蛋白质和多酚的接触凝聚而析出沉淀。麦汁煮沸强度对蛋白质凝聚的影响见表4-19。

表4-19 麦汁煮沸强度对蛋白质凝聚的影响

煮沸强度/%	4	6	8	10
可凝固性氮/(mg/100mL)12°P麦汁	3.2	2.6	2.1	1.7

④ pH值。煮沸时麦汁的pH值越接近蛋白质的等电点pH=5.2时，蛋白质与大麦多酚及酒花多酚就越易结合形成复合物而凝固析出，pH值对蛋白质凝聚的影响见表4-20。蛋白质凝固物形成的最佳pH值为5.2，因此应尽量降低pH值，较低的pH值增强蛋白质絮凝沉淀效果，增大絮凝物的大小，从而提高凝固物的沉淀效果。

表4-20 pH值对蛋白质凝聚的影响

项　目	pH=6.5	pH=6.0	pH=5.5	pH=5.2
可凝固性氮含量/(mg/L)	52	38	25	15
麦汁情况	极浑浊	浑浊	较清絮块	清絮状快

⑤ 酒花制品。酒花制品中的多酚物质较麦芽中的多酚物质更易与蛋白质结合形成复合物，因此，酒花中多酚物质含量高将有利于蛋白质的凝聚。

6. 降低麦汁pH值

由于酒花的溶解，温度升高使氢离子解离增加，pH值降低。

7. 形成麦汁色泽

麦汁煮沸中由于类黑素的形成及酒花多酚物质被氧化使麦汁色泽迅速增加，麦汁颜色与煮沸时间成正比。

8. 蒸发出具有不良气味的挥发物

麦汁和啤酒都不同程度地含有二甲基硫（DMS），DMS是一种易挥发的含硫化合物，它可给啤酒带来不愉快的口味和气味，啤酒中DMS含量过高往往被视为一种缺陷，因此，要尽可能去除啤酒中的DMS。DMS的口味阈值为50～60μg/L。DMS是通过麦芽中非活性的二甲基硫前体物*S*-甲基蛋氨酸（SMM）产生的，SMM本身具有相当高的阈值，因此对啤酒的口味并无直接影响。麦汁煮沸时*S*-甲基蛋氨酸分解成游离的二甲基硫，并随水分一起蒸发，麦汁煮沸时间越长、越剧烈，*S*-甲基蛋氨酸转变为二甲基硫后，被蒸发去除的量就越多。一般情况下，在80～90min的麦汁煮沸期间，*S*-甲基蛋氨酸可转化为二甲基硫并被蒸发掉。如果采用加压煮沸，煮沸时间还可以缩短。

S-甲基蛋氨酸转化为二甲基硫反应式如下：

$$\underset{\text{SMM}}{\mathrm{(CH_3)_2S{-}C{-}C{-}C(NH_2){-}C(=O)OH}} \xrightarrow{\text{加热}} \underset{\text{DMS}}{\mathrm{(CH_3)_2S}} + \underset{\text{高丝氨}}{\mathrm{H{-}C{-}C{-}C(NH_2){-}C(=O)OH}}$$

9. 加入液体辅料

对于某些啤酒配方，可以在煮沸锅中加入液体辅料（糖浆）。

三、麦汁煮沸方法

根据加热方式不同，麦汁煮沸方法主要有夹套式加热煮沸法、内加热式煮沸法、外加热式煮沸法，所用设备统称为煮沸锅（图 4-51）。

图 4-51　煮沸锅

1. 夹套式加热煮沸法

（1）夹套式加热煮沸锅结构　夹套式加热煮沸法所用设备是夹套式加热煮沸锅，它是一种老式煮沸锅，通常只供小型啤酒厂使用，传统夹套式煮沸锅采用紫铜板制成，近代多采用不锈钢材料制作，外形为立式圆柱形容器。其结构如图 4-52 所示。

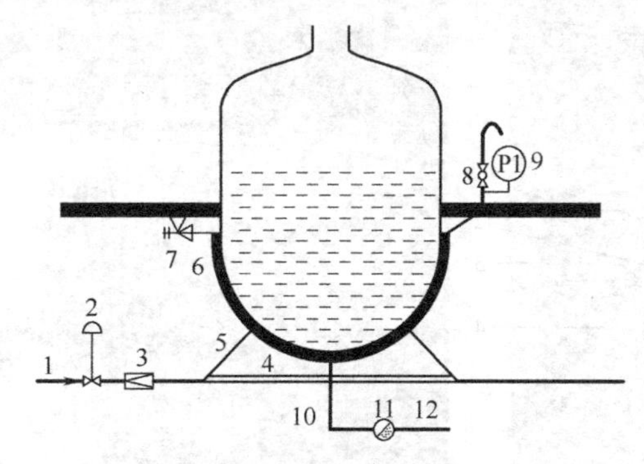

图 4-52　夹套式加热煮沸锅

1—蒸汽进口；2—蒸汽进口阀；3—减压阀；4—环管；5—夹套进管；6—夹套；7—安全阀；8—排气阀；9—压力表；10—冷凝水排管；11—疏水器；12—冷凝水排出管

（2）操作方法　在洗糟结束前约30min打开蒸汽阀使蒸汽进入锅底夹套，并进行间接加热使锅内麦汁升温至93℃，保持此温度不超过30min，洗糟结束后，立即加大蒸汽量，使混合麦汁沸腾，此时开始计时并检测麦汁浓度，计算定型麦汁产量，按照工艺要求准备酒花，并按时按量及时加入酒花。麦汁煮沸过程中必须始终保持强烈的对流状态，以使蛋白质充分凝固，同时防止泡沫溢出，以免造成生产事故。

夹套式加热煮沸法煮沸温度为100℃，煮沸时间一般为70～90min，具体时间应根据混合麦汁浓度及煮沸强度而定。

2. 内加热式煮沸法

（1）内加热式煮沸锅的结构　内加热式煮沸法是国内目前普遍采用的麦汁煮沸方法。内加热式煮沸法所用的设备为内加热式煮沸锅，内加热式煮沸锅锅内装有立式列管加热器，锅底为弧形或杯形。内加热式煮沸锅如图4-53所示，内加热器如图4-54所示，反射板如图4-55所示。

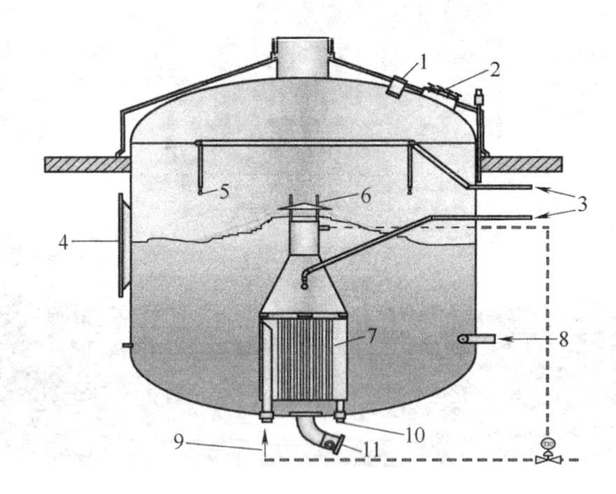

图4-53　内加热式煮沸锅

1—照明；2—人孔；3—CIP进口；4—视镜；5—清洗球；6—反射板；7—内加热器；8—麦汁入口；9—蒸汽进口；10—冷凝水进口；11—麦汁进口

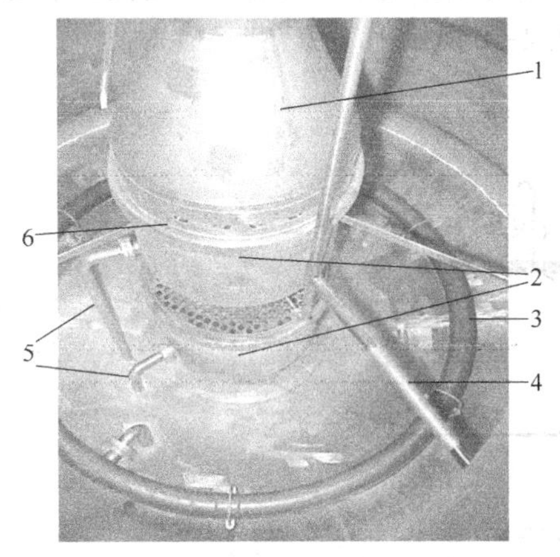

图4-54　内加热器

1—导流罩；2—上部加热器；3—蒸汽盘管；4—CIP冲洗；5—冷凝水管道；6—导流圈和侧口

图4-55　反射板

1—反射板；2—导流罩

（2）内加热式煮沸锅的工作原理　麦汁煮沸时，加热蒸汽在列管内流动，麦汁在列管间流动，通过热交换，麦汁被加热并沸腾，由于麦汁在锅内上下部温差较大，热麦汁随着水蒸气上升，冷麦汁下降，促使麦汁在锅内循环流动，提高了传热效果。内加热器上的反射板使上升的麦汁分配到四周，同时可以避免泡沫的形成，使麦汁均匀受热。内加热式煮沸锅的工作原理如图4-56所示。

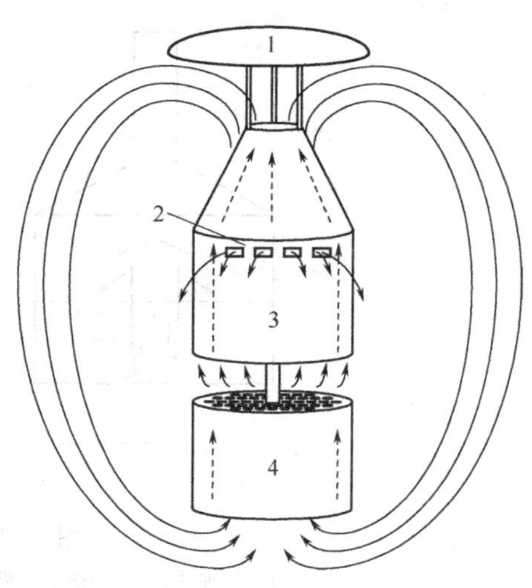

图4-56　内加热式煮沸锅的工作原理

1—反射板；2—导流圈和侧口；3—上部加热器；4—下部加热器

（3）操作方法　内加热式煮沸法分为常压煮沸和低压煮沸。常压煮沸是最常见的传统煮沸，低压煮沸是在0.11～0.12MPa的压力下进行煮沸，煮沸温度可达120℃，可加速蛋白质的凝聚和酒花苦味质的异构化，煮沸时间短，节省热能消耗。

① 常压煮沸操作。进锅麦汁在15～20min内温度从75℃升温至100℃，并在此温度下煮沸70～90min。

常压煮沸总煮沸时间约70～90min。

② 低压煮沸操作。

a. 进锅麦汁在15～20min内温度从75℃升温至100℃，并在此温度下煮沸10min左右。

b. 10～15min内将煮沸温度从100℃升温至102～104℃，并在此温度下煮沸15min。

c. 降压，在15min内将温度由102～104℃降至100℃。

d. 再升压，102～104℃下煮沸15min左右。

e. 蒸汽卸压，15min内降温至100℃，100℃煮沸约10min。

低压煮沸总煮沸时间约60～70min。

3. 外加热式煮沸法

外加热式煮沸法所用设备为外加热式煮沸锅（图4-57），外加热式煮沸锅的加热器独立安装在煮沸锅的外部，外加热器通常是由不锈钢板制成的列管式加热器，用泵把麦汁从煮沸锅中打出，通过加热器加热至102～110℃后，再泵回煮沸锅，可进行多次循环，以达到工艺规定麦汁浓度为准。

外加热式煮沸总煮沸时间约50～70min。

四、麦汁煮沸的技术条件

1. 麦汁煮沸时间

煮沸时间是指将混合麦汁蒸发、浓缩到要求的定型麦芽汁所需的时间。煮沸时间确定的依据是麦芽汁煮沸程度，即由混合麦汁浓度及最终麦汁浓度要求确定。

一般来讲煮沸时间短，不利于蛋白质的凝固和啤酒的稳定性，合理地延长煮沸时间，对蛋白质的凝固、α-酸的利用及还原物质的形成是有利的，过分地延长煮沸时间，会使麦芽汁质量下降，如会使淡色啤酒的麦芽汁色泽加深、苦味加重、泡沫不佳等，超过2h，还会使已凝固的蛋白质及其复合物被击碎进入麦芽汁而难以除去。

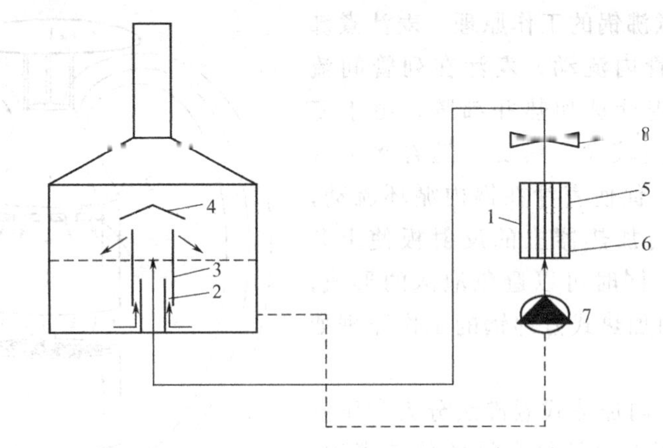

图 4-57 外加热式煮沸锅

1—外加热器；2—热麦汁管；3—套管；4—反射板；5—蒸汽进口；6—冷凝水出口；7—麦汁泵；8—调节阀

10～12°P 啤酒：常压煮沸通常为 70～120min，内加热或外加热煮沸为 60～80min。

2. 煮沸强度

煮沸强度是麦芽汁煮沸每小时蒸发水分的百分率。

$$煮沸强度=\frac{混合麦汁产量(L)-最终麦汁产量(L)}{混合麦汁产量(L)\times 煮沸时间(h)}\times 100\%$$

煮沸强度是影响蛋白质凝结情况的决定因素，对麦芽汁的清亮透明度和可凝固性氮有显著影响。其关系见表 4-21。

表 4-21 煮沸强度与凝固性氮含量的关系

煮沸强度/%	麦汁可凝固性氮/(mg/100mL)	煮沸麦汁外观情况
4～6	2.6～3.2	不清亮，蛋白质凝聚差
6～8	2.1～2.6	较清亮，蛋白质沉淀呈絮状
8～10	1.7～2.1	清亮透明，凝结物呈絮状，颗粒大，沉淀
10～12	1.5～1.7	清亮透明，凝结物多，颗粒大，沉淀快

煮沸强度越大，翻腾越强烈，蛋白质凝结的机会越多，越有利于蛋白质的变性而形成沉淀，煮沸结束要求最终麦芽汁清亮透明，蛋白质絮状凝结、颗粒大、沉淀快。煮沸强度一般控制在 10%～12%，可凝固性氮的含量达 1.5～2.0mg/100mL，即可满足工艺要求。煮沸强度的高低与煮沸锅的加热方式、加热面积、导热系数和蒸汽压力等密切相关。

3. pH 值

麦汁煮沸时的 pH 值取决于混合麦汁的 pH 值，通常为 5.2～5.6，最理想的 pH 值为 5.2，此时有利于蛋白质凝聚及蛋白质与多酚物质的凝结，从而降低麦芽汁色度，改善口味，提高啤酒的非生物稳定性。但会稍稍降低酒花的利用率。pH 值的调节可通过加酸或生物酸化进行处理。

4. 煮沸温度

煮沸温度高，煮沸强度大，利于蛋白质的凝固，同时可缩短煮沸时间，降低啤酒色泽，改善啤酒口味。

五、麦汁煮沸过程的质量检查

麦汁煮沸过程中应实时监管以下几个方面：

(1) 检查煮沸麦汁的pH值，一般应为5.2～5.6，蛋白质凝聚良好。

(2) 检查酒花质量，按时按量添加酒花，以保证酒花的添加效果。

(3) 检查调pH值用酸的质量，按时按量添加。

(4) 及时检测麦汁浓度，保证煮沸结束时定型麦汁浓度符合工艺要求。

(5) 检查、控制压力，保证煮沸效果。

(6) 检查煮沸麦汁质量，取一杯煮沸1h后的麦汁，迎光检视，麦汁应清亮透明，并很快有大片的絮状蛋白质凝固物沉于杯底。

第五节　麦汁后处理

煮沸结束后的定型热麦汁，在进入发酵前应尽快将麦汁中的热凝固物、冷凝固物进行分离，以得到澄清的麦汁，同时将麦汁冷却到工艺规定的发酵温度，冷却的同时要进行麦汁通风，为酵母繁殖提供足够的氧，以上操作过程称为麦汁后处理。麦汁后处理主要包括麦汁热凝固物的分离、麦汁冷却、冷凝固物的分离、充氧等步骤。

麦汁后处理的目的是：析出和分离麦汁中可引起啤酒非生物浑浊的的冷、热凝固物，以利于发酵和提高啤酒的非生物稳定性。降低麦汁温度，使之达到适合酵母发酵的温度。麦汁处于高温时尽可能减少接触空气，防止氧化，麦汁冷却后发酵前，根据麦汁进罐时间，必须向麦汁中充入一定的氧，使麦汁溶解氧达到8～12mg/L，以利于酵母繁殖为酵母发酵做准备。

麦汁后处理的要求是：麦汁后处理过程尽量短，各工序要杜绝微生物污染且不浑浊，沉淀及冷却损失小，减少麦汁的氧化。

麦汁处理因使用设备和要求不同，采用的麦汁后处理主要工艺流程如下。

(1) 国内目前采用较多的流程

热麦汁→泵→回旋沉淀槽→薄板冷却器→通风→发酵
（回旋沉淀槽↓酒花槽＋热凝固物；无菌空气↑通风）

(2) 离心机法

热麦汁→中间沉淀槽→泵→离心机→薄板冷却器→通风→发酵
（中间沉淀槽↓酒花槽＋少量热凝固物；离心机↓热凝固物；无菌空气↑通风）

(3) 硅藻土过滤机法

热麦汁→泵→回旋沉淀槽→薄板冷却器→硅藻土过滤→通风→发酵
（无菌空气↓通风；回旋沉淀槽↓酒花槽＋热凝固物；硅藻土过滤↓废硅藻土＋冷凝固物）

一、热凝固物的分离

热凝固物又称煮沸凝固物或粗凝固物，它是在麦汁煮沸过程中由于蛋白质变性凝聚以及蛋白质与麦汁中的多酚物质聚合而形成，同时吸附了部分酒花树脂。热凝固物是煮沸后的麦汁冷却至60℃以前析出的凝固物，其析出量（湿热凝固物量）为麦汁量的0.3%～0.7%，每立方米麦汁可得绝干热凝固物为0.5～1.0kg，这种热凝固物最小颗粒为30～80μm，随着煮沸絮凝，可形成肉眼可见的几毫米大小的絮状物或颗粒。

(一) 热凝固物的主要成分（以干物质计）

热凝固物的主要成分见表 4-22。

表 4-22 热凝固物的主要成分（以干物质计）

成分	蛋白质	酒花树脂	灰分	多酚等其他有机物
含量/%	50～60	16～20	2～3	20～30

(二) 热凝固物分离的意义

热凝固物清除不彻底会引发许多问题：

(1) 如果麦汁中存在热凝固物，发酵时热凝固物会吸附大量活性酵母，导致发酵不正常。

(2) 热凝固物会在发酵中被分散，最终带到啤酒中，过早出现蛋白质浑浊，影响啤酒的非生物稳定性。

(3) 增加过滤机负荷。

(4) 清酒中出现苦味。

(三) 热凝固物分离方法

热凝固物的分离，传统采用自然沉降法，即冷却盘法或沉淀槽法；近代采用回旋沉淀槽法、离心分离机法和硅藻土过滤法，其中回旋沉淀槽法是最有成效的方法，现在被广泛采用。

1. 回旋沉淀槽结构

回旋沉淀槽是最常用的热凝固物分离设备，与其他分离设备相比，它的分离效果更佳。回旋沉淀槽是立式柱形槽，槽底有平底、杯底或锥底，应用最多的是平底。其结构见图 4-58，其主要结构参数如下：

(1) 回旋沉淀槽直径与麦汁液位高之比为 (2～3)∶1，麦汁液位高度不超过 3m。

(2) 麦汁进槽切线速度 10～20m/s。

(3) 平底槽槽底斜度为 1%～2%。

(4) 麦汁进口有两个，一个在槽底部（以避免氧的吸入），另一个在距槽底 1/3 处。

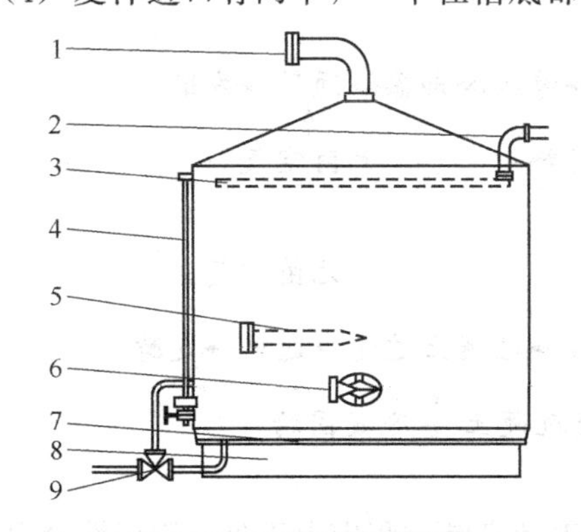

图 4-58 回旋沉淀槽结构

1—排气筒；2—洗涤水进口；3—喷水环管及喷嘴；4—液位指示管；5—麦汁切线进口；6—人孔；7—底座水防护圈；8—底座；9—麦汁及废水排出阀

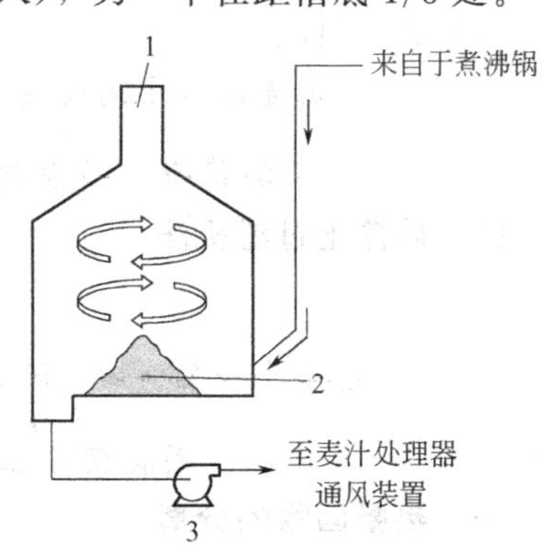

图 4-59 回旋沉淀槽的工作原理

1—排气口；2—凝固物；3—麦汁泵

(5) 麦汁出口有三个，上部出口在麦汁高度的2/3处，中部出口位于低于上部出口以下20cm处，下部出口在槽底处（要求排麦汁时流速要慢要稳，否则会将热凝固物带走）。

2. 回旋沉淀槽的工作原理

热麦汁沿槽壁以切线方向泵入槽内，在槽内形成回旋运动产生离心力，在离心力作用下，热凝固物从麦汁中被甩出并迅速下沉至槽底中心，并在罐底中部形成“锥状”或堆状凝固物，分离结束后，麦汁从麦汁出口排出，热凝固物则从罐底出口排出（图4-59）。

3. 回旋沉淀槽的操作方法

(1) 进罐　热麦汁以不低于10m/s的速度沿切线方向泵入回旋沉淀槽，为减少吸氧，先从底部进口进料，当液位至侧面进口处时改为侧面进料，时间为20～30min。

(2) 静置　热凝固物静置沉降，时间为30～40min。

(3) 出罐　静置结束后，将麦汁按最上部出口→中部出口→下部出口顺序泵入冷却器，时间为30～40min。

(4) 排除热凝固物　用水冲洗槽底热凝固物入凝固物回收罐，时间为20～30min。

(5) 清洗　CIP系统清洗回旋沉淀槽。

二、麦汁冷却

利用回旋沉淀槽分离出热凝固物后，回旋沉淀槽中的麦汁温度约95～98℃，此温度足可以立即杀死酵母，因此，添加酵母前必须将麦汁冷却到工艺要求发酵温度，以供发酵。

麦汁冷却方法传统上采用喷淋冷却法，现主要采用薄板冷却器。

1. 薄板冷却器结构

如图4-60所示，薄板冷却器是由许多片两面带沟纹的不锈钢板组成，两块一组，作为基本单元，沟纹板中间用橡胶垫圈密封以防止液体泄漏，各板角上均有孔道，形成麦汁和冷却介质通道，沟纹板悬挂在支撑轴上，并相互压紧，成为一体。沟纹板结构如图4-61所示。

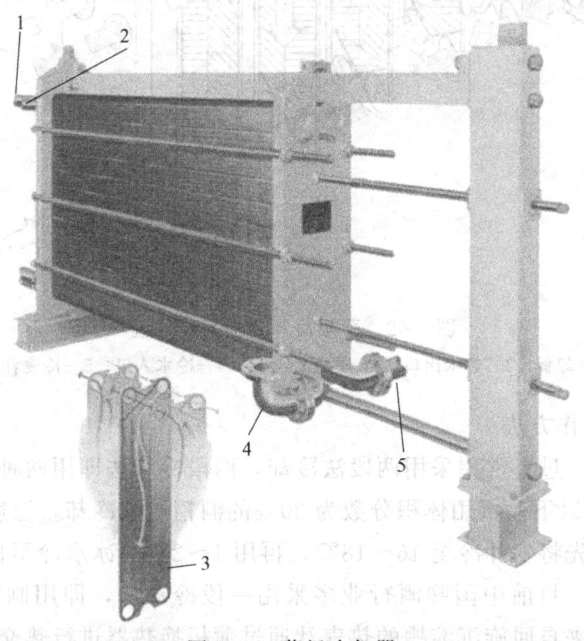

图4-60　薄板冷却器

1—热麦汁入口；2—热水出口；3—冷却器板；4—冷水入口；5—冷麦汁出口

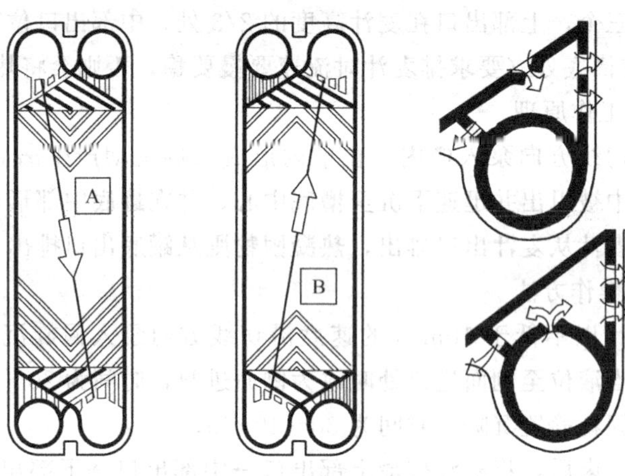

图 4-61　沟纹板结构

2．薄板冷却器的工作原理

如图 4-62 所示，麦汁和冷却介质通过泵打入薄板冷却器，由于冷却板面为沟纹，所以板两侧的液体将以湍流形式在同一块板的两侧沟纹逆流流动同时进行热交换，麦汁达到发酵工艺要求温度流出。

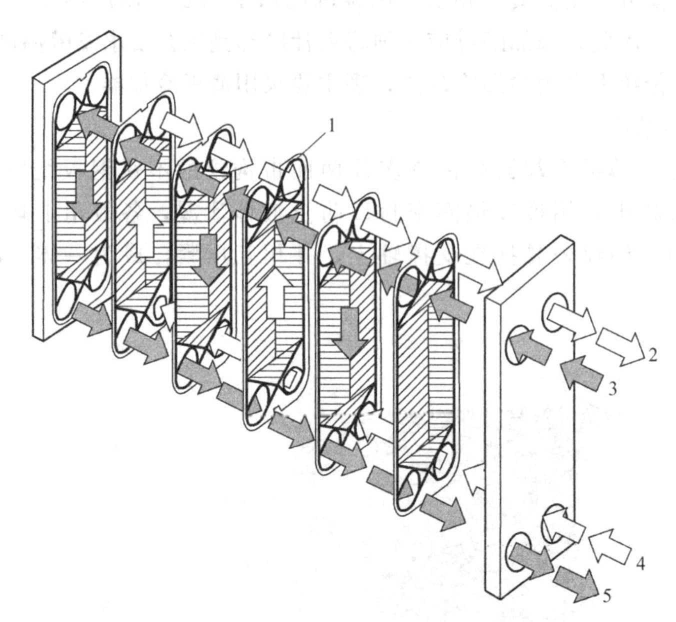

图 4-62　薄板冷却器的工作原理

1—冷却板；2—热水出口；3—热麦汁入口；4—冷水入口；5—冷麦汁出口

3．薄板冷却器操作方法

（1）两段冷却法　过去常用采用两段法冷却，两段冷却法即用两种冷媒，先用自来水冷却，水温要求在 20℃以下，再用体积分数为 20％的酒精溶液冷却，温度要求在－4～－3℃。也可用低温生产用水先将麦汁冷至 16～18℃，再用 1～2℃的冰水冷至接种温度。

（2）一段冷却法　目前中国啤酒行业多采用一段冷却法，即用制冷机先将酿造水冷至 3～4℃作为冷媒，与来自回旋沉淀槽的热麦汁通过薄板换热器进行热交换，结果麦汁温度由 95～98℃冷却至接种温度，而水温升至 75～80℃，进入热水箱，用作糖化用水。其优点是冷耗可节约30%左右，冷却水可回收使用，节省能源。

冷却水可自动调整，以调节薄板冷却器的麦汁出口温度。

三、麦汁充氧

麦汁在高温下接触氧，氧很少以溶解形式存在，而是和麦汁中的糖类、蛋白质、酒花树脂、多酚等发生氧化反应，将导致麦汁色泽加深，同时会影响啤酒的抗氧化性；麦汁冷却至发酵接种温度后通氧，此时氧与以上物质的反应微弱，氧在麦汁中呈溶解状态，溶解状态的氧是酵母发酵前期进行繁殖的必要条件。因此，国内多数啤酒厂都采取麦汁冷却后充氧。一般麦汁含氧量要求为8～12mg/L。

1. 麦汁充氧的目的

（1）麦汁中适度的溶解氧有利于酵母的生长和繁殖。

（2）可去除不需要的挥发物（主要是DMS）。

2. 与麦汁中氧溶解有关的因素

（1）麦汁中氧的分压　氧在麦汁中的溶解度和麦汁中氧的分压成正比。

（2）麦汁温度　氧在麦汁中的溶解度与麦汁温度成反比。

（3）浸出物浓度　氧在麦汁中的溶解度与麦汁中浸出物浓度成反比。

在麦汁浓度及通氧压力一定的情况下，氧在麦汁中的溶解度将随着麦汁温度的降低而增大。不同温度下的麦汁溶解氧见表4-23。

表4-23　不同温度下的麦汁溶解氧

温度/℃	0	5	10	15	20
溶解氧/(mg/L)	11.6	10.4	9.3	8.3	7.4

3. 麦汁充氧方法

只有极少数快速发酵法啤酒厂采用纯氧通入麦汁，绝大多数啤酒厂采用无菌压缩空气通风，是在冷却麦汁的输送路程中通过文丘里管或气流混合器在线上通风充氧，如图4-63所示。

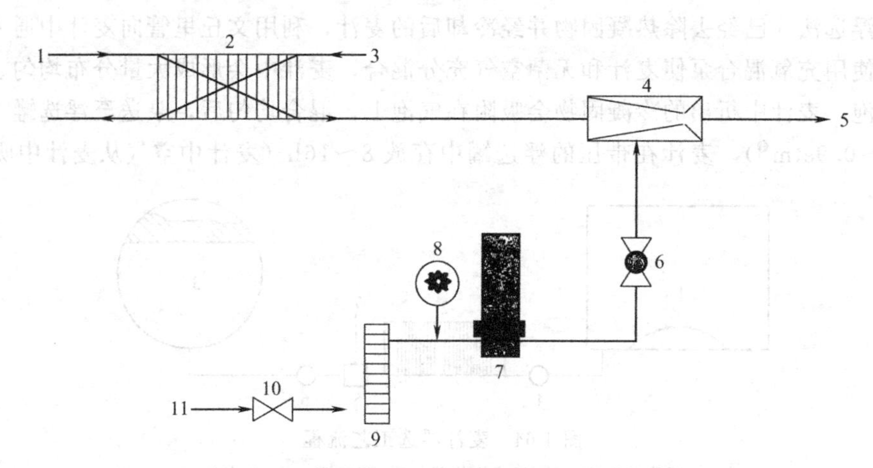

图4-63　麦汁冷却充氧工艺

1—热麦汁；2—板式换热器；3—冰水；4—麦汁充氧器；5—送至发酵；6—止回阀；7—空气过滤器；8—压力表；9—空气流量计；10—减压阀；11—压缩空气

通风装置一般都安装在薄板换热器冷麦汁出口后，压缩空气减压后，经空气流量计和空气过滤器后进入麦汁充氧器，使麦汁与空气充分混合，然后进入发酵罐。

四、冷凝固物的分离

冷凝固物是分离热凝固物后澄清的麦汁继续冷却到60℃以下时随着冷却的进行，蛋白质出现的第二次凝结物，也称为“冷淀物”。它也是以蛋白质和多酚复合物为主的凝固物。冷凝固物颗粒直径仅为0.1～1.0μm，所以冷凝固物又称细凝固物。由冷凝固物造成的浑浊呈胶体浑浊，如雾状。

1. 冷凝固物的主要成分（以干物质计）

冷凝固物的主要成分见表4-24。

表4-24 冷凝固物的主要成分（以干物质计）

成分	多肽	多酚	多糖	灰分
含量/%	45～65	30～45	2～4	1～3

2. 冷凝固物分离的目的

（1）冷凝固物比在麦汁煮沸过程中形成的热凝固物微粒小得多，而且若把冷却后麦汁重新加热到60℃以上，麦汁又恢复澄清透明，因此，此浑浊是可逆的。如果不除去这些蛋白质，它们会引发啤酒浑浊和啤酒风味问题。

（2）冷凝固物也会使啤酒产生令人不快的苦味，因此麦汁在冷却后应使其沉淀并分离除去。

3. 冷凝固物的分离方法

冷凝固物的分离方法有酵母繁殖罐（槽）法、锥形发酵罐分离法、浮选法、离心分离法和麦汁过滤法。现主要采用锥形发酵罐分离法和浮选法。

（1）锥形发酵罐分离法　锥形发酵罐分离法是将冷麦汁泵入锥形发酵罐加酵母发酵，满罐24h后，从锥底排放冷凝固物和部分酵母，以后还要定时排放。麦汁在发酵罐中停留时，冷凝固物会自然下降，冷凝固物的析出温度较低，通常要在－5℃时全部析出，而啤酒的冰点仅为－1.8℃左右，因此，在发酵期间定期排放冷凝固物，有利于提高啤酒的非生物稳定性。

（2）浮选法　已经去除热凝固物并经冷却后的麦汁，利用文丘里管向麦汁中通入无菌空气，同时使用充氧混合泵使麦汁和无菌空气充分混合，麦汁中会形成大量分布均匀、极其细密的小气泡，麦汁中析出的冷凝固物会吸附在气泡上，混合均匀后，泵送至浮选罐（罐内背压约0.5～0.9atm[1]），麦汁在带压的浮选罐中存放8～16h（麦汁中空气从麦汁中吸附冷凝

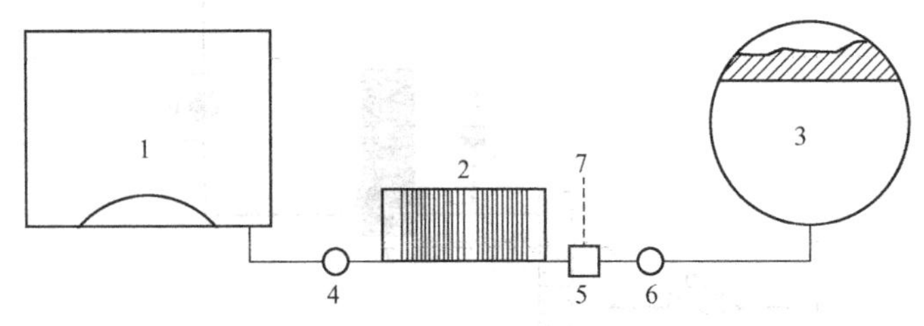

图4-64 麦汁浮选工艺流程

1—回旋沉淀槽；2—板式换热器；3—浮选罐；4—热麦汁泵；
5—充氧器；6—冷麦汁泵；7—无菌空气

[1] 1atm＝101325Pa。

固物逸散到麦汁表面所需时间)，空气微小气泡从麦汁中溢出时，冷凝固物被吸附在细密气泡表面，形成泡沫，聚集在麦汁表面，用撇沫法或放出麦汁将泡沫留在罐内法，使冷凝固物从麦汁中分离。浮选法可去除50%～70%的冷凝固物，有利于啤酒过滤。

浮选法工艺流程如图4-64所示。

第六节　麦汁质量标准

经加酒花煮沸、麦汁定型并分离凝固物后的麦汁，因原料质量、配料以及制造啤酒类型不同，所得麦汁质量会有较大的不同，但也有共性之处。

一、麦汁感官指标

1. 外观

透明、带有少量的棕色凝固物。

2. 气味

甜香、麦芽香、酒花香、浓色麦汁有煳香味。

3. 口味

麦芽的香甜味，饮后有明显苦味。

二、麦汁化学组成

麦汁组成见表4-25，麦汁中的含氮化合物见表4-26。

表4-25　麦汁组成

成分	糖类		含氮化合物	矿物质	其他
	可发酵性糖	非发酵性糖			
含量/%	70～75	15～25	3.5～5.5	1.0～2.5	1.0

表4-26　麦汁中的含氮化合物

成分	含氮化合物	蛋白质氮	多肽氮	α-氨基氮	氨基酸	脯氨酸	核苷类氮
含量/(mg/L)	800～1200	300	300	200	1300	300	70～100

三、麦汁理化指标

麦汁理化指标见表4-27。

表4-27　麦汁理化指标

项目	10°P	10.5°P	11°P	12°P	13°P
麦芽汁浓度/°P	10±0.3	10.5±0.3	11±0.3	12±0.3	13±0.3
色度/EBC单位	5.0～8.0	5.0～8.0	5.0～8.5	5.0～9.0	15～50
pH值	5.2～5.4				
总酸/(mL/100mL)　≤	1.8				
α-氨基氮/(mg/L)	160	160 180	160 180	180	190
最终发酵度/%　≥	75～82	75～85	78～85	63～75	
麦芽糖/%　≥	7.5～8.2		8.5～9.0	9.0～9.6	
苦味质/BU	25～32		25～35	25～38	

第七节　麦汁浸出物收得率及影响因素

一、麦汁浸出物收得率

每100kg原料糖化的麦汁中，获得浸出物的百分数，即为麦汁浸出物收得率。麦汁浸出物收得率可根据下式计算：

$$E=\frac{0.96Vw_{p}d}{m}\times 100\%$$

式中　E——麦汁浸出物收得率，%；

V——定型麦汁最终体积，L；

w_{p}——麦汁在20℃时的糖度表（plato）浓度，%；

d——麦汁在20℃时的相对密度；

m——投料量，kg；

0.96——常数，100℃麦汁冷却到20℃时的容积修正系数。

二、原料利用率

原料利用率是用来评价糖化收得率的一种方法，一般应保持在98.0%～99.5%。可用下式计算：

$$M=\frac{E}{E_{1}}\times 100\%$$

式中　M——原料利用率，%；

E——糖化浸出物收得率，%；

E_{1}——实验室标准协定法麦汁的浸出物收得率，%。

三、影响糖化麦芽汁收得率的因素

1. 麦芽水分含量

麦芽水分含量高，干物质含量则少，浸出物收得率低，麦汁收得率降低。

2. 麦芽蛋白质含量

麦芽蛋白质含量高，麦芽溶解不良，麦汁收得率降低。

3. 麦芽粉碎度

麦芽粉碎不当，会影响麦芽的分解和麦汁的过滤，导致收得率下降。

4. 糖化方法

糖化温度高，糖化时间短等，会导致麦芽的有效成分分解不完全，糖化收得率降低。

5. 麦汁过滤

麦汁过滤操作不当会使过滤和洗槽发生困难，导致槽层中残留浸出物较多，糖化收得率下降。

思　考　题

1. 什么是麦汁制备？简述麦汁制备的工艺流程。
2. 麦芽干粉碎时，如何检验粉碎度？
3. 糊化过程加麦芽粉或酶制剂的作用是什么？

4. 简述如何确定糖化原料的加水比。
5. 简述糖化过程添加石膏或氯化钙的作用。
6. 分析说明糊化和糖化过程中如遇停电，应如何处理？
7. 糖化过程中应做哪些检查？
8. 简述过滤速度的要求。
9. 简述采用过滤槽法过滤时，影响麦汁过滤速度的因素。
10. 麦汁过滤过程要做哪些质量检查？
11. 说明麦汁煮沸的目的。
12. 简述麦汁煮沸时影响蛋白质变性凝固的因素。
13. 麦汁煮沸过程要做哪些质量检查？
14. 麦汁冷却的目的是什么？
15. 简述热凝固物、冷凝固物的主要区别。
16. 简述麦汁充氧的目的及主要方法。
17. 根据所学知识，设计一种啤酒生产之麦汁制备的工艺流程，并注明工艺条件。

第五章　啤酒发酵技术

学习目标

- 了解啤酒酵母的扩大培养理论。
- 掌握啤酒发酵过程中各种物质变化的机理、啤酒发酵设备结构及工作原理、啤酒发酵工艺流程。
- 熟悉啤酒发酵过程操作要点，啤酒发酵过程中的异常现象及排除方法。

第一节　啤酒酵母

一、啤酒酵母的种类与特性

（一）上面啤酒酵母和下面啤酒酵母

根据酵母在啤酒发酵液中的存在状态不同，啤酒酵母可分为上面啤酒酵母和下面啤酒酵母。凡是在发酵时，酵母悬浮在发酵液内，发酵终了，酵母很快凝结成块并沉积在器底，形成紧密的沉淀，这种啤酒酵母称为下面啤酒酵母。目前中国生产的啤酒大多使用此类酵母。

上面啤酒酵母是在发酵时随 CO_2 漂浮在液面上，发酵终了形成酵母泡盖，经长时间放置，酵母也很少下沉。

上面啤酒酵母和下面啤酒酵母性能的区别见表 5-1。

表 5-1　上面啤酒酵母和下面啤酒酵母性能的区别

性　能	上面啤酒酵母	下面啤酒酵母
发酵液中物理现象	酵母悬浮在液面,发酵终了形成泡盖,很少下沉	发酵终了,大部分酵母凝聚而沉淀至器底
细胞形态	圆球形,多数细胞集结在一起	卵圆形,细胞分散
芽孢分枝	具有规则的芽孢分枝	芽孢分枝不规则,易分离
对棉籽糖发酵	只发酵 1/3	全部发酵
辅酶浸出	酵母干燥后,用水浸洗辅酶不被浸出	容易被水浸出
凝聚性	一般较差	一般较强
啤酒发酵温度	10～25℃	5～10℃
真正发酵度	较高(60%～65%)	较低(55%～60%)

这两种酵母的特性差异，大多数仅具有相对意义。在培养基组分、培养条件发生变化时，特性也经常发生变化。其中对棉籽糖的发酵是特异的，是两种酵母鉴别的主要特征。上面啤酒酵母细胞内仅有转化酶，所以只能发酵 1/3 的棉籽糖，下面啤酒酵母有转化酶和蜜二糖酶，所以能全部发酵棉籽糖。

上面啤酒酵母比下面啤酒酵母有较高的呼吸活性。下面啤酒酵母能产生较多的硫化氢，特别是高温下发酵。下面啤酒酵母具有形成磷酸甘油醛的能力，而上面啤酒酵母不能形成。上面啤酒酵母为了生存，能利用乙醇。上面啤酒酵母和下面啤酒酵母在细胞壁组成中有明显的差别。

两种酵母形成两种不同的发酵方式，即上面发酵和下面发酵，酿制出两种不同类型的啤酒，即上面发酵啤酒和下面发酵啤酒。

（二）凝聚性酵母和粉末性酵母

凝聚性是啤酒酵母的重要特性之一，根据凝聚性强弱啤酒酵母可分为凝聚性酵母和粉末性酵母。

啤酒发酵接近结束时，啤酒酵母细胞互相凝聚形成菌团，开始很小，很快就凝聚成肉眼可见的大块，这一特性称为酵母的凝聚性，多数下面啤酒酵母均有此特性，但菌株不同，其凝聚力（凝聚趋势和凝聚速度）也不一致，凡是容易发生凝聚的酵母均称为凝聚性酵母，反之不易凝聚，细胞间较分散，不易沉淀的酵母称作粉末性酵母。凝聚性下面酵母，在发酵接近结束时，很快凝聚成团并沉淀，发酵液澄清很快，由于大量酵母沉淀，使之发酵率较低，粉末性下面酵母与此相反，发酵接近结束时，酵母依旧长期漂浮在液体中，很难下沉，发酵液不易澄清，但发酵度比较高。

酵母的凝聚性与酵母的生理特性、特别是与酵母细胞壁结构有关，也和酵母的营养状态、麦芽汁的组成成分、酵母的生长条件等有关。也就是说酵母的凝聚性是酵母生理特性和环境因素共同影响而产生的，在外界因素或酵母生理发生变化时，凝聚性酵母可以降低凝聚力或变成粉末性酵母，反之粉末性酵母也会变成凝聚性酵母。

在啤酒发酵旺盛时，凝聚性酵母不发生凝聚，其原因是：由于发酵液释放出 CO_2 强烈搅拌，使得酵母处于急速运动状态，同时由于酵母细胞带有相同的电荷，互相排斥，所以不凝聚，在发酵结束时，释放出的 CO_2 大大减少，酵母在液体中所受的冲击运动也趋于停止，发酵代谢产物（CO_2 和有机酸等）使啤酒的 pH 值降低至 4.3～4.7，此 pH 值接近酵母细胞蛋白质的等电点，所以酵母细胞带电也趋于零或小到不能使细胞互相排斥分开，此时凝聚性酵母细胞间发生凝聚。

二、啤酒酵母的扩大培养

（一）啤酒酵母扩大培养基础理论

1. 啤酒酵母的形态及结构

啤酒酵母呈圆形或卵圆形，细胞平均直径为 4～5μm，在固定培养基上，菌落呈乳白色，不透明，有光泽，菌落表面光滑，湿润边缘整齐。

啤酒酵母细胞的结构如图 5-1 所示，啤酒酵母细胞主要由细胞壁、细胞膜、细胞核、液泡、糖原颗粒、线粒体等构成。

2. 啤酒酵母的繁殖方式

酵母的繁殖有无性繁殖和有性繁殖两种，如图 5-2 所示。

（1）无性繁殖　啤酒酵母的繁殖主要以无性繁殖，即出芽方式为主。芽殖过程是在母细胞表面长出芽孢，细胞核分裂为两个子核，其中一个随母细胞的细胞质进入芽孢。当芽孢长到与母细胞大小相仿时，便脱落为独立的子细胞。

（2）有性繁殖　酵母菌以子囊孢子的形式进行有性繁殖，繁殖过程是两个细胞结合，进行质配、核配、出芽、减数分裂形成子囊细胞，再出芽，称为双倍体细胞。一般野生酵母易形成孢子，以此作为检查是否污染了野生酵母的方法。

3. 啤酒酵母的化学成分及生长所需的营养物质

啤酒酵母的主要化学成分有水分占 75%～85%、干物质占 15%～25%，干物质主要由碳、氢、氧、氮和少量矿物质组成，其中碳占 49.8%，氢占 6.17%，氧占 31.1%，氮占

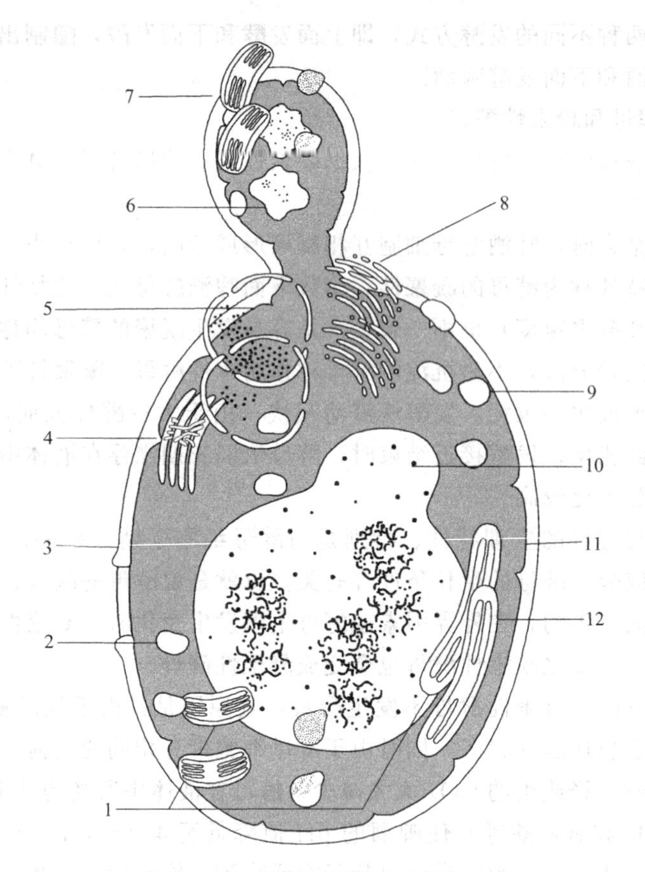

图 5-1 啤酒酵母细胞的结构

1—线粒体；2—脂质体；3—芽痕；4—内质网；5—细胞核；6—细胞质；7—芽；8—高尔基体；9—糖原颗粒；10—液泡；11—细胞壁；12—细胞膜

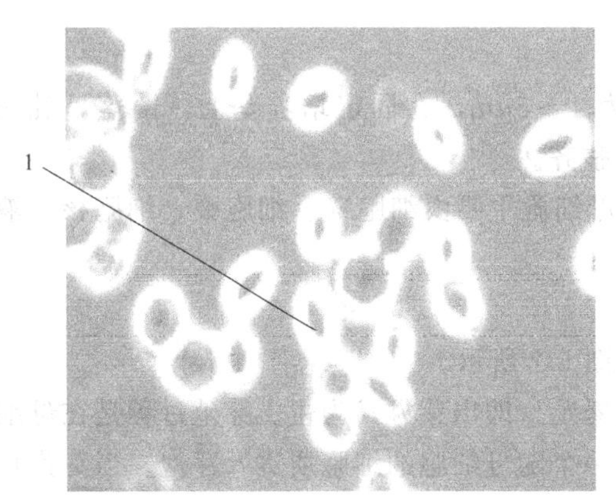

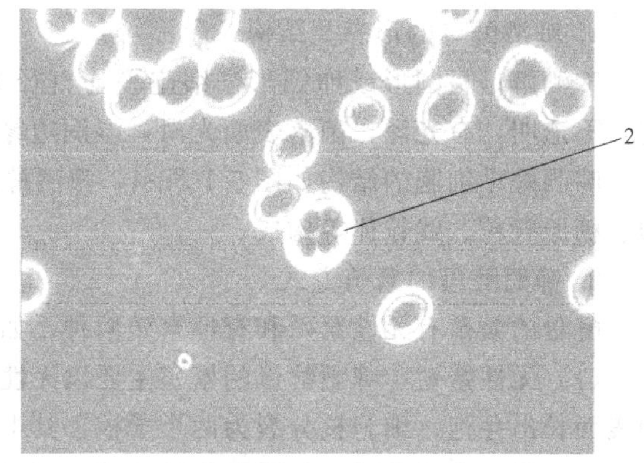

图 5-2 酵母的繁殖方法

1—无性繁殖；2—有性繁殖

12.7%，这些元素组成了酵母细胞内各种有机物质和无机物质。

啤酒酵母生长需要的营养物质主要有水、碳水化合物（主要来自于麦汁）、含氮化合物（氨基酸为氮源）、生长素、矿物质等。

4. 啤酒酵母的生长繁殖

啤酒酵母的生长繁殖经历六个阶段，如图5-3所示。

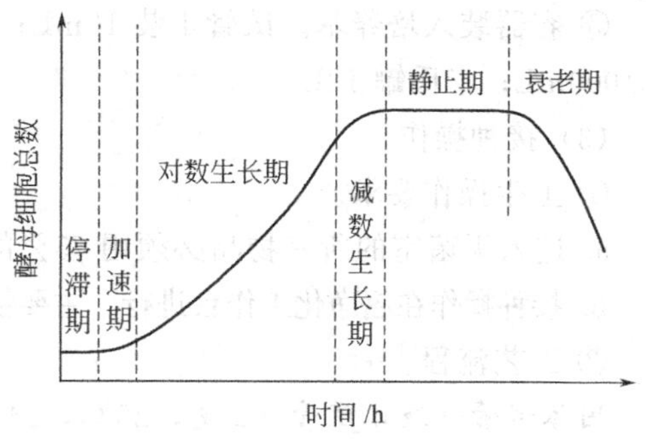

图5-3　酵母的生长繁殖过程

（1）停滞期　此阶段细胞代谢逐渐旺盛，细胞贮藏物质降解，各种酶的含量提高。

此阶段时间的长短与接种细胞的老幼及麦汁成分有关。老细胞停滞期长，幼细胞则短；麦汁营养好停滞期短，反之则长。扩大培养啤酒酵母希望停滞期短，它不但缩短整个培养周期，也可减少污染机会。

（2）加速期　酵母增长速度加快，酵母总数迅速增加。

（3）对数生长期　酵母生长最旺盛的时期，也是最佳的酵母转接时间。此时，虽然酵母总数没有达到最高点，但出芽率最高，死亡率最低，此时转接有最短的停滞期，并且酵母能以最大速度增长。

（4）减数生长期　酵母增长速度降低，但总数仍在增加。

（5）静止期　新细胞的增加数和老细胞的死亡数几乎一样。

（6）衰老期　酵母死亡数已经超过新细胞的产生数，活细胞总数减少。

5. 啤酒酵母的扩大培养

啤酒酵母扩大培养的目的是为了得到足够量的、具有良好活性的酵母进行发酵，同时为保持每批生产的啤酒风味一致，酵母扩大培养的比例一般为4～10倍，生产中需根据酵母的品种以及麦汁中酵母繁殖所需营养成分的含量来确定酵母扩大培养的比例。

（二）啤酒酵母扩大培养生产操作规程

1. 啤酒酵母扩大培养工艺

固体试管→液体试管25℃，24h→液体试管23℃，24h→小三角瓶21℃，24h→大三角瓶19℃，24h→卡氏罐17℃，24h→$0.3m^3$培养罐15℃，24h→$3m^3$培养罐13℃，24h→$10m^3$培养罐11℃，24h→发酵罐

2. 实验室扩大培养阶段

（1）准备阶段

① 实验室卫生。每半年用硫黄熏蒸一次实验室，具体操作是按照实验室大小称取硫黄$20g/m^3$放在容器中，加酒精点燃，同时关好门窗。

② 无菌室卫生。每两个月按①方法对无菌室进行灭菌一次，进入无菌室前将无菌室内空气用紫外灯灭菌20min。

③ 器皿的消毒灭菌。先用消毒液浸泡洗涤，再用自来水和蒸馏水依次冲净，然后160℃干热灭菌1h，备用。

④ 操作人员卫生。操作人员在操作前要用75%的酒精擦手，操作工作服使用前用紫外灯消毒20min。

（2）培养基的制备

① 培养基组成。使用糖化头道麦汁，并加鸡蛋清煮沸（一个鸡蛋/500mL麦汁）。

要求：麦汁浓度12°P，α-氨基氮含量为180mg/L以上，pH值为5.4。

② 容器灭菌。在蒸汽灭菌锅温度121℃，压力0.1MPa条件下，对试管、小三角瓶、大三角瓶灭菌20min，卡氏罐灭菌40min。

③ 容器装入培养基。试管1装10mL；试管2装20mL；小三角瓶装100mL；大三角瓶装1000mL；卡氏罐12L。

(3) 接种操作

① 卫生操作要求。

a. 进入无菌室的所有物品必须用75%的酒精擦拭。

b. 接种操作在超净化工作台进行，主要依靠酒精灯的无菌区域进行操作，操作要迅速完成。

② 工艺流程。

固体试管→液体试管（2支，25℃，24h）→液体试管（3支，23℃，24h）→小三角瓶（2支，21℃，24h）→大三角瓶（1支，19℃，24h）→卡氏罐（1个，17℃，24h）→ $0.3m^3$ 培养罐

③ 实验室酵母扩培工艺要求。

a. 在每个阶段的接菌前后都充分摇动，培养过程中要摇动4～6次，给酵母充氧。

b. 显微镜检验：实验室扩培结束测定悬浮酵母细胞数应达到 $(40\sim60)\times10^6$ 个/mL，出芽率达到25%～45%，死亡率不能大于1%。

从固体试管到卡氏罐为实验室扩大培养阶段，从 $0.3m^3$ 培养罐到发酵罐为生产现场扩大培养阶段。

3. 生产现场扩大培养

(1) 工艺卫生操作规程

① 扩大培养转接前彻底清洗 $0.3m^3$ 培养罐、$3m^3$ 培养罐和 $10m^3$ 培养罐，具体操作如下：先用配制好的3%～5%碱水清洗30min，再用热水清洗30min，再用配制的消毒液清洗30min，最后用0.1MPa蒸汽杀菌30min，保压0.05MPa备用。

② 杀菌时要对设备上所有的支路、阀门和取样口进行排气杀菌，杀菌结束及时用酒精棉将取样口封好。

③ 杀菌完毕后及时取样做微生物检验。

④ 对室内的墙壁、地面和设备的表面用消毒剂喷雾杀菌。

⑤ 对室内空气用甲醛熏蒸灭菌，关好门窗密封12h以上。

(2) 扩大培养现场操作规程　进入培养罐的麦汁必须在105℃的蒸汽下杀菌40min，麦汁杀菌后应尽快冷却至转接温度。

① $0.3m^3$ 培养罐的扩大培养

a. $0.3m^3$ 培养罐转接温度夏季14℃，冬季15℃，最终培养温度15±1℃。

b. 培养时间约24h，酵母数达到 3×10^7 个/mL以上后转入 $3m^3$ 培养罐。

c. 培养时每隔4h通无菌空气10min。

d. 培养罐压保持 $0.2kgf/m^2$ $(1kgf/m^2\approx9.82Pa)$ 左右。

② $3m^3$ 培养罐的扩大培养

a. $3m^3$ 培养罐的接种温度夏季12℃，冬季13℃，最终培养温度13±1℃。

b. 培养时间约30h，酵母数达到 4×10^7 个/mL以上后转入 $10m^3$ 培养罐。

c. 培养时每隔4h通无菌空气15min。

d. 培养罐压保持 $0.4kgf/m^2$ $(1kgf/m^2\approx9.82Pa)$ 左右。

③ $10m^3$ 培养罐的扩大培养

a. $10m^3$ 培养罐的接种温度夏季9℃，冬季10℃，最终培养温度10±1℃。

b. 培养时间约28h，酵母数达到4.5×10^7个/mL以上后转入$100m^3$发酵罐。

c. 培养时每隔4h通无菌空气20min。

d. 培养罐压保持$0.6kgf/m^2$（$1kgf/m^2\approx9.82Pa$）左右。

三、啤酒酵母的质量鉴定

啤酒生产酵母的质量直接关系到啤酒的发酵和成品的质量。酵母活力强，发酵就旺盛，否则发酵缓慢就会影响成品质量，啤酒酵母如被杂菌污染或发生变异，就会产生不正常的发酵和啤酒口味，因此，必须从各方面对酵母进行检查，防止产生不正常的发酵现象。

（一）啤酒酵母生产特性的鉴定

在生产中，为了保证啤酒酵母的活性和纯度，需要经常进行镜检和酵母某些生理特性的试验。

1. 外观和形态的检查

（1）菌落特点　在分离培养时，优良的啤酒酵母具有菌落形成快、菌落大而饱满、有光泽并呈乳白色特点。

（2）镜检特点　在镜检时，优良的酵母具有均匀的卵圆或短椭圆形，外形大小一致，细胞膜薄且平滑，内部充满细胞质，液泡小而少。

2. 发酵力的测定

啤酒酵母的发酵力表示酵母对糖类的发酵情况，如果发酵力出现了异常情况，也就意味着该酵母发生了退化变异或被杂菌污染。

发酵力测定可采用如下方法。

（1）二氧化碳失重法　凡是二氧化碳失重多的酵母，发酵力也强。一般中等发酵力的酵母在12%浓度麦汁中失重约3.6g以上。若逐日比较失重情况，可由此判别发酵速度。

（2）内格利改良法　采用10g压榨酵母在30℃下对400mL 10.5%麦汁发酵，测定发酵开始后，第一小时和第二小时之间排出的二氧化碳体积，如排出二氧化碳体积为1000mL以上，为发酵力强酵母；800～1000mL为发酵力中等强酵母；800mL以下为弱发酵力的酵母。

3. 酵母凝聚性的测定

啤酒酵母的凝聚性在生产上具有特殊的重要性。凝聚性不同，酵母的沉降速度就不一样。凝聚性强的酵母，啤酒容易澄清但发酵度偏低；凝聚性差的酵母，啤酒不易澄清，回收困难，发酵度偏高。酵母凝聚性测定方法较多，一般较多采用本斯值试验法来测定酵母的凝聚性。方法如下。

（1）取5g沉淀酵母泥于30mL 0.051% $CaSO_4$中，洗涤离心，再重复洗涤离心。

（2）称取1.0g离心酵母泥于15mL锥底有刻度带盖离心管中，加入10mL pH=4.5含硫酸钙的醋酸缓冲液（配制：0.510g $CaSO_4$＋6.8g醋酸钠＋4.05g冰醋酸溶解定容至1.00L，校正pH=4.5），于20℃水浴保温20min。用振荡器充分振荡均匀后，再于20℃下保温10min。观察沉于锥底离心管底部沉淀的毫升数。

一般中、强凝聚性酵母在离心管锥底形成沉淀为大于0.5mL，且强凝聚性酵母继续沉淀趋势明显。弱凝聚性酵母沉淀为0～0.5mL。

中国酿制下面啤酒习惯上采用凝聚性较强的菌株。

4. 酵母的热死温度

微生物的热死温度是指液态培养的微生物，在某温度下10min被杀死，此温度为该微生物的热死温度。啤酒酵母一般在45℃就停止生命活动，热死温度一般在50～54℃。

酵母热死温度的改变反映了菌种的变异或受野生酵母的污染，野生酵母通常比培养酵母有更大的耐热性，也就是说野生酵母的热死温度较高。酵母的热死温度也是熟啤酒杀菌温度的确定依据。

（二）啤酒工厂野生酵母的鉴别

凡是本厂培养的啤酒酵母种以外的其他酵母均称野生酵母。在自然界中广泛存在各种属种的酵母，啤酒工厂发酵最常见的污染是野生酵母污染，因为野生酵母和培养酵母具有相似的培养条件，而且野生酵母的生长条件要求更低。

啤酒工厂野生酵母污染的来源常常是空气、生产器具、澄清冷却过程、发酵设备灭菌不充分及生产用水等多方面，但其中最严重的是接种酵母污染，在前期发酵时由于培养酵母大量繁殖和发酵，野生酵母没有机会繁殖，进入后期发酵时，培养酵母逐步衰老沉淀，而野生酵母则大量繁殖起来，不少野生酵母造成异常发酵和影响啤酒质量，改变啤酒风味，产生不良气味，引起成品啤酒浑浊。所以，啤酒鉴别和防止野生酵母是一项重要工作。

1. 啤酒厂常见的野生酵母

啤酒厂常见的野生酵母主要有巴氏酵母、葡萄酒酵母、啤酒浑浊酵母、强壮酵母、魏氏酵母、啤酒醭酵母、圆酵母属、酒香酵母属。它们的存在经常污染啤酒，引起啤酒浑浊、使啤酒变味等。

2. 啤酒发酵污染野生酵母的简易判别法

利用2%浓度酒石酸麦芽汁培养基，培养待检查的酵母种，由于高浓度酸抑制了啤酒酵母和某些细菌的生长，故在25～30℃恒温箱培养48h，如果有微生物生长，可以初步认为有野生酵母污染。但如果污染不耐酸野生酵母，则不能生长而无法判别。

3. 野生酵母的鉴别

鉴别野生酵母的主要方法如下。

(1) 显微镜检查外观　一旦镜检时可以观察到具有不同形态和大小的酵母时，可以判定已被野生酵母严重污染，这种显著污染已在发酵状况、啤酒澄清、气味等方面反映出反常现象且能识别出来。

(2) 抗热效能　许多野生酵母比培养酵母呈更大的抗热性。将待检的酵母接种于麦汁中，置于53℃ 恒温水浴中处理10min，培养酵母就被杀死，生存下来的大多是野生酵母。

(3) 孢子生长　许多野生酵母比培养酵母容易形成孢子。通常用孢子培养法来鉴别野生酵母，孢子培养法包括酒石酸蔗糖石膏法、熟石膏块培养法、盖洛韦法等。如熟石膏块法，在40～48h以内形成孢子的为野生酵母。

采用热处理和孢子生长法相结合的方法，首先杀死培养酵母，则就较容易鉴别出野生酵母，甚至在含量低到50万分之一时，仍能检出。

(4) 糖类发酵　糖类发酵和同化是酵母分类鉴别的重要方面。啤酒野生酵母中某些属种能发酵或利用麦芽三塘、短链糊精，可通过测定麦芽汁的极限发酵度和啤酒实际发酵度的区别，肯定其存在与否。如酒香酵母、糊精酵母等。

啤酒醭酵母、毕赤氏酵母几乎对葡萄糖没有发酵作用，克勒克酵母、球拟酵母只能发酵葡萄糖。

(5) 选择性培养基　鉴别野生酵母的主要选择性培养基有以下几种：

① 含有放线菌酮的培养基；

② 含有赖氨酸的培养基；

③ 含有结晶紫的培养基；

④ 含有品红亚硫酸盐的培养基；

⑤ 含有β-丙氨酸的培养基；

⑥ 含有酿酒酵母的培养基。

第二节 啤酒发酵机理

一、麦汁发酵过程中各种物质的变化

（一）糖的变化

发酵的主要变化是糖生成乙醇和二氧化碳。因为麦汁中的固形物主要是糖，所以密度的变化实际代表着糖的变化。随着发酵的进行，糖分逐渐被低密度的二氧化碳和乙醇所取代，所以麦汁密度逐渐下降，也就是浸出物浓度逐渐下降，下降的百分率称为发酵度，以下式表示：

$$发酵度=\frac{E-E'}{E}\times 100\%$$

式中 E——发酵前的浓度；

E'——发酵后的浓度。

生产中有真发酵度与外观发酵度之分，真发酵度是将酒中的乙醇蒸发之后，再用水补充至原来体积测其浓度，然后计算出发酵度，此发酵度代表着发酵过程已消失的浸出物百分率，例如真发酵度为50%，即浸出物消失了50%。外观发酵度是在生产现场直接用糖度计量出浓度，然后根据上式计算出的发酵度。因为啤酒中尚含有酒精分和二氧化碳，此两者密度都小于水和麦汁，故此外观发酵度只能代表失去的原始密度百分率，而且由于二氧化碳和乙醇的影响，密度下降率比前述真发酵度要大得多。

测外观发酵度便于现场指导生产。习惯中常指的发酵度，若不注明是真发酵度，都是指外观发酵度，外观发酵度乘以0.819则换算成真发酵度。

另有一个术语即发酵度极限，指的是最大外观发酵度，即全部可发酵性糖都被发酵完毕所测出的外观发酵度，其法是向麦汁中接入大量新酵母，于20～25℃充分发酵，多次摇动，直至发酵终了，测其发酵度即为发酵度极限。此值实际代表着可发酵性糖的相对值。此数值很重要，生产中应常测定，以便指导生产。

成品酒的发酵度应尽可能接近麦汁的发酵度极限值，若成品酒的发酵度较之相应的麦汁发酵度极限值过低，则意味着酒中剩余可发酵糖太多，这将给啤酒的生物稳定性留下不良隐患，所以啤酒发酵度要求尽可能达到其麦汁的发酵度极限。但实际生产中很难接近麦汁发酵度极限值，且经常发生发酵停滞现象，我国习惯称为“不降糖”，其原因大致如下：

(1) 麦汁中存在有难发酵的低聚糖。

(2) 酵母细胞吸附了蛋白质颗粒和酒花树脂成分，阻止酵母与周围糖分的充分接触和正常营养交换。

(3) 酵母生理衰退。

(4) 麦汁组成不良，影响酵母繁殖。

在很多情况下，当发酵停滞不前时，只要加以搅拌，即可以使发酵继续进行下去。

发酵度的不足或发酵停滞与酵母的凝聚性有着密切的关系，如果麦汁中有过多的蛋白质

胶体粒子和钙、镁等离子，将促进酵母的凝聚作用，使酵母凝聚沉淀，终止发酵。因此，必须保持酵母充分悬浮于发酵液中，才能达到较高的发酵度。二氧化碳的溢出有助于酵母的悬浮，凡是有助于酵母悬浮的因素，如搅拌、通二氧化碳、通风等都能增加发酵度。但对于下面发酵来说，不能轻易使用搅拌法，因为上层泡沫中夹杂的不良苦味物质将沉入酒液，增加啤酒后苦味。

总之，要使酒液尽可能达到麦汁的发酵度极限，关键是增强酵母与麦汁的接触，保证酵母有足够的粉末特性和良好的麦汁组成。

（二）含氮物的变化

麦汁中含有低分子的氨基酸、中分子肽类等多种含氮物质，它们在供酵母同化之时，也对啤酒的理化性能和风味质量起主导作用。发酵结束时麦汁中的含氮物质大约下降1/3。

酵母繁殖所需氮源主要依靠麦汁中的氮，麦汁中应有足量的氨基酸才能保证酵母的生长繁殖和发酵作用的顺利进行，同时氨基酸也是啤酒主要的营养成分。

20℃以上酵母的蛋白酶就能够缓慢降解自身的细胞蛋白质，产生自溶现象。接近0℃时，则自溶缓慢；自溶过分，啤酒发生酵母味，并出现胶体浑浊。这就是啤酒采用低温发酵的原因之一。

（三）酸度（pH值）的变化

在发酵过程中，pH值不断下降，前快后缓，最后稳定在pH值为4左右，正常下面发酵啤酒终点pH值为4.2～4.4，少数降至4以下。pH值的下降主要由于有机酸的形成和二氧化碳的产生，有机酸以乳酸和醋酸为主，pH值的下降有利于蛋白质的凝固和酵母的凝聚。

（四）CO_2的生成

CO_2是在糖降解至丙酮酸，丙酮酸被氧化脱羧而产生并不断溢出。主发酵酒液被CO_2饱和，其含量约0.3%，贮酒阶段CO_2于贮酒压力下达到饱和，如0.3atm[1]下0℃时CO_2含量为0.4%～0.5%。CO_2的溶解度随发酵液温度下降而增加，啤酒的组成对CO_2的溶解度影响不大。

（五）氧和氧化值（rH值）

糖化麦汁在冷却过程中通入部分无菌空气，目的在于为酵母繁殖提供氧气。麦汁中的氮是用来合成菌体蛋白，而氧用于合成甾醇，以产生新酵母。溶解氧的要求随酵母种属而异，一般为4mg/L，此值称为半饱和，达到40mg/L为氧饱和。酵母需氧量因种属不同而变化于4～40mg/L之间。

在前期发酵阶段，随着酵母的繁殖，氧很快被吸收利用；但在后期发酵阶段必须让酒液充满全罐，以防止空气进入酒液。啤酒中存在溶解氧易引起氧化浑浊，并产生氧化味。

啤酒中众多的氧化性和还原性物质互相作用达到平衡时，反应在电极电位上则有一定的rH值。rH值的大小，影响微生物的生理活动，能改变微生物的发酵产物。如酵母发酵糖，其中间产物乙醛经乙醇脱氢酶作用将乙醛还原生成乙醇。脱氢酶要求rH值低时才能催化此反应进行，也就是要求溶液氧化性小。所以酒精发酵是在厌氧条件下进行的。

麦汁发酵刚开始时，rH值较高，因为有足够的氧存在。随着酵母的繁殖，氧很快被吸收利用，并产生某些还原性物质，因而rH值逐渐下降。通常初期rH值在20以上，很快降

[1] 1atm＝101325Pa。

至10～11左右。

（六）其他变化

1. α-酸和异α-酸的变化

α-酸和异α-酸在发酵时有所下降。麦汁含异α-酸41mg/L，α-酸25mg/L。经发酵后，异α-酸减少21%，α-酸减少88%，二者最大减少量发生在接种后32h，亦即酵母大量繁殖阶段。主要苦味物质异α-酸的损失较小，而α-酸损失最大，其原因是：α-酸在低pH值时溶解度较小，异α-酸在低pH值时溶解度较大，这可能是异α-酸损失较小的直接原因之一。

酒花树脂在酵母细胞表面的吸附作用以及泡沫中的凝聚是造成损失的又一直接原因。主发酵阶段，按习惯都应撇除泡沫再下酒，因为泡沫中的苦味带“尖苦味”。所以发酵过程中大约损失50%的苦味物质。

2. 发酵过程色度的变化

发酵过程色度稍有下降，原因如下：由于泡沫吸附带走色素物质；由于酵母对氧化性单宁色素的还原作用；pH值下降能引起色素减少。

3. 发酵过程硫化物的变化

酵母对含硫氨基酸半胱氨酸的还原作用能产生微量H_2S或甲硫醇（CH_3SH），并放出SO_2，这些硫化物都是生酒味的组成部分。

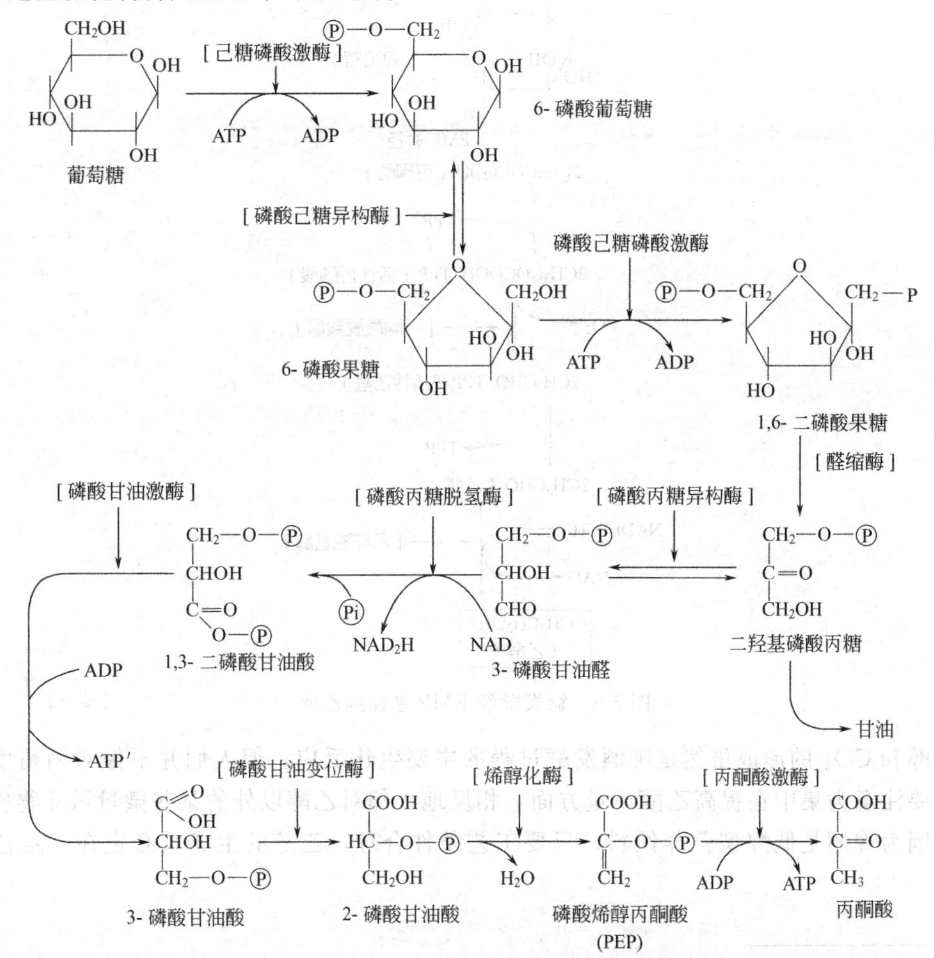

图5-4　由葡萄糖转化为丙酮酸的EMP途径

4. 发酵过程产生了“啤酒石”

草酸是糖代谢的中间产物，发酵过程中，常在酵母泥或容器底部能发现草酸钙沉淀，称之为“啤酒石”。

二、啤酒发酵的基本原理

（一）乙醇和 CO_2 的生成

酵母属于兼性微生物，糖被酵母发酵引起的生化反应有两种情况：在有氧存在时，进行有氧呼吸，产生 H_2O 和 CO_2，并放出大量的热能；在无氧时，进行无氧呼吸，即乙醇发酵，产生乙醇、CO_2 及少量的热。啤酒的发酵过程主要属于后一种情况。

有氧： $C_6H_{12}O_6 + 6O_2 \longrightarrow 6CO_2 + 6H_2O + 672kcal$[1]

无氧： $C_6H_{12}O_6 \longrightarrow 2CO_2 + 2C_2H_5OH + 27kcal$

葡萄糖的发酵过程是复杂的，在酵母多种酶的作用下，经过一系列中间变化，先生成丙酮酸，最后生成乙醇和二氧化碳。由葡萄糖转化为丙酮酸的过程称为 EMP 途径，其整个分解过程如图 5-4 所示。

葡萄糖在有氧和无氧的条件下，均通过 EMP 途径生成丙酮酸。然后，在有氧的条件下生成二氧化碳和水，在无氧的条件下则按照如图 5-5 所示的方式生成乙醇和二氧化碳。

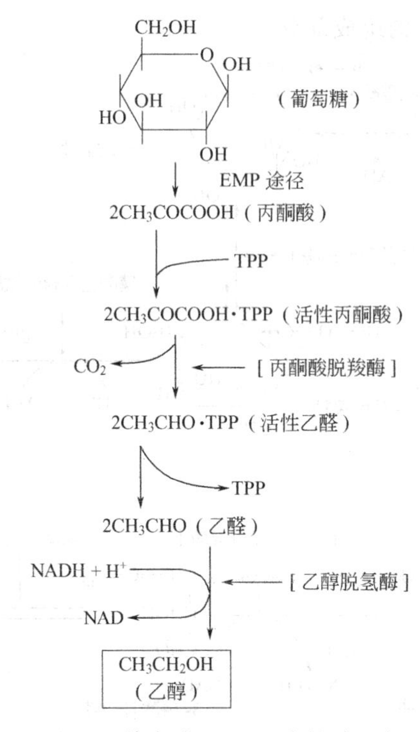

图 5-5 糖发酵经 EMP 途径到乙醇

乙醇和 CO_2 的形成虽然是啤酒发酵过程的主要生化反应，但人们并不像对酒精生产那样将主要注意力集中在提高乙醇产量方面，相反地，却对乙醇以外的某些微量风味物质很感兴趣，因为啤酒是低醇型营养饮料，只要工艺条件合理，乙醇的生成量必定在一定范围内波动。

---

[1] 1kcal=4184J。

（二）高级醇的形成

啤酒中的高级醇习惯称为杂醇油，是不可避免的副产物。杂醇油以异戊醇为主，其次是活性戊醇、正丙醇和异戊醇。

啤酒中绝大多数的高级醇是在发酵期间形成的，形成高级醇的代谢途径有降解代谢途径和合成代谢途径，如图 5-6 所示。

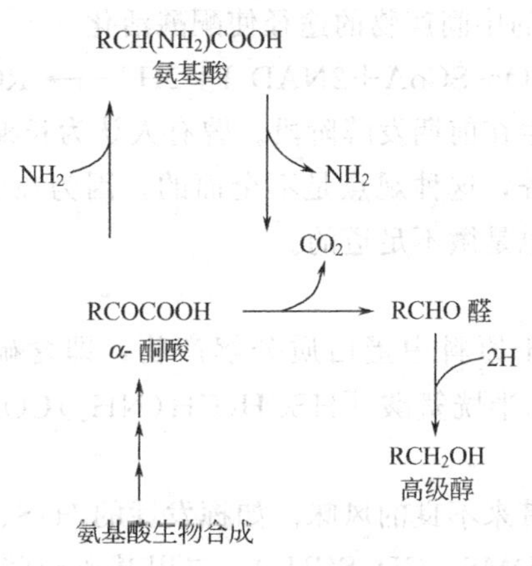

图 5-6 高级醇的生物合成

（三）氮的代谢途径

酵母除了进行发酵之外，还需要部分糖和氮源用于合成酵母菌体，麦汁中的含氮物主要以多肽、肽类、氨基酸以及酰胺等形式存在，酵母除了生长繁殖消耗一部分含氮物外，还要利用自身分泌的少量的蛋白酶产生若干氨基酸于啤酒中。

来自麦芽的蛋白质分解产物肽可以被酵母继续分解成氨基酸，发酵液中氨基酸代谢主要分为两个途径：

(1) 直接被酵母吸收，合成新的菌体蛋白。

(2) 爱尔利希（Ehrlich）途径。实践证明，麦汁中约 80%以上的氨基酸可以直接被酵母同化，其余 20%的氨基酸经 Ehrlich 途径反应——氨基酸脱氨、脱羧并还原成比氨基酸少一个碳的高级醇。

$$RCH(NH_2)COOH+RCOCOOH \xrightarrow{\text{转氨酶}} RCOCOOH \longrightarrow RCHO \longrightarrow RCH_2OH$$

（四）酯类的形成

酯类多属芳香成分，能增进啤酒风味。诺尔德斯勒姆对酯类的形成进行过一系列研究，证明酯是通过酰基～辅酶 A（RCO～SCoA）与醇作用形成的：

$$RCO\sim SCoA+R'OH \longrightarrow \underset{\text{酯}}{RCOOR'}+CoA-SH$$

酰基辅酶 A 是酯类合成的关键物质，它是一种高能化合物，可以通过脂肪酸的活化、α-酮酸的氧化和高级脂肪酸合成的中间产物等途径形成。

RCO～SC$_O$A 的形成途径如下。

1. 在 ATP 存在下，使脂肪酸活化

$$\underset{\text{(脂肪酸)}}{RCOOH}+ATP+CoA-SH \longrightarrow RCO\sim SCoA+AMP+\underset{\text{(无机磷)}}{PPi}$$

这一反应在啤酒生产中不太重要，因为麦汁和发酵液中脂肪酸浓度很低，因此能被活化的脂肪酸亦很微。

2. α-酮酸的氧化作用

$$RCOCOOH+NAD+CoA—SH \longrightarrow RCO\sim SCoA+NADH+H^{+}+CO_2$$

以这种方式生成的乙酰-SCoA的机会较多，因为丙酮酸是糖代谢必经的中间产物，丙酮酸在NAD^{+}（氧化性）存在下被氧化成$CH_3CO\sim SCoA$。

3. 通过高级脂肪酸合成的中间产物的途径使酮酸活化

$$COOHCH_2CO+RCO\sim SCoA+2NADH+2H^{+} \longrightarrow RCH_2CH_2CO\sim SCoA$$

啤酒中酯的生成主要发生在前期发酵阶段。曾有人认为长期的贮酒过程能引起脂肪酸与醇的直接酯化反应，以利增香，这种观点是不全面的，因为在贮存啤酒的温度和pH值下，很不利于酯化反应，即使有也是微不足道的。

（五）硫化物的形成

啤酒中硫化物主要来源于原料中蛋白质分解产物，即含硫氨基酸，如蛋氨酸［$CH_3S(CH_2)_2CH(NH_2)CO_2H$］和半胱氨酸［$HSCH_2CH(NH_2)COOH$］，此外酒花和酿造用水也能带入一部分硫。

硫化物的存在会给啤酒带来不良的风味。如挥发性的H_2S、甲硫醇（CH_3SH）、乙硫醇（HSC_2H_5）以及二甲基硫（DMS，CH_3SCH_3）、二甲基亚硝胺（DEN）等，这些成分都具有异味或臭味，含量高则严重影响风味，平时所说的生酒味就包括硫化物在内。

啤酒中存在一定量的硫化物是正常现象，而且硫本身是代谢过程不可缺少的微量元素。

啤酒中不挥发性硫化物，虽然对风味影响不大，但可能是挥发性硫化物的来源，在啤酒的总硫中大约90%为不挥发性的，呈硫酸盐、S—S化物或不活泼硫化物存在。

硫化物主要来自含硫氨基酸及糖化用水，因此要减少硫化物的生成，主要是控制制麦过程，不能溶解过分。

（六）连二酮（VDK）的形成及控制措施

1. 连二酮的特点

连二酮即双乙酰（丁二酮）和2,3-戊二酮的总称，是在啤酒酿造过程中由酵母代谢形成的，属于啤酒发酵的副产物。因为两者同属羰基化合物，化学性质相似，对啤酒风味的影响也相似，他们赋予啤酒不成熟、不协调的口味和气味。

双乙酰（$CH_3COCOCH_3$）和2,3-戊二酮（$CH_3COCOC_2H_5$）在乳制品中是不可缺少的香味成分，但在啤酒中含量过高就会出现馊饭味。2,3-戊二酮在啤酒中的含量要比双乙酰低得多，且它的口味阈值大约为2mg/L，是双乙酰口味阈值的10倍，所以2,3-戊二酮对啤酒风味影响不大，起主要作用的是双乙酰，双乙酰的含量在小于0.1mg/kg范围内，呈现啤酒香味；含量超过0.1mg/kg，则呈现馊饭味。双乙酰的相对分子质量为86.09，是一种黄色油状液体，沸点88℃，具有挥发性。

2. 双乙酰的形成

双乙酰的形成主要是发酵过程中酵母在代谢过程中生成了α-乙酰乳酸，它是连二酮的前驱体，极易氧化成连二酮。

一般啤酒以双乙酰含量0.2mg/kg为标准规定值，若超过0.2mg/kg的啤酒则成熟度不够或有杂菌污染。因此，要尽快降低啤酒中双乙酰的含量，应加快主发酵期间α-乙酰乳酸的反应速度，否则就必须延长贮酒时间。

3. 降低双乙酰的措施

(1) 使麦汁中有足够的α-氨基氮，以减少酵母对缬氨酸的需求量，从而减少丙酮酸向缬氨酸的转变来达到抑制双乙酰生成的目的，见图 5-7。

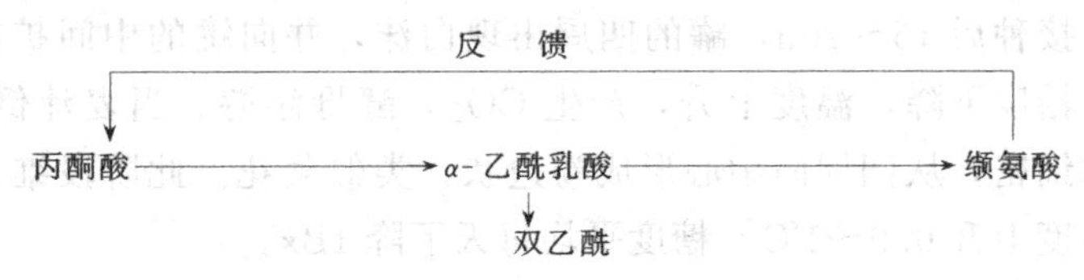

图 5-7　缬氨酸对双乙酰的反馈抑制示意图

(2) 加速α-乙酰乳酸的分解速度。提高双乙酰还原温度，通风搅拌和降低麦汁的 pH 值，使α-乙酰乳酸转化成双乙酰的速度加快，并使双乙酰被酵母还原，从而缩短发酵时间。

(3) 利用酵母还原双乙酰。主发酵结束前适当提高发酵温度，或者进行后发酵时保存适量的酵母，利用酵母的还原酶，将双乙酰还原为乙偶姻或 2,3-丁二醇。

$$\alpha\text{-乙酰乳酸}\xrightarrow{\text{非酶氧化}}\text{双乙酰}\xrightarrow{\text{酶促还原}}\text{2,3-丁二醇}$$

(4) 利用 CO_2 洗涤，排除双乙酰。下酒后，利用后发酵产生的 CO_2，或人工充 CO_2 进行洗涤，可将挥发性的双乙酰带走。

第三节　啤酒发酵技术

一、传统啤酒发酵技术

传统啤酒发酵方法分两类，即上面发酵法和下面发酵法。中国主要采用后种方法。下面重点介绍下面啤酒发酵法。

(一) 主发酵

主发酵又称前发酵，是发酵的主要阶段，故而得名。

加酒花后的澄清麦汁冷却到7～8℃，接种酵母，主发酵正式开始，酵母对以麦芽糖为主的麦汁进行发酵，产生乙醇和 CO_2，这是发酵的主要生化反应，具体过程如下。

1. 酵母添加

(1) 直接添加法　将回收的洗涤酵母倾去上层清水，按需要量放入特制密闭酵母添加器或铝桶内，加适量麦汁（约1∶1），搅匀，用压缩空气或泵送入添加槽，适当通风数分钟。此法为国内多数中小厂所采用，较为简便。

(2) 追加法　此法类似酵母扩大培养过程，中国某些老厂用过此法，具体细节不尽相同。总的原则是逐步扩大，使发酵液中有足够细胞数，以防污染，每次添加后适当通风。若酵母发酵不佳，可采用此法有利于补救发酵进程。

2. 酵母添加量

酵母添加量常按泥状酵母对麦汁体积分数计算，一般为 0.5%～0.65%。实际用量应根据酵母新鲜度，稀稠度，酵母使用代数，发酵温度，麦汁浓度以及添加方法等适当调节。若麦汁浓度高，酵母使用代数多，接种温度低，酵母浓度低，则接种量应稍大，反之宜少。接种量大，发酵速度大，抗污染力强。然而最后酵母产量与接种量无关，至高泡期酵母细胞饱和数为 6000～7000 万个/mL。因此，接种量少，发酵期间增殖的健壮酵母多，回收酵母活力强；反之，接种量大，死细胞率增加，回收酵母活力下降，甚至啤酒具有酵母味。通常接种后细胞浓度为800～1200万个/mL。

3. 发酵阶段

为了便于管理，根据发酵表面现象，将发酵过程区分为低泡、高泡和落泡三个阶段。

(1) 低泡期 接种后15～20h，罐的四周出现白沫，并向罐的中间扩展，直至全液面，这是发酵的开始，糖度下降，温度上升，产生CO_2，酵母浮游。当麦汁倒入主酵罐后，泡沫逐渐增厚，洁白细密，从四周向中心形成卷边状，类似菜花。此阶段维持2.5～3天即进入高泡期，每天温度上升0.9～1℃，糖度平均每天下降1Bx。

(2) 高泡期 此阶段是发酵最旺盛期，泡沫丰厚，厚度达20～30cm，品温最高达8.5～9℃，此时应密切注意降温。悬浮酵母数达最高值，降糖最快时达1.5°Bx/24h。由于酒花树脂的析出，泡沫表面出现棕黄色，此阶段可持续2～3天。

(3) 落泡期 此阶段是发酵的衰落期，温度开始下降，降糖速度变慢，泡沫亦开始收缩，形成褐色泡盖（这是由蛋白质、树脂、酵母和其他杂质组成的浮游体），酵母逐渐下沉，此时需要降温。当11°P酒糖度降至4.0～4.5°Bx，12°P酒糖度降至3.8～4.8 Bx时，即可下酒进入后酵。此阶段持续2～3天。

4. 发酵时间及温度管理

温度高低直接影响发酵时间长短。啤酒很忌讳酵母味，一般认为20℃以上酵母即能产生自溶，为避免酵母味的出现，保持醇原性和充足的CO_2以及稳定性，长期的经验积累，形成了啤酒低温发酵的工艺特征。

传统工艺过于强调低温对酒质的好处，致使缩短酒龄遇到不可逾越的障碍。现今缩短酒龄的新工艺正好是在这一点上辩证地处理了温度、酒龄和质量的关系，适当升温又保证了质量。

由接种后起发至最高温度通常不加控制，达到预定高温后，开始通冷媒，维持高温2～4天，然后缓慢降温，降温不能过急，否则酵母下沉，发酵停滞。温度调节应根据降糖速度而定，高泡期每24h降1～1.5Bx，高泡期后每24h降0.5～0.9Bx。这时温度比糖度在数值上高0.8～1.5较适宜。落泡期的后期，大部分酵母下沉，冷却速度可加快，直达下酒温度4～5℃。

温度管理至关重要，必须防止温度忽高忽低或突然升降幅度过大。

目前国内11～12°P麦汁，主发酵期时间在7～10天之间。时间长短全在人为，取决于内销或外销；瓶装熟酒或桶装鲜酒，通过升降温来控制。为缩短发酵周期，国内各厂的前酵起发温度均较过去提高，一般为7～8℃。这样还有利于减少污染，前酵最高温度也有所提高。

5. 发酵的检查

正常的发酵能从外观上明显的观察到泡沫的三个阶段。

主发酵接近末期，可用烧杯轻轻撇开覆盖泡沫取样，对着灯光观察，如浑浊不清，看不见灯丝，看不见酒液中明显的颗粒，说明发酵仍在进行，此属反常现象，应从酵母质量、麦汁组成、温度控制等方面分析原因。另一种情况是酒液透明，酵母下沉糖度却相当高，其原因可能是酵母衰老或酒温过低。

主发酵终了应含适量可发酵性糖，通常为0.8%～1.0%，残糖过高则增加了后发酵操作困难，延长后发酵时间；残糖过少，则CO_2不足。中国经验是主发酵终了，11°P啤酒的外观糖度为3.6～4Bx，12°P啤酒的外观糖度为4～4.5Bx。

6. 酵母回收

主发酵终了酵母下沉，将嫩酒上层泡沫撇除，此覆盖层含树脂、酵母以及凝固蛋白，若混入酒液将增加后苦味。

罐底酵母大体分三层，上层多为轻质细胞、树脂以及死细胞、野生酵母等杂菌；中层酵母健壮，活力强，杂质少，是回收的主要对象；下层含较多的冷凝固物和死细胞。

酵母从罐底流出，先经60～100目铜筛过筛，用0～2℃的无菌水冲洗，酵母存放于酵母罐内，沉淀1～2h，倾去浑水，再冲洗、沉淀、倾析，如此反复多次。一般规定头三天每天换无菌水2～4次，以后每天换水两次，以尽量洗除残糖和蛋白质以及轻质酵母。酵母水温0.5～2℃，室温0.5～2.5℃，低温是为了防止酵母自溶，存放时间不宜超过七天，时间过长会引起酵母生理衰退。

由于某种原因须长期保存酵母，可用10%蔗糖溶液于低温保存；另一种方法是用正常麦汁保存酵母，于低温使酵母长期处于正常培养基中，可保存一个月。

（二）后发酵

后发酵又称贮酒或啤酒的后熟，其目的是完成残糖的最后发酵，增加啤酒稳定性，饱充CO_2；充分沉淀蛋白质，澄清酒液；消除双乙酰、醛类以及H_2S等嫩酒味，促进啤酒成熟；尽可能使酒液处于还原态，降低氧含量。以下重点介绍下面啤酒发酵法的后发酵。

1. 下酒

将主发酵嫩酒送至后发酵罐称为下酒。下酒时，应避免吸氧过多，为此先将贮酒罐充满无菌水，再用CO_2将无菌水顶出，当CO_2充满时再由贮酒罐底部进酒液。此外，要求尽量一次满罐，留空隙10～15cm，以防止空气进入酒液。如果酒液被CO_2饱和，由于有CO_2溢出，氧则难溶于酒液中，否则啤酒中存在过多的溶解氧易引起氧化浑浊，并产生氧化味。避氧的目的就在于此。

2. 管理

下酒后，先敞开发酵，以防CO_2过多，酒沫涌出，2～3天后封罐。下酒初期室温2.8～3.2℃，若是外销酒，一个月后逐渐降至0～1℃。温度前高后低目的在于先使残糖发酵，随后澄清。注意不能将不同酒龄的酒液共存一室，否则温度要求互相矛盾，无法控制室温。

一般传统工艺12°P啤酒，外销贮酒时间为60～90天，内销35～40天。

贮酒期间，用烧杯取样观察，通常7～14天罐内酵母下沉，若长期酒液不清，应镜检。若是酵母悬浮，则属酵母凝聚性差；若是细菌浑浊，则属细菌污染，通常无法挽救，只能排放；若是胶体浑浊，原因是麦芽溶解度差，糖化蛋白分解不良，煮沸强度不够，冷凝固物分离不良等因素造成。

二、现代啤酒发酵技术

现代啤酒发酵技术主要包括大容量发酵罐发酵法、连续发酵法、高浓度糖化后稀释发酵法等。

（一）大容量发酵罐发酵法——锥形发酵罐发酵法

所谓大容量发酵罐是指发酵罐的容积与传统发酵设备相比大型化。大容量发酵罐有圆柱锥形发酵罐、朝日罐、通用罐和球形罐。圆柱锥形发酵罐是目前世界通用的发酵罐，该罐主体呈圆柱形，罐顶为圆弧状，底部为圆锥形，具有相当的高度（高度大于直径），罐体设有冷却和保温装置，为全封闭发酵罐。中国自20世纪70年代中期，开始采用室外圆柱体锥形底发酵罐发酵法（简称锥形罐发酵法），目前国内啤酒生产几乎全部采用此设备发酵。

1. 锥形罐的特点

（1）底部为锥形便于生产过程中随时排放酵母，要求采用凝聚性酵母。

（2）罐本身具有冷却装置，便于发酵温度的控制。生产容易控制，发酵周期缩短，染菌机会少，啤酒质量稳定。

（3）罐体外设有保温装置，可将罐体置于室外，减少建筑投资，节省占地面积，便于扩建。

（4）采用密闭罐，便于 CO_2 洗涤和 CO_2 回收，发酵也可在一定压力下进行。即可做发酵罐，也可做贮酒罐，也可将发酵和贮酒合二为一，称为一罐发酵法。

（5）罐内发酵液由于液体高度而产生 CO_2 梯度（即形成密度梯度），通过冷却控制，可使发酵液进行自然对流，罐体越高对流越强，由于强烈对流的存在，酵母发酵能力提高，发酵速度加快，发酵周期缩短。

（6）发酵罐可采用仪表或微机控制，操作、管理方便。

（7）锥形罐既适用于下面发酵，也适用于上面发酵。

（8）可采用 CIP 自动清洗装置，清洗方便。

2. 锥形罐罐体结构与工作原理

（1）锥形发酵罐基本结构　锥形发酵罐结构如图 5-8 所示。

① 罐顶部分。罐顶为一圆拱形结构，中央开孔用于放置可拆卸的大直径法兰，以安装 CO_2 和 CIP 管道及其连接件，罐顶还安装防真空阀、过压阀和压力传感器等，罐内侧装有洗涤装置，也安装有供罐顶操作的平台和通道。

② 罐体部分。罐体为圆柱体，是罐的主体部分。发酵罐的高度取决于圆柱体的直径与高度。由于罐直径大耐压低，所以一般锥形罐的直径不超过 6m。罐的直径与高度比通常为（1∶2）～（1∶4），总高度最好不要超过 16m，以免引起强烈对流，影响酵母和凝固物的沉降。罐体外部用于安装冷却装置和保温层，并留一定的位置安装测温、测压元件。罐体部分的冷却层有各种形式，如盘管、夹套式，并分成 2～3 段，用管道引出与冷却介质进管相连，冷却层外覆以聚氨酯发泡塑料等保温材料，保温层外再包一层铝合金或不锈钢板，也有使用彩色钢板做保护层。

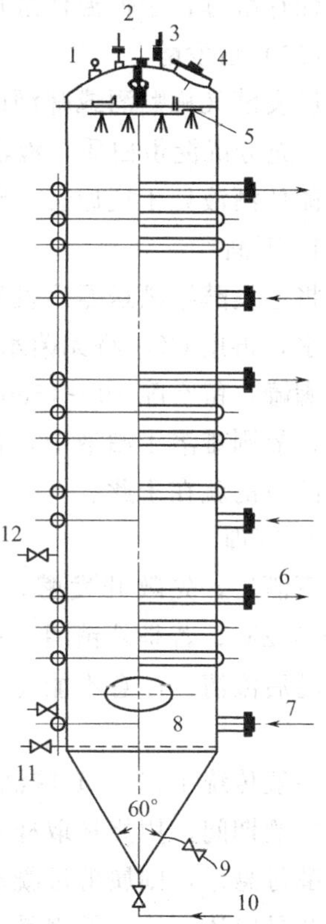

图 5-8　锥形发酵罐结构

1—压力表；2—排气孔；3—安全阀；4—人孔；5—洗涤器；6—冰盐水出口；7—冰盐水入口；8—人孔门；9—啤酒出口；10—啤酒入口；11—净化 CO_2 入口；12—取样口

③ 圆锥底部分。考虑到发酵中有利于酵母自然沉降，发酵罐锥底的夹角一般为 73°～75°为宜，对于贮酒罐，因沉淀物很少，主要考虑材料利用率，常取锥角 120°～150°。发酵罐的圆锥底高度与夹角有关，夹角越小锥底部分越高，一般罐的锥底高度占总高度的 1/4 左右，不要超过 1/3。圆锥底的外壁应设冷却层，以冷却锥底沉淀的酵母。锥底还应安装进出管道、阀门、视镜、测温、测压传感元件等。

④ 制罐材料。制罐材料可用不锈钢或碳钢，罐内壁必须光滑平整，不锈钢罐内壁要进

行抛光处理，碳钢罐内壁必须涂以对啤酒口味没有影响的且无毒的涂料，涂料要均匀，无凹凸面，无颗粒状凸起。发酵罐工作压力可根据罐的工作性质确定，一般发酵罐的工作压力控制在0.2～0.3MPa。

(2) 锥形发酵罐工作原理　锥形罐发酵法发酵周期短、发酵速度快的原因是由于锥形罐内发酵液的流体力学特性和现代啤酒发酵技术采用的结果。

接种酵母后，由于酵母的凝聚作用，使得罐底部酵母的细胞密度增大，导致发酵速度加快，发酵过程中产生的二氧化碳量增多，同时由于发酵液的液柱高度产生的静压作用，也使二氧化碳含量随液层变化呈梯度变化，因此罐内发酵液的密度也呈现梯度变化，此外，由于锥形罐体外设有冷却装置，可以人为控制发酵各阶段温度。在静压差、发酵液密度差、二氧化碳的释放作用以及罐上部降温产生的温差（1～2℃）这些推动力的作用下，罐内发酵液产生了强烈的自然对流，增强了酵母与发酵液的接触，促进了酵母的代谢，使啤酒发酵速度大大加快，啤酒发酵周期显著缩短。另外，由于提高了接种温度、啤酒主发酵温度、双乙酰还原温度和酵母接种量也利于加快酵母的发酵速度，从而使发酵能够快速进行。

3. 锥形发酵罐发酵技术

锥罐发酵主要分为主发酵阶段、双乙酰还原阶段和后酵贮酒阶段。典型的锥罐发酵曲线如图5-9所示。

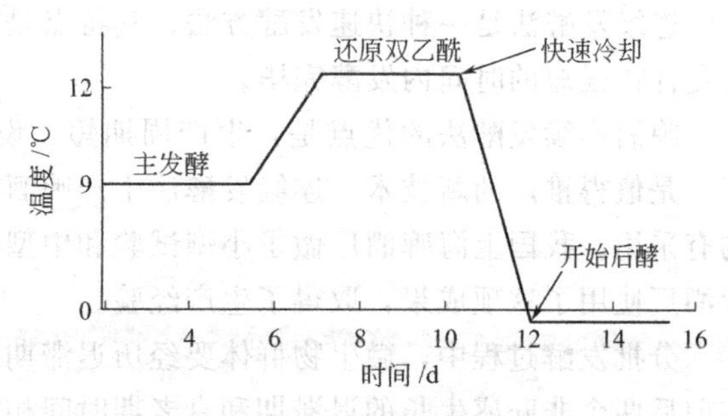

图5-9　典型的锥罐发酵曲线

锥形发酵罐发酵分为一罐法和两罐法，一罐法发酵是指传统的主发酵和后发酵（贮酒）阶段都是在一个发酵罐内完成。两罐法发酵又分为两种，一种是主发酵在发酵罐中完成，而后发酵和贮酒在另一酒罐完成，另一种是主发酵和后发酵在发酵罐中完成，而贮酒在贮酒罐完成。

(1) 一罐法发酵　根据发酵温度不同，一罐法发酵可分为单罐低温发酵和单罐高温发酵。

① 单罐低温发酵。单罐低温发酵的典型工艺是麦汁冷却到6～8℃，接种酵母菌，接种量为0.6%～0.8%，酵母接种方法有两种，一种是分批接种，在第一批进罐的麦汁中，先加入少量的酵母，而后将剩余的酵母全部加入第二批麦汁中；另一种是一次性接种，即将所需要的酵母一次性添加到第一批麦汁中。满罐后酵母细胞数控制在（10～15）×10^6个/mL，由于锥形罐的容量较大，麦汁常分批送入，一般在16～18h内满罐（从第一批麦汁进罐到最后一批麦汁进罐所需时间叫满罐时间），满罐时品温控制在9℃以下（麦汁进入发酵罐后，由于酵母开始繁殖会产生一定的热量，使罐温升高，所以麦汁的冷却温度应遵循先低后高，最后达到工艺要求的满罐温度），满罐后麦汁进入发酵，品温逐步上升，24h后从罐底排放一次冷凝固物和酵母死细胞，于9℃以下发酵6～7天后，糖度降至4.8～5.0Bx，让其自然升温至12℃，罐压升到0.08～0.09MPa，糖度降至3.6～3.8Bx，双乙酰还原达到要求时，提高罐压到0.1～0.12MPa，并以0.2～0.3℃/h的速度降温到5℃，保持此温度24～28h，并从罐底再排放酵母一次，发酵接近终点时，在2～3天内继续以0.1℃/h的速度降温至−1～0℃，并保持此温度7～14天，保持罐压0.1MPa，一般整个发酵周期约20天，也有13～15天的快速发酵法，发酵过程温度相应提高。

② 单罐高温发酵。单罐高温发酵的典型工艺过程是在11℃的麦汁中接入酵母，入罐后

保温36h，升温到12℃保持2天，开始旺盛发酵。升温到14℃，保持4天，罐压升到0.125MPa，大约在第7天降温到5℃，保持1天，排出沉淀酵母，继续降温至0℃左右，保持5～7天，过滤。整个发酵周期约14天。

（2）两罐法发酵　对于主发酵在发酵罐内完成，后发酵与贮酒成熟在贮酒罐内完成的两罐法发酵，其主发酵工艺操作与单罐低温发酵法相同，在主发酵结束后酒温降至5～6℃时，先回收酵母，再将嫩啤酒送入贮酒罐内进行后发酵和双乙酰还原，罐压缓慢上升维持0.06～0.08MPa，待双乙酰达到要求后，急剧降温至－1～0℃，进行保压贮酒，贮酒时间均为7～14天，整个发酵周期为3周左右。而对于主发酵与后发酵都在发酵罐内完成，贮酒成熟在贮酒罐内进行的两罐法发酵，具有更长的贮酒期，促使酒体更成熟、完美，稳定性更好。

与两罐法发酵工艺相比较，一罐法发酵工艺具有操作简单，发酵过程不用倒灌，避免了后发酵过程空气进入的危险，清洗洗涤用水量减少，省时，节能等优点。所以目前多数啤酒生产厂均采用一罐法发酵工艺，只有少数厂家采用两罐法发酵工艺。

（二）连续发酵法

连续发酵法是一种快速发酵方法，其特点是采用较高的发酵温度，保持旺盛的酵母层，使麦汁在很短的时间内发酵完毕。

啤酒连续发酵法的优点是：生产周期短，设备利用率高，减少啤酒损失，减轻劳动强度，是值得推广的新技术。连续发酵法生产啤酒在新西兰、澳大利亚、加拿大、英国、美国均有采用。我国上海啤酒厂做了小型试验和中型生产试验，取得了较好成果，湖北省十堰市啤酒厂使用了这项成果，取得了生产经验。

分批发酵过程中，微生物群体要经历迟滞期、对数生长期、静止期和衰老期，而微生物在前后两个非旺盛生长的迟滞期和衰老期时间相当长，必然导致发酵周期长，发酵设备利用率低，管理分散，难以自动化。

连续发酵则在发酵罐内不断地流加培养液，同时又不断地排出发酵液，二者均衡。而发酵罐内的微生物始终维持旺盛的发酵阶段，培养液中细胞浓度和底物浓度保持一定，能充分发挥微生物的作用，提高产物收得率，因而生产操作稳定，便于管理，易于实现自动化。且发酵周期缩短，设备利用率提高。但啤酒连续发酵也存在一些问题尚待解决，例如在长期连续发酵过程中产生菌种突变（不利的变异）和杂菌污染的问题，对微生物动态的活动规律还缺乏足够的认识。

啤酒连续发酵用于上面啤酒发酵较受欢迎，用于下面发酵产品从分析数据看，与其他发酵法无明显区别，但从口味上则有较大的区别，产品质量不如其他发酵方法生产的啤酒。

啤酒酵母的絮凝性能及沉淀能力是影响发酵的两个重要因素，进行塔式连续发酵需要采用高絮凝性的酵母，而这却难以如愿，最近用固定化啤酒酵母进行连续发酵的研究效果较好，前景乐观。

已投入生产使用的连续发酵方法有多罐式连续发酵和塔式连续发酵，国外多罐式连续发酵多使用在上面发酵啤酒，国内试验生产多用塔式连续发酵设备，下面简要介绍。

1. 搅拌式多罐型啤酒连续发酵

以搅拌式多罐型啤酒连续发酵为例，其工艺和设备流程如图5-10所示。

搅拌式多罐型啤酒连续发酵操作过程为：麦汁冷却后，送入0℃贮存罐贮存，使用前再经薄板换热器灭菌、冷却，使20～21℃冷麦汁进入倒置U形管充氧；顺次进入发酵罐Ⅰ、加入酵母，搅匀发酵，使发酵度达50%左右，即进入发酵罐Ⅱ，待发酵度达到要求后，在酵母分离罐冷却，使酵母沉淀，酵母从罐底排出，CO_2 从罐上部排出，啤酒从侧管溢流，送入贮酒罐贮存，成熟后过滤灌装。发酵罐多用不锈钢材料制造。

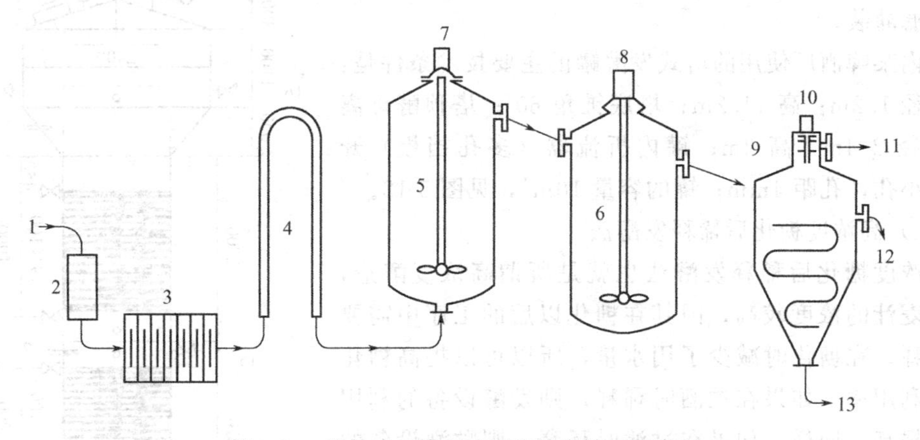

图 5-10　搅拌式三罐型啤酒连续发酵工艺流程

1—麦汁进口；2—泵；3—薄板冷却器；4—柱式供氧器；5—发酵罐Ⅰ；6—发酵罐Ⅱ；7，8—搅拌器；9—除泡；10—酵母分离器；11—CO_2 出口；12—新啤酒出口；13—酵母出口

2. 塔式连续发酵

国内塔式连续发酵生产啤酒流程，见图 5-11。培养好的酵母移入主发酵塔中，并加入无菌麦汁 3t，通风增殖 1 天后，追加麦芽汁 3t，再如前增殖 1 天，然后开始缓慢加入麦芽汁，直至满罐。待酵母达到要求梯度后，开始以低速连续进料逐步增加麦芽汁流量，直到全速（240～280L/h）流量操作。

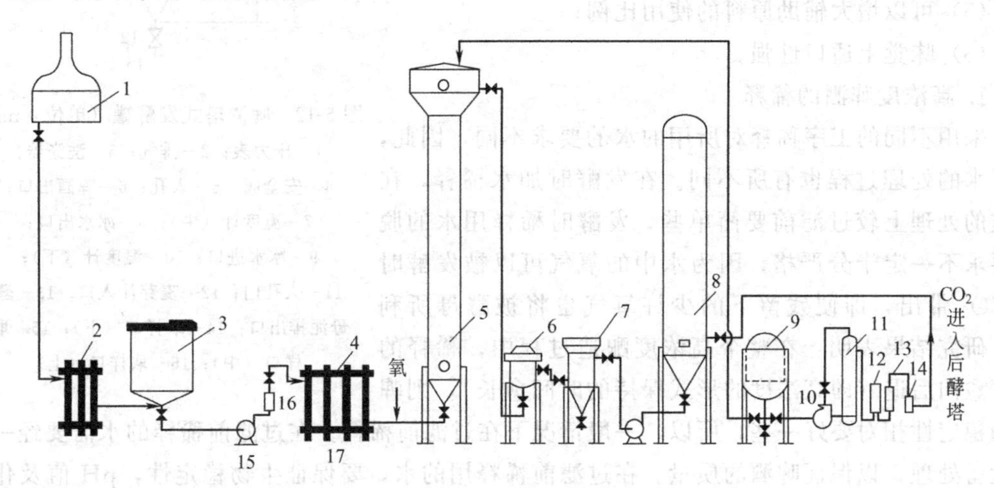

图 5-11　塔式连续发酵流程

1—麦芽汁澄清罐；2—冷却器；3—麦芽汁贮槽；4—灭菌器；5—塔式发酵罐；6—热处理槽；7—酵母分离器；8—锥形后酵罐；9—CO_2 贮槽；10—CO_2 压缩机；11—洗涤器；12—气液分离器；13—活性炭过滤器；14—无菌过滤器；15—泵；16—流量计；17—热交换器

澄清麦芽汁冷却至 0℃，送往贮槽，0℃保持 2 天以后析出和除去冷凝固物，经 63℃、8min 灭菌，冷却至发酵温度 12～14℃，入塔式发酵罐进行前发酵，周期为 2 天；进罐前麦芽汁经 U 形充气柱间歇充气，充气量为麦芽汁：空气＝(12～15)：1。由塔顶溢出的嫩啤酒升温至 14～18℃，使连二酮还原，嫩啤酒冷却至 0℃入锥形罐进行后发酵（2 个锥形罐交替

使用)，3天满罐。满罐后采用来自塔式发酵罐并经处理的CO_2洗涤1天，并保持0.15MPa的CO_2背压1.5天，即可过滤灌装。

国内某啤酒厂使用的塔式发酵罐的主要技术条件是：塔身直径1.2m；高11.2m；塔底锥角60°；塔顶酵母离析器直径2.4m，高2m；罐内折流器（多孔挡板）开ϕ2mm小孔，孔距4mm；罐的容量$10m^3$，见图5-12。

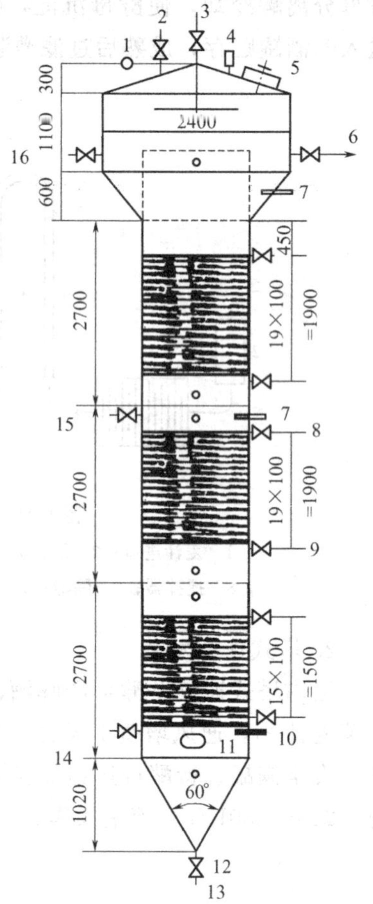

图5-12 啤酒塔式发酵罐（单位：mm）
1—压力表；2—排气；3—洗涤器；4—安全阀；5—人孔；6—啤酒出口；7—温度计（中）；8—冰水出口；9—冰水进口；10—温度计（下）；11—人孔门；12—麦芽汁入口；13—酵母泥排出口；14—取样口（下）；15—取样口（中）；16—取样口（上）

（三）高浓度糖化后稀释发酵法

高浓度糖化后稀释发酵法也就是所谓高浓度酿造，即所用麦汁的浓度较高，因其在糖化以后的工序中需要加水稀释，在糖化时减少了用水量，所以可以提高糖化设备的利用率。如果在贮酒时稀释，则发酵设备的利用率也将提高。同样，如果在过滤时稀释，则贮酒设备的利用率也会提高。所以，这是一项在不增加设备的情况下，提高啤酒产量的措施。

高浓度酿造具有下列优点：

（1）能改善啤酒的胶体稳定性及风味稳定性；

（2）提高工厂的设备利用率；

（3）降低动力消耗；

（4）提高单位可发酵浸出物的酒精产率；

（5）可以增大辅助原料的使用比例；

（6）味觉上适口性强。

1. 高浓度啤酒的稀释

采用不同的工序稀释对所用的水的要求不同，因此，关于水的处理过程也有所不同。在发酵时加水稀释，在水质的处理上较过滤前要简单些，发酵时稀释用水的脱氧要求不一定十分严格，因为水中的氧气可以被发酵时的CO_2带出，即便残留下的少许氧气也将被酵母所利用。研究结果表明：在整个高浓度酿造过程中，稀释的工序愈向后退（即高浓度的形式保持的时间愈长），则啤酒的稳定性相对要好一些，所以，一般情况下在过滤前稀释。在过滤前稀释的水需要经一定的设备处理，以保证啤酒的质量。在过滤前稀释用的水，要保证生物稳定性，pH值及化学组成要与待过滤的啤酒相同，因此往往要经过灭菌及调节pH值的过程。另外，过滤前稀释用的水，其含氧量应降低至0.1mg/kg左右，可以用真空脱氧法除去多余的氧气。

具体的稀释过程（即处理水与浓啤酒的调和过程）如图5-13所示。

2. 啤酒组成成分与风味的差别

高浓度麦汁发酵生产的啤酒与正常浓度麦汁生产的啤酒在组成上有所不同。主要差别在于：

（1）高浓度麦汁酿成的啤酒含有较多的α-氨基氮；

（2）高浓度麦汁酿成的啤酒酸度稍低；

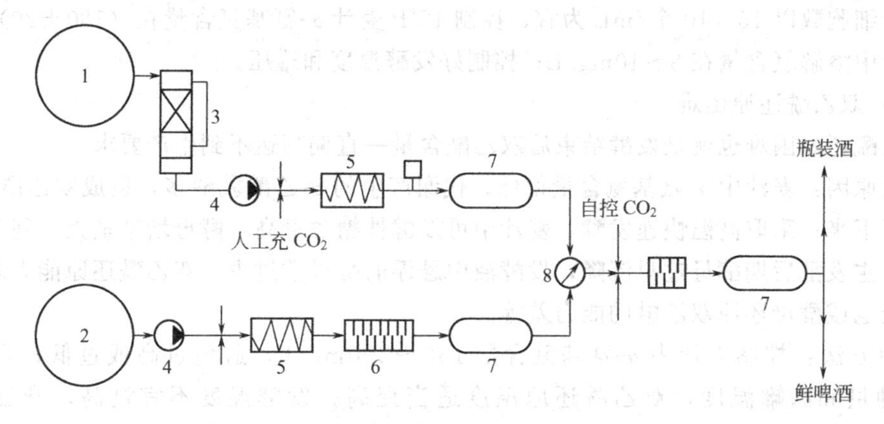

图 5-13　高浓度啤酒稀释步骤

1—处理水；2—浓啤酒罐；3—真空脱氧；4—泵；5—冷却（−1℃）；6—过滤；7—缓冲罐；8—调和点

（3）高浓度麦汁酿成的啤酒乙酸乙酯的含量稍高；

（4）高浓度麦汁酿成的啤酒其胶体稳定性强于正常浓度酿成的啤酒。

三、啤酒生产的异常发酵及处理方法

（一）发酵液“翻腾”现象

翻腾发酵会造成酒液澄清慢，过滤困难，且成品啤酒质量较差。

产生原因：主要是由于冷却夹套开启不当，造成上部温度与工艺曲线偏差 1.5～4℃，罐中部温度更高，引起发酵液强烈对流。另外，压力不稳，急剧升降也会造成翻腾。

处理方法：检查仪表是否正常；严格控制冷却温度，避免上部酒液温度过高；保持罐内压力稳定。

（二）发酵罐结冰

当罐的下部温度与工艺曲线偏差 2℃左右，会使贮酒期罐内温度达到啤酒的冰点（−1.8～2.3℃），可能导致冷却带附近结冰。

产生原因：仪表失灵、温度参数选择不当、热电阻安装位置深度不合适、仪表精度差、操作不当等。

处理方法：检查测温元件及仪表误差，特别要检查铂电阻是否泄漏，若泄漏应烘烤后石蜡密封或更换；选择恰当的测温点位置和热电阻插入深度；加强工艺管理、及时排放酵母；冷媒液温度应控制在−2.5～−4℃，不能采用−8℃的冷媒液。

（三）酵母自溶

产生原因：当罐下部温度与中下部温度差 1.5～5℃以上时，会造成酵母沉降困难和酵母自溶现象。罐底酵母泥温度过高（16～18℃）、维持时间过长，也会造成酵母自溶，产生酵母味，有时会出现啤酒杀菌后浑浊。

处理方法：检查仪表是否正常；及时排放酵母泥；冷媒温度保持−4℃，贮酒期上、中、下温度保持在−1～1℃之间。

（四）饮用啤酒后“上头”现象

产生原因：一般啤酒中高级醇含量超过 120mg/L，异丁醇超过 10mg/L，异戊醇含量超过 50mg/L 时，就会造成饮用啤酒后的“上头”现象。

处理方法：选用高级醇产生量低的酵母菌种；适当提高酵母添加量，减少酵母的增殖量，酵母细胞数以15×10个/mL为宜；控制12°P麦汁α-氨基氮含量在（180±20）mg/L；控制麦汁中溶解氧含量在8～10mg/L；控制好发酵温度和罐压。

（五）双乙酰还原困难

双乙酰还原困难也就是发酵结束后双乙酰含量一直偏高达不到生产要求。

产生原因：麦汁中α-氨基氮含量偏低，代谢产生的α-乙酰乳酸多，造成双乙酰峰值高，迟迟降不下来；采取高温快速发酵，麦汁中可发酵性糖含量高，酵母增殖量大，利于双乙酰的形成；主发酵后期酵母过早沉降，发酵液中悬浮的酵母数过少，双乙酰还原能力差；使用的酵母衰老或酵母还原双乙酰的能力差等。

处理方法：控制麦汁中α-氨基氮含量160～200mg/L，避免过高或过低；适当提高酵母接种量和满罐温度，双乙酰还原温度适当提高；发酵温度不宜过高，升温后采用加压发酵抑制酵母的增殖；主发酵结束后，降温幅度不宜太快；采用双乙酰还原能力强的菌种；添加高泡酒，加快双乙酰的还原；用CO_2洗涤排除双乙酰；降温后与其他罐的酒合滤。

（六）双乙酰回升

所谓双乙酰回升是指发酵结束后双乙酰合格，经过低温贮酒或过滤以后，或经过杀菌双乙酰的含量增加的现象称为双乙酰回升。

产生原因：啤酒中双乙酰前驱物质残留量高，滤酒后吸氧造成杀菌后双乙酰超标的回升现象；发酵后期染菌造成双乙酰回升；过滤后吸氧使酵母再繁殖产生α-乙酰乳酸，经氧化后使双乙酰含量增加。

处理方法：过滤时尽可能减少氧的吸入；过滤后清酒不宜长时间存放，更不能在不满罐的情况下放置过夜；清酒中添加抗氧化剂如抗坏血酸等或添加葡萄糖氧化酶消除酒中的溶解氧；灌装机要用二氧化碳背压；灌酒时用清酒或脱氧水引沫，以保证完全排除瓶颈空气，避免啤酒吸氧。

（七）发酵中止现象

发酵液发酵中止即所谓的“不降糖”。

产生原因：麦芽汁营养不够，低聚糖含量过高，α-氨基氮不足，酸度过高或过低；酵母凝聚性强，造成早期絮凝沉淀；酵母退化，发生突变导致不降糖；酵母自发突变，产生呼吸缺陷型酵母所致。

处理方法：如果是由酵母凝聚性强，造成早期絮凝沉淀所致，可以通过增加麦汁通风量，调整发酵温度，待糖度降到接近最终发酵度时再降温以延长高温期，但会改进酵母的凝聚性能，最好采用分离凝聚性较弱的酵母菌株解决这一现象。如果是因酵母退化，发生突变导致不降糖所致，可以采用更换新的酵母菌种来解决。如果是由酵母自发突变，产生呼吸缺陷型酵母所致，可以从原菌种重新扩培或更换菌种。此外，在麦芽汁制备过程中，要加强蛋白质的水解，适当降低蛋白质分解温度，并延长蛋白质分解时间；糖化时要适当调整糖化温度，加强低温段的水解，保证足够的糖化时间，并调整好醪液的pH值。

思考题

1. 简述上面啤酒酵母和下面啤酒酵母性能的区别。
2. 简述啤酒酵母扩大培养工艺流程。

3. 简述啤酒工厂野生酵母的鉴别方法。
4. 啤酒酵母菌种的贮藏方法有哪些?
5. 简述啤酒发酵过程中“不降糖”的原因。
6. 降低双乙酰，加速啤酒成熟的主要措施有哪些?
7. 简述啤酒生产的异常发酵及处理方法。
8. 简述啤酒现代发酵技术的种类。
9. 为改善啤酒风味，要控制酵母增殖量，应采取什么措施?
10. 简单分析锥罐发酵中酵母一次添加或多次添加的优缺点?

第六章　成品啤酒

学习目标

- 了解发酵液的特性；啤酒稳定性的种类及特性；成品啤酒的质量特性。
- 掌握啤酒过滤的目的及要求；啤酒过滤时的控制要点；瓶装啤酒的生产过程及基本操作要点。
- 熟悉使用硅藻土过滤机进行过滤操作；啤酒稳定性处理方法；瓶装啤酒的包装方法。

第一节　啤酒过滤与稳定性处理

发酵结束后，特别是啤酒发酵液经过一段时间的低温贮存，大部分酵母细胞和冷浑浊物沉积到发酵容器底部而被分离，但这种自然沉降速度是非常缓慢的，分离不完全的，发酵液中仍悬浮着大量的酵母细胞和蛋白质凝固物等浑浊物质，影响啤酒的稳定性，需要进一步分离。在啤酒生产过程中，为了使成品啤酒达到澄清透明并富有光泽，发酵液还必须进行过滤及稳定性处理，最后再经过包装和杀菌处理后才能面对消费者。啤酒发酵液中各种粒子的大小如图6-1所示。

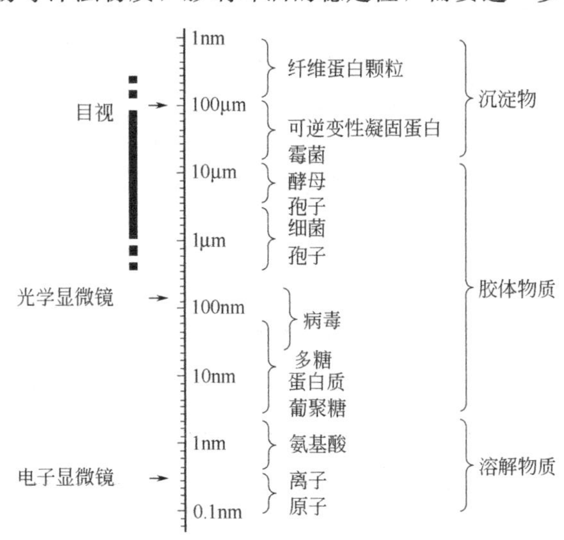

图6-1　啤酒发酵液中浑浊物粒子大小

一、啤酒的过滤

（一）过滤的目的与要求

发酵结束的成熟啤酒，虽然大部分蛋白质和酵母已经沉淀，但仍有少量浑浊物质悬浮于酒液中，影响酒体的稳定性，为了满足消费者对优质啤酒的需求，还必须经过过滤澄清处理才能进行包装。

1. 啤酒过滤的目的

（1）除去酒液中悬浮物，改善酒体外观，使啤酒澄清透明，富有光泽。

（2）除去或减少啤酒中因多酚与蛋白质聚合等而出现的浑浊沉淀物质，提高啤酒的非生物稳定性。

（3）除去酵母、细菌等微生物，提高啤酒的生物稳定性。

2. 啤酒过滤的要求

（1）过滤速度快，效率高，产量大。

（2）过滤质量好，酒液透明度高。

（3）酒损小，CO_2 损失少。

（4）无污染，避免氧化，不影响啤酒风味。

（二）啤酒过滤的基本原理

啤酒过滤主要是通过过滤介质的筛分效应、深层效应和静电吸附效应等，使酒液中存在的微生物、冷凝固物等相对颗粒较大的固形物被分离出来，从而使酒体澄清透明。目前在啤酒过滤过程中，常常使用的过滤介质有硅藻土、滤纸板、微孔薄膜和陶瓷芯等。

（三）啤酒过滤方式及操作技术

啤酒过滤的主要方式及设备有：硅藻土过滤机、板式过滤机及无菌过滤等。目前使用最多的是硅藻土过滤机。

1. 硅藻土过滤机

（1）板框式硅藻土过滤机　板框式硅藻土过滤机（图 6-2）由机架、滤板和滤框（图 6-3）构成，大多采用不锈钢制作。机架由横杠、固定顶板和活动顶板组成，横杠用来悬挂滤板和滤框，顶板用于压紧滤板和滤框。滤板表面有横或竖的滤槽，导出滤后酒液。滤框和滤板四角有孔，分别用来打入待滤酒液和排出滤过的酒液。滤板和滤框交替悬挂在机架两侧的横杠上，滤板两侧用滤布隔开，滤布由纤维或聚合树脂制成。两块滤板中间夹一个滤框，四周密封，形成一个滤室，用于填充硅藻土、待滤发酵液和截留下的粒子。

图 6-2　过滤机

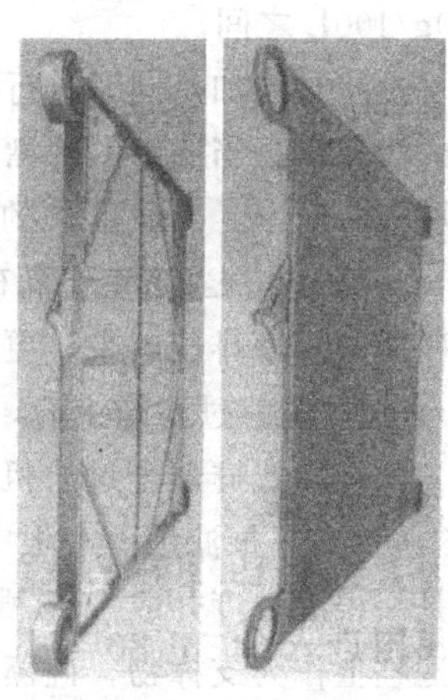

(a) 滤框　(b) 滤板

图 6-3　滤框和滤板

板框式硅藻土过滤机操作过程分为装机、预涂、流加与过滤、拆洗等过程。

① 装机。将滤板和滤框交替悬挂在横杠上，滤板两侧包好滤布并将滤布润湿，用活动顶板将滤框和滤板压紧。

② 预涂。正式过滤前应先将硅藻土预涂在支撑物上形成助滤层，为排除空气，先将过滤机加满水。将硅藻土与经脱氧处理的水在硅藻土添加罐中混合，再用泵打入过滤机并循环至无微粒流出为止。

预涂一般分两次进行，第一次预涂采用粗土，对后面形成的滤层起支撑作用。硅藻土用量为 0.3～0.6kg/m^2，预涂时间 3～5min，涂层厚度 2～3mm。第二次预涂采用粗细土混合，涂在第一次预涂层上，起到真正的过滤作用。硅藻土用量也为 0.3～0.6kg/m^2，预涂时间 3～5min，涂层厚度 2～3mm，如图 6-4 所示。

③ 流加与过滤。预涂结束后开始过滤，为了不断地更新滤层，形成新的孔隙，始终保

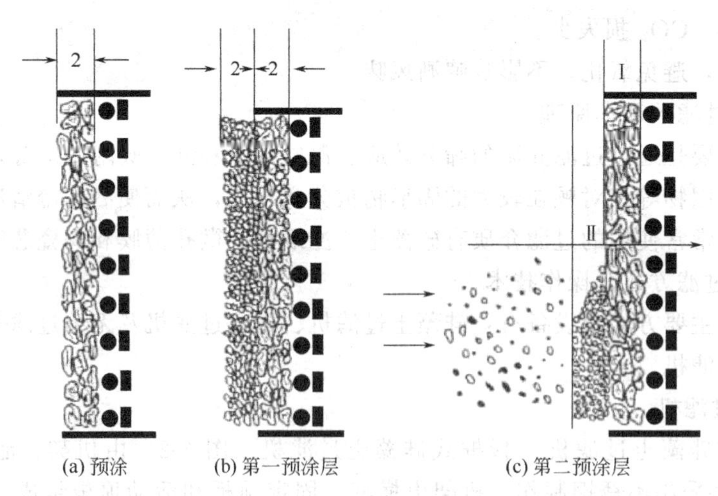

(a) 预涂　(b) 第一预涂层　(c) 第二预涂层

图 6-4　硅藻土预涂与流加

持滤层的通透性，过滤过程中要连续流加硅藻土，将硅藻土与待滤啤酒在硅藻土添加罐中混合，然后用计量泵定量打入过滤机。流加量及粗细土的比例应根据滤出酒的浊度调整，一般来讲，滤出酒的浊度高，应适当加大硅藻土流加量和提高细土比例。流加量一般波动在80～300g/100L 之间。

过滤与流加是同时进行的，开始流出的酒液若不够清亮，可以返回流加罐，直至达到要求的清亮度。当滤出的啤酒浑浊度低于 0.5EBC 时才能进入清酒罐。随着过滤的继续进行，滤层不断增厚，拦截下来的粒子不断增多，过滤机进出口的压力差升高，压差上升速度为 20～40kPa/h。当滤室充满硅藻土，压差达到 0.3～0.4MPa 时，停止过滤，用水将过滤机中残留的啤酒排压出来，更换新的滤层。

④ 拆洗。过滤结束后，打开过滤机，将硅藻土卸掉并冲洗干净，再重新安装好备用。

（2）烛式硅藻土过滤机　烛式硅藻土过滤机由外壳和滤烛构成，用不锈钢制作，如图 6-5 所示。每根滤烛由一根中心滤柱和套在其上的许多圆环（或缠绕不锈钢螺旋）组成。烛柱是一根沿长度开成 Y 形槽的不锈钢柱，直径 25mm 左右，长度可达 2m 以上。圆环套装在滤柱上作为支撑物，硅藻土在环面沉积，形成滤层。发酵液穿过滤层，浑浊粒子被截留，清亮啤酒由中心柱上的沟槽流出。每根滤烛的过滤面积在 0.2m^2 左右，每台烛式过滤机内可安装近 700 根滤烛，所以过滤面积非常大，并且随着过滤时间的推移，滤层增厚，过滤面积成倍增加。

烛式硅藻土过滤机操作过程与板框式硅藻土过滤机相同，也包括充水排气、预涂、过滤、排压、卸土、洗涤等步骤。不同的是为形成良好的滤层，每次预涂要进行 10～15min 的循环。随着过滤的进行，滤层越来越厚，进口压力越来越高，当达到 0.5～0.6MPa 时停止过滤。将残留的酒液排压干净后，按照过滤时相反的方向，用水反冲，排出硅藻土，并冲洗干净。最后用 80～90℃的热水杀菌。

（3）水平圆盘式硅藻土过滤机　水平圆盘式硅藻土过滤机由外壳、圆形滤盘和中心轴构成，用不锈钢制作，如图 6-6 所示。圆盘上面是用镍铬合金材料编织的筛网作为硅藻土助滤剂的支撑物，筛网孔径为 50～80μm，过滤面积为所有圆盘面积的总和。因盘安装在中心轴上，中心轴是空心的，并开有很多滤孔。在电机带动下中心轴可以旋转，并带动圆盘一起旋转。

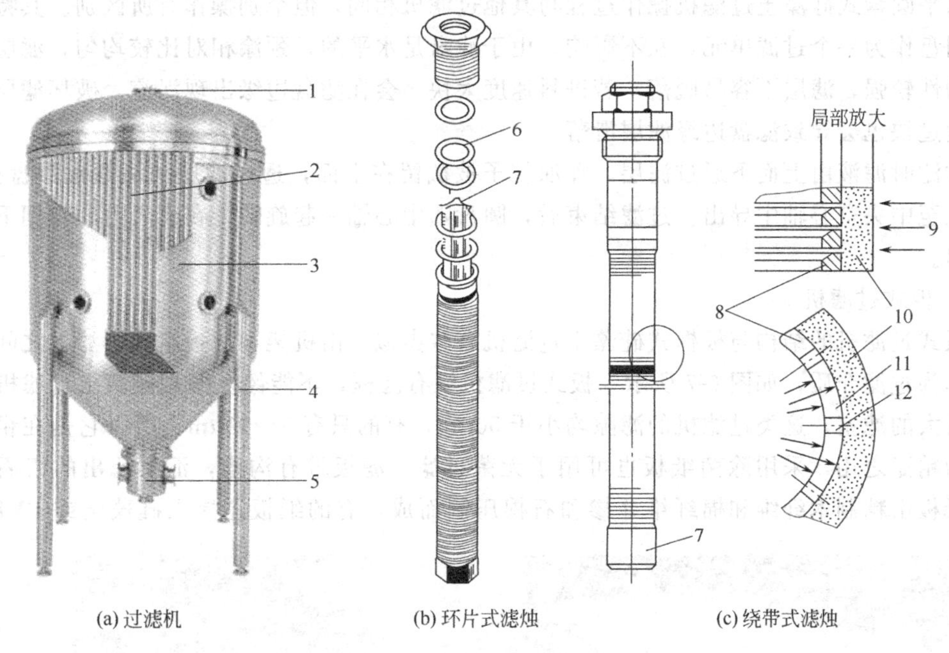

图 6-5　烛式硅藻土过滤机

1—清酒出口；2—烛式滤芯；3—过滤机外壳；4—支撑；5—浑浊酒液进口；6—圆环；7—滤柱；8—楔形不锈钢带；9—清洗；10—硅藻土层；11—宽开口；12—狭凸肩

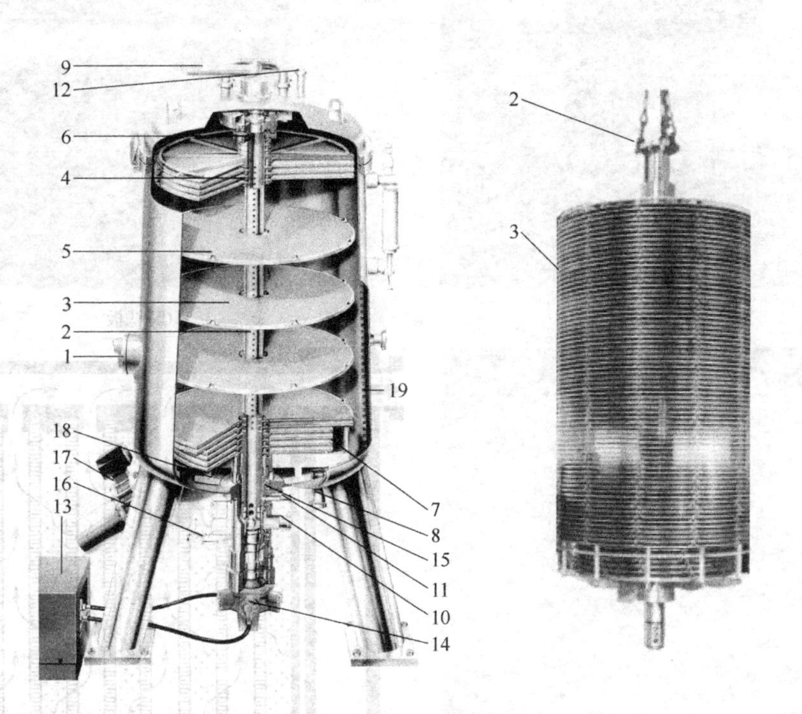

图 6-6　水平圆盘式硅藻土过滤机

1—带视窗机壳；2—滤出轴；3—滤盘；4—间隔环；5—支脚；6—压紧装置；7—残液滤盘；8—底部进口；9—上部进口；10—清酒出口；11—残酒出口；12—排气管；13—液压装置；14—电机；15—轴封；16—轴环清洗管；17—硅藻土排出管；18—硅藻土排出装置；19—喷洗装置

水平圆盘式硅藻土过滤机操作过程与其他过滤机相同，但个别操作有所区别。其特点是每个圆盘作为一个过滤单元，互不影响。由于滤盘是水平的，颈涂相对比较均匀，滤层抗压力波动性较强，滤层不容易脱落。若进料速度太快，会在滤盘边缘出现涡流，破坏滤层；排空速度过快也会导致滤盘边缘滤层滑落。

过滤时滤液由上而下通过滤层，浑浊粒子被截留在上面，透过滤层的清酒由圆盘接收，并汇流至中央空心轴中导出。过滤结束后，圆盘随中心轴一起旋转，在离心力的作用下将滤饼甩出。

2. 板式过滤机

板式过滤机的结构与板框式硅藻土过滤机有些类似，由机架和滤板组成，滤板之间插有纸板作为过滤介质，如图 6-7 所示。板式过滤机没有滤框，不能像板框式硅藻土过滤机那样形成较大的滤室，这类过滤机的滤隙均小于 50μm，有的只有 5～10μm。所以它是在粗滤之后作为精滤之用，采用除菌纸板也可用于无菌过滤。滤板带有沟槽，汇集滤出的清酒并导出。纸板由精制木纤维和棉纤维并掺和石棉压制而成，有的纸板还掺入硅藻土或 PVPP 等

(a) 过滤机

(b) 滤板

(c) 纸板

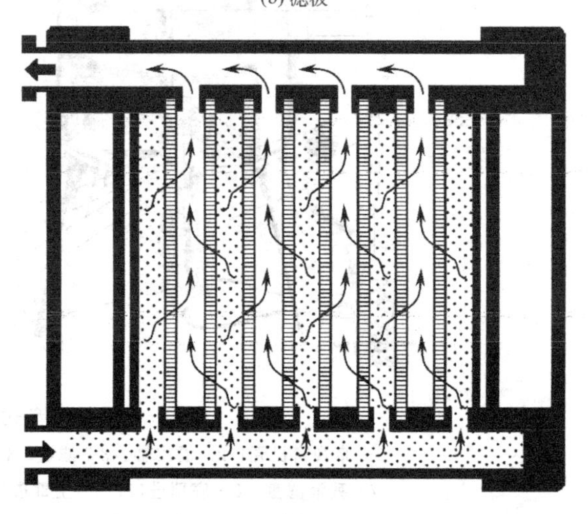
(d) 工作原理

图 6-7 板式过滤机及其工作原理

吸附剂。

板式过滤机操作过程包括安装、排出空气灭菌、润湿和洗出、过滤、洗涤、再生六步。

(1) 安装　将纸板与滤板相间放好，用压紧装置压紧。

(2) 排出空气灭菌　滤酒前先小心压入水，将过滤机中的空气排净。并用 80～90℃ 热水杀菌 20min 或蒸汽灭菌。

(3) 润湿和洗出　在排出空气的同时，水润湿并洗涤纸板，尽可能将所有滤面都过水，以便洗出可溶性物质，除掉纸味和硅藻土味。纸板洗出时间为 15～20min，流速为过滤速度的 1.5～2 倍。

(4) 过滤　开始滤酒后，随着时间的推移，阻力增大，进出口压力差升高。为了避免压力冲击，过滤速率最大不超过 150L/(m^2·h)。过滤结束时压差最高不超过 150kPa。

(5) 洗涤　过滤完毕后，用 50～60℃ 的水进行反洗。若用硅藻土预涂，则应先打开过滤机排出硅藻土，装机后再清洗。

(6) 再生　过滤纸板经过再生后可以循环使用。先用冷水洗涤约 5min，再用 45℃ 左右的温水洗涤约 5min，最后用 70～80℃ 的热水（压力 50～100kPa）浸泡大约 10min，最后一次热水浸泡也可改用大循环。必要时用 80～90℃ 的热水杀菌 30min。

3. 无菌过滤

隧道式巴氏杀菌和高温瞬时杀菌是常用的保证啤酒生物稳定性的一种有效办法，人们日常所喝的熟啤酒都是采用此法进行的，但是经热杀菌的啤酒丧失了其新鲜的口感，啤酒成分发生了变化，引起啤酒产生杀菌味，出现氧化味，使啤酒的风味变差。用过滤的方式除去啤酒中的微生物，无须将啤酒加热，避免了热对啤酒的影响。无菌过滤在啤酒灌装前进行，再辅以无菌灌装，既提高了啤酒的生物稳定性，又保持了啤酒原有的新鲜口感。无菌过滤根据滤芯的不同可分为薄膜过滤和深床式多层过滤。无菌过滤在滤芯过滤前必须增加一道粗滤和精滤，保证最后滤芯的生产能力和使用寿命。

无菌过滤操作的基本步骤如下。

(1) 滤芯过滤系统组装完毕后，先用通过 0.45μm 孔径薄膜的无菌水冲洗 20min，流量 2～3m^3/h，以防滤孔堵塞。

(2) 冲洗后，用 CO_2 顶出过滤系统中的水，进行完整性测试，如有破漏，需重新组装。

(3) 滤酒时，滤筒内以 CO_2 背压，将啤酒输入滤筒。滤筒内的 CO_2 压力应不低于 CO_2 在啤酒中的饱和压力。进酒和出酒的压差保持在 5kPa 左右。

(4) 滤酒完毕，以 CO_2 将此滤酒系统内残存的酒液顶出，进入缓冲罐或直接进入灌装设备。并用 65℃ 热水冲洗此过滤系统。

(5) 滤芯要根据啤酒的可滤性在规定的时间内进行清洗。并用 85℃ 热水进行杀菌。杀菌后用无菌冷水淋洗，以便进行滤芯的完整性测试。滤芯进行完整性测试，确定是否可继续使用。

(6) 将此系统内所有的水排除干净，并用 CO_2 冲洗所有系统及管路，然后以 CO_2 背压备用。

所有以上操作过程均需符合滤芯规定要求，包括正确掌握淋洗、清洗、灭菌的各项温度，清洗用水和 CO_2 均需先经过无菌处理，保证生产过程的安全性和连续性。

(四) 啤酒过滤控制要点

为了保证过滤的效果，需要注意以下几个控制点。

1. 溶解氧的控制

(1) 脱氧水罐使用前用CO_2置换罐内的空气，背压0.08～0.1MPa，制水过程中稳定保压，控制脱氧水的溶氧量，达到要求方可使用。

(2) 打开的发酵罐不应长时间放置，每个发酵罐尽量单滤，如果合滤，滤酒时间不能超过48h，要尽快滤空，中间不停滤。

(3) 过滤机使用前要打开出口阀、进口阀和所有排气阀，用脱氧水排尽过滤机内空气。从发酵罐出口到清酒罐所有的管道、设备在走酒前要用无菌脱氧水充满，再用酒将其顶出。

(4) 从清酒罐底部起，用纯度99.5%以上CO_2背压。

(5) 使用脱氧水配制抗氧化剂，在过滤好的清酒中在线均匀添加。

(6) 过滤管路及过滤泵应密封良好，管路弯头减少，管径合理，设有排气装置，杜绝跑、冒、滴、漏和管路及过滤机空酒等现象。发酵罐快滤空时换罐操作要有专人看守，防止湍流的发生，避免进空气。

(7) 掌握好酒头酒尾的进罐量，因为酒头酒尾中溶氧高。

2. 微生物的控制

(1) 过滤设备、管路等要定期刷洗，检验符合要求才可使用。

(2) 稀释和洗涤用的脱氧水，可以通过紫外线杀菌来减少杂菌。

(3) CO_2可以通过膜过滤除菌。

(4) 设备及管路应定期严格灭菌，连通器具、软管在闲置时应放入杀菌液中。

(5) 加强过滤车间杀菌，墙壁应无霉斑，定期喷酒精杀菌（包括设备管路的表面），地面定期撒漂白粉。

(6) 过滤好的酒在清酒罐中停留时间不能超过24h，超过24h则要复检微生物。

3. 啤酒风味的控制

(1) 修饰添加剂的使用量必须适宜，否则会对啤酒质量产生负面影响。

(2) 严格控制硅藻土中铁离子含量，所有过滤设备、管路必须使用不锈钢材料，防止啤酒出现铁腥味。

(3) 过滤过程中经常会遇到更换品种的情况，当前后两种酒均是普通酒时，可以用酒顶酒。若两种酒中有一种为精制酒时，更换品种要用脱氧水顶前一种酒，以免两种口味相差明显的酒混合后影响整个清酒罐中酒的风味。

二、啤酒的稳定性处理

啤酒稳定性主要包括生物稳定性、非生物稳定性、风味稳定性。稳定性的高低直接决定啤酒质量的优劣。

（一）生物稳定性处理

啤酒在生产过程中污染了杂菌，过滤除菌或杀菌不彻底，或者在贮存期间污染了杂菌，都会导致啤酒的酸败，这种由于微生物污染而引起的啤酒感官及理化指标上的变化称为啤酒生物稳定性。啤酒由于其呈酸性、CO_2浓度高、氧含量低，并含有具有抑菌作用的酒花成分，因此啤酒中能存在的主要是兼性厌氧和微好氧微生物。

一般过滤后啤酒中仍含有少量的啤酒酵母、其他细菌、野生酵母等微生物，由于数量很少，所以啤酒外观是清亮透明的，但是如果放置一定时间后微生物数量会重新繁殖到10^4～10^5个/mL以上，导致啤酒出现浑浊沉淀，这称为生物稳定性破坏。

不经过除菌处理的包装啤酒称鲜啤酒，其生物稳定性仅能保持5～7天，经过除菌处理的啤酒，能保持较长时间的生物稳定性。

啤酒杀菌可以在灌装前杀菌，也可以在灌装后杀菌。灌装前杀菌一般采用高温瞬时杀菌，灌装后杀菌大都采用隧道式杀菌。过去我国的啤酒厂基本采用在装瓶后杀菌，随着生产条件的改善和技术的进步，现在越来越多的啤酒厂趋向于高温瞬时杀菌。

1. 高温瞬时杀菌

高温瞬时杀菌的杀菌温度比隧道式杀菌略高、时间短，能杀灭微生物的营养细胞，但不能杀死孢子和芽孢。由于啤酒在较高的温度下维持的时间很短，因此营养成分不致被破坏，并保留了啤酒的新鲜感。高温瞬时杀菌后的啤酒要求无菌灌装，成品啤酒的生物稳定性相对较低，保质期稍短。高温瞬时杀菌流程如图 6-8 所示。

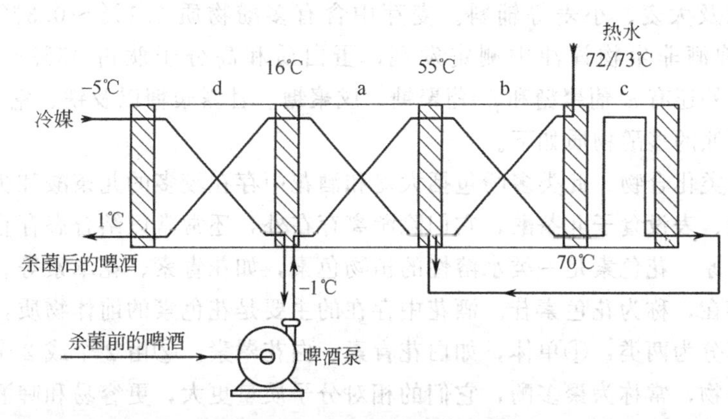

图 6-8　高温瞬时杀菌示意

高温瞬时杀菌过程分为以下四个阶段。

(1) 预热阶段（a 区）　已杀菌但尚未冷却的啤酒（68～70℃）与待杀菌的冷啤酒（约－1℃）在热交换器中对流通过进行换热，将约－1℃的啤酒预热至 55℃左右；与此同时，68～70℃的热啤酒被冷却至 12～18℃。节约能源，热量回收率达 75%～90%。

(2) 加热阶段（b 区）　用 72～73℃的热水将已预热的啤酒加热至 68～70℃。热水温度不能超过啤酒温度的 3℃。

(3) 保温阶段（c 区）　加热后的啤酒在 68～70℃维持 30～80s，杀死微生物的营养体。

(4) 冷却阶段（d 区）　经过杀菌并与冷啤酒进行过一次热交换的啤酒用盐水（或氨）冷却至灌装温度（约 1℃）。

2. 隧道式杀菌

啤酒装瓶（罐）后，通过类似于隧道的杀菌机，采用热水喷淋的方式将啤酒灭菌。详见本章第二节。

（二）非生物稳定性处理

啤酒的非生物稳定性是指啤酒在生产、运输、贮存过程中，由外界非生物原因引起的浑浊、沉淀。随着贮存时间的延长，特别是在温度比较低的情况下（如冬季），冷浑浊物凝固析出，啤酒出现早期浑浊，严重时沉淀。这种现象主要是由于啤酒中高分子蛋白质与单宁化合物形成复合物造成的，除去任何一种物质都能提高啤酒的非生物稳定性。

经过过滤澄清透明的啤酒是胶体溶液，它含有糊精、β-葡聚糖、蛋白质和它的分解产物多肽、多酚、酒花树脂及酵母等微生物，这些颗粒直径大于 $10^{-3}\mu m$ 的大分子物质，在 O_2、光线和振动及保存时会发生一系列变化，形成浑浊、沉淀的胶体浑浊物，包括冷浑浊、冷冻浑浊、永久浑浊等。

冷浑浊在0℃左右产生，在20℃左右又复溶，一般认为是蛋白质-多酚结合物；冷冻浑浊在−3～−5℃出现，以β-葡聚糖为主体的沉淀；永久浑浊是蛋白质-多酚物质氧化形成的聚合物。

高分子蛋白质、高分子多肽是构成啤酒风味、泡沫性能等方面不可缺少的物质，任何啤酒中都会存在潜在浑浊的高分子蛋白质或多肽，因此啤酒透明是相对的，浑浊是绝对的。

1. 多酚对啤酒非生物浑浊的影响

在12°P煮沸麦芽汁中含有多酚物质常在75～200mg/L，它对啤酒的色泽、泡沫、口味、杀口性、风格等有显著影响，而且会引起啤酒的非生物浑浊和啤酒喷涌。多酚主要来自于麦芽、酒花以及大麦、小麦等辅料。麦芽中含有多酚物质0.1%～0.3%，酒花中含有4%～14%。在啤酒非生物浑浊中测定发现，蛋白质和高分子肽占45%～75%，多酚占20%～35%，此外还有α-葡聚糖和β-葡聚糖、戊聚糖、甘露聚糖以及铁、锰等金属离子。

引起啤酒浑浊的多酚物质如下。

（1）儿茶酸类化合物　此类多酚包括大麦和酒花中存在较多的儿茶酸和少量的没食子儿茶酸、表儿茶酸、表没食子儿茶酸，它们除游离存在外，还常常以结合态存在。

（2）花色素原　花色素是一类水溶性的植物色素，如花青素、花翠素等。花色素在植物中以糖苷形式存在，称为花色素苷。酒花中存在的主要是花色素的前体物质，称其为花色素原。花色素原可分为两类：①单体，如白花青素、白花翠素。②由2个或2个以上的上述化合物结合的聚合物，常称为聚多酚，它们的相对分子质量更大，更容易和啤酒中的蛋白质结合，造成啤酒的永久浑浊。

2. 提高啤酒非生物稳定性的措施

（1）重视和强化蛋白质分解工艺　在糖化过程尽量使用蛋白质溶解好的麦芽，适当增加辅料比例，工艺上严格控制蛋白质休止温度、pH值，使蛋白质分解完全。

（2）减少多酚物质溶出，并有效降低蛋白质和多酚物质的含量　蛋白质-多酚聚合物质是造成啤酒非生物浑浊的主要物质。因此，降低蛋白质和多酚物质的含量是提高啤酒非生物稳定性的主要措施，可通过以下方法来减少蛋白质和多酚物质的含量。

① 选择多酚物质含量少的原料。在选择大麦时，可选择皮壳含量少的大麦，因为大麦多酚物质主要集中于大麦谷壳及皮层，不同品种大麦中谷壳干物质含量约为7%～13%。也可将其经过擦皮处理，使谷壳含量降至7%～8%，有利于减少大麦及麦芽中的多酚。

② 添加化学物质加快多酚物质的分离去除。制麦时，如果用加NaOH（pH值为10.5）的碱性浸麦水浸麦，可加快多酚物质在浸麦时溶解；如果用大麦质量的0.03%～0.05%甲醛水溶液浸麦，可使大麦中多酚含量下降50%以上。

③ 选择适当的糖化温度及pH值条件。在不同温度、pH值条件下，麦壳中多酚物质的溶出量是不相同的，温度越高，pH值越大，多酚物质的溶出越多，所以糖化温度应该控制在63～67℃之间，pH值在5.2～5.4，尽量使用pH值6.5以下的洗糟水，避免使用碱性水，残糖要求在1.2～1.5Bx，最低不低于1.0Bx，以减少多酚等有害物质的溶出。

④ 糖化用水中添加甲醛，提高啤酒非生物稳定性。在糖化锅投入麦芽10～20min后，添加甲醛，使之与麦芽中的酰胺生成类似酰胺树脂的化合物，将多酚吸附而沉淀除去，对啤酒风味无影响，参考用量为550～650mL/t麦芽。

⑤ 使用多酚物质含量少的辅料。在啤酒配料中，增加无多酚物质的大米、糖类或多酚

含量低的玉米等，可减少麦芽汁中总多酚的含量。

⑥ 添加酒花时，减少多酚物质用量。麦芽汁煮沸时尽可能添加不受氧化的酒花或无多酚的酒花浸膏，从而减少多酚物质的用量。

⑦ 添加吸附剂，主要是硅胶和 PVPP。PVPP 是一种不溶性高分子交联的聚乙烯吡咯烷酮。PVPP 能吸附 40%以上蛋白质-多酚浑浊物中的多酚，而且对易引起浑浊的二聚体至四聚体吸附能力更大。因此，啤酒经 PVPP 吸附后，能降低啤酒中多酚聚合指数，能预防冷雾浊，推迟永久浑浊的出现，使啤酒获得更长的保质期，也会减少啤酒由于多酚氧化造成的氧化味。

PVPP 的添加量与啤酒的澄清程度有关，粗滤后的啤酒添加量少，未过滤的啤酒添加量多。PVPP 在使用前，先要在脱氧水中吸水膨胀 1h 以上。PVPP 吸附不仅需要一定时间，而且要充分地和啤酒中多酚接触，不同型号的 PVPP 和啤酒接触时间不同。滤后啤酒添加 20～30g/100L，滤前啤酒添加小于 50g/100L，接触时间 5min 左右，即能达到良好的效果。PVPP 过滤对啤酒浓度、总酸、色度、风味无明显影响，对泡沫也无影响，但苦味值有 3%～5%的下降。经 PVPP 处理的啤酒，一般非生物稳定性可延长 2～4 个月。目前已有可再生反复使用的 PVPP 产品，可降低使用成本。

硅胶对蛋白质的吸附具有很强的选择性，它对啤酒的浑浊成分具有很强的吸附能力，能去除亲水性较强的、相对分子质量低于 6×10^4 的冷浑浊蛋白质，但是对于啤酒的泡沫蛋白，即疏水性强、相对分子质量高于 10^5 的蛋白质的吸附能力较弱。硅胶还可以去除对泡沫有害的物质——脂类物质，并保留啤酒中天然的抗氧化物——单宁。

在滤酒时，添加硅胶，利用它的强吸附力将高分子蛋白质吸附除去，与硅藻土混合使用时，添加顺序为粗土、细土、硅胶。硅胶添加量为 300～500mg/L。

⑧ 添加蛋白酶。蛋白酶可将造成啤酒早期浑浊的高分子蛋白质分解成低分子物质，从而提高啤酒的非生物稳定性。常用木瓜蛋白酶，可在贮酒时添加。在清酒罐中添加木瓜蛋白酶时，添加量为 0.2～0.5g/100L。添加酶时应先用清酒或脱氧水约按 1∶100 的比例溶解，充分混匀，然后再加入到清酒罐中，并与酒液混合均匀。与对照样品相比，添加木瓜蛋白酶可使啤酒的非生物稳定性延长 2～3 个月。

⑨ 添加单宁。单宁具有倍酰基和多缩倍酰基，能有选择地与相对分子质量 6×10^4 以上的可溶性蛋白质和带有—SH 的蛋白质发生沉淀反应，易于过滤时除去。

采用一罐法发酵时在降温后将速溶型单宁溶液打入罐内，采用两罐法发酵时在倒罐时于管路中流加，添加量 30～50mg/L。在过滤前加入到缓冲罐中，与啤酒的作用时间应不低于 15min。添加量略低于在发酵期间的添加量。

⑩ 添加异维生素 C 钠或酶清。添加量为异维生素 C 钠 15～20g/t 酒，酶清（>6000 单位）10mL/t 酒。可以在过滤前加入，但不要过量添加，否则对泡沫有一定的损害。

多酚是啤酒潜在的浑浊物质。啤酒中总多酚的减少，可提高啤酒的非生物稳定性，但过多减少反而会影响啤酒的风味。

（3）提高煮沸强度，合理添加酒花　煮沸强度对蛋白质凝结速度的影响比较大，当煮沸强度在 8%～10%时，蛋白质凝结物呈絮状或大片状，沉淀速度快，此时测麦芽汁中可凝固氮含量一般都在 15mg/L 以下。酒花中单宁比大麦中单宁活泼，为了充分发挥大麦单宁的作用，更好地去除麦芽汁中的蛋白质，在不影响啤酒质量的前提下，尽量推迟添加酒花的时间，从而加快蛋白质的凝固分离。

(4) 啤酒发酵结束后低温贮存　发酵结束后，应该快速对发酵液进行降温处理，低温贮存有助于蛋白质-多酚聚合物质凝聚沉淀，从而加快蛋白质-多酚物质的分离去除。

(5) 避免氧对啤酒质量的影响　在啤酒生产过程中，除酵母的有氧繁殖阶段外，其他任何工序氧都会危害啤酒的质量。例如在糖化时，多酚物质被氧化而使麦芽汁色泽加深；在后酵、滤酒、灌装阶段，氧的溶入会消耗啤酒的还原性物质，影响啤酒的风味；在成品中，氧能使蛋白质、多酚聚合而产生啤酒失光现象。因此在生产过程中应尽量避免氧气，防止氧化。

(三) 风味稳定性处理

风味即香气和口味，是人的视觉、嗅觉和味觉对啤酒的综合感受。啤酒的风味稳定性是指啤酒灌装后，在规定的保质期内啤酒的风味无显著变化。影响啤酒风味的成分有醇、酯、羟基、含硫化合物、酒花成分、有机酸、氨和胺等多达200种以上。

当今啤酒的酿造技术，可使啤酒非生物稳定性保持6～12个月，个别可达2年，但风味稳定期还远远达不到如此长。一般在一个月左右就能品尝到风味的恶化，最优质的啤酒也只能保持3～4个月。如果对啤酒处理不当，则在7～10天就会明显感到啤酒风味的恶化，首先从酒花新鲜香味减少和消失开始，接着会产生类似面包和焦糖的味道，继而产生氧化味，这是由于风味物质不断氧化而产生的。

啤酒从包装出厂至品尝能保持啤酒新鲜、完美、纯正、柔和风味，而没有因氧化而出现的氧化味的时间称为风味稳定期。

1. 啤酒中风味物质的分类

(1) 啤酒中的连二酮类（双乙酰、2,3-戊二酮）及其前驱物质。双乙酰的风味阈值为0.15mg/L，极易给啤酒带来馊饭味。

(2) 发酵副产物醛类、高级醇类、有机酸类等。乙醛的阈值为20～25mg/L，超过时产生酸的、使人恶心的气味。高级醇中具有光学活性的异戊醇的阈值为15mg/L，非光学活性异戊醇的阈值为60～65mg/L，超过时呈汗臭、不愉快的苦味，即所谓的杂醇油味。啤酒生产过程中控制总酸量为2.2～2.3mL/100mL，若挥发酸>100mg/mL，会使酸露头，酸刺激感强，表明啤酒已酸败。

(3) 发酵副产物酯类。已酸乙酯的阈值为0.37mg/L，乙酸乙酯的阈值为14～35mg/L，是啤酒的重要香气成分。

(4) 发酵副产物硫化氢、二甲基硫等。硫化氢的阈值为5～10μg/L，优良啤酒中只有1～5μg/L。二甲基硫（DMS）是焦点，其阈值为30～50μg/L，超过时，啤酒呈腐烂卷心菜味。控制麦芽中的DMS<2μg/L就可控制正常啤酒中的DMS<30μg/L。

(5) 酒花类物质，包括溶解物和挥发性成分，其中香叶烯含量40μg/L，有明显的酒花香气，异α-酸能赋予啤酒苦味，通常检测的苦味质在20BU左右。

2. 啤酒中风味物质的来源

啤酒中的风味物质主要来自于：

(1) 原料如大麦、酒花、酿造水等。

(2) 在麦芽干燥、麦芽汁煮沸、啤酒的热杀菌等工艺中，热化学反应产生的物质。

(3) 由酵母发酵产生的物质。

(4) 由污染微生物产生的物质。

(5) 在啤酒生产与保存过程中，受氧气、日光等影响产生的物质等。在氧、光线、加热等条件下发生聚合、分解等化学变化，而使酒中风味物质的种类和数量发生变化，从而引起啤酒风味的改变。

3. 啤酒常见的风味病害及产生原因

酿造者只有熟悉啤酒常见的风味病害及产生原因，才能积极采取措施加以预防和纠正。

(1) 啤酒的涩味　涩味是使舌头有发木、发滞、粗糙的不滑润、不好受的一种滋味。啤酒有了涩味，则其苦味变得粗杂、口味变得粗劣，使原本柔和爽口的啤酒变得不协调、不爽口。造成啤酒苦涩的主要原因是：糖化水的pH值偏高，高硫酸盐、高镁和高铁，麦芽汁煮沸时pH值高，使用陈旧酒花，冷凝固物进入发酵液，过分使用单宁作沉淀剂，酒精含量不正常等。

(2) 酵母味　酵母死亡后除产生酵母自溶外，还产生一种苦涩的异味，俗称酵母味。导致产生酵母味的因素主要有酵母贮养温度高、发酵温度高，酵母衰老、退化，酵母添加量过大，麦芽汁供氧不足等。此外，啤酒中硫化氢超过5μg/L时也会出现酵母味。导致硫化氢含量增加的因素有麦芽汁煮沸不完善，麦芽汁过分氧化，采用劣质酵母，发酵缓慢，使用亚硫酸盐，污染了产生硫化氢的微生物，巴氏灭菌温度过高，包装啤酒高温贮藏和曝光等。

(3) 腻厚味　啤酒产生腻厚味的原因主要是发酵过程异常，啤酒中高级醇含量超过100mg/L，发酵度低，残余浸出物多，糊精含量高等。

(4) 氧化味　啤酒经过一段时间贮存后，口味会变差，香味消失，苦味降低，产生令人厌恶的怪味，称为氧化味。啤酒生产从制麦到发酵过程，形成大量的风味氧化物质的前体，如杂醇油、脂肪酸（尤其是不饱和脂肪酸）、α-氨基酸、还原糖等，通过氧化还原作用和催化活性形成风味氧化物质，从而产生氧化味。啤酒产生氧化味的因素主要有啤酒中溶氧含量过高，氨基酸分段分解，醇类氧化成醛，脂肪酸氧化，脂类的酶分解，异α-酸氧化分解等，同时在贮存过程中形成了羰基化合物。氧化对啤酒风味产生的危害是最大的。

(5) 日光臭味　啤酒中存在的异律草酮、硫化氢、核黄素、含硫氨基酸和维生素C等，日光臭的特性物质3-甲基-2-丁烯-1-硫醇在波长为350～500nm的光线照射下，也会不同程度地加速形成，从而产生日光臭味。这种波长的光透过无色瓶最多，绿色瓶次之，棕色瓶和铝罐最少，所以成品啤酒应避免日光照射或采用透光少的材料包装。

(6) 不成熟的馊味　双乙酰在啤酒中的味阈值为0.1～0.2mg/L，国内把双乙酰的含量高低作为衡量啤酒是否成熟的唯一指标。当啤酒中双乙酰、2，3-戊二酮、乙醛、硫化氢、二甲基硫等含量超过味阈值，就会表现出强烈不成熟的馊味。

(7) 微生物的污染产生的异味　在啤酒生产过程中污染上野生酵母，会产生异香、酸、霉、辣、苦涩、甜味等；高温发酵过程中污染上杆菌和球菌，会产生令人恶心的芹菜味和酸味；污染上乳酸杆菌后，会使啤酒变酸，很快产生浑浊；污染八叠球菌会带来酸味和双乙酰味。

(8) 设备缺陷产生的异味　容器涂料不良产生的涂料味、溶剂味，酒液与铁质容器接触产生的铁腥味等，降低啤酒的品质。

4. 氧和氧化的危害及处理

啤酒中溶氧含量过高促使氨基酸分段分解，醇类氧化成醛，脂肪酸氧化，脂类的酶分解，异α-酸氧化分解等一系列复杂的氧化、分解、化合等反应。导致啤酒氧化，产生氧化味。

(1) 氧和氧化对啤酒的损害

① 促进啤酒胶体浑浊。麦芽汁和啤酒中有大量含有—SH基的蛋白质和多肽，受到氧化后形成—S—S—键，加速了蛋白质和多肽聚合，并形成胶体浑浊物质。

② 促进多酚物质氧化、聚合。多酚物质受到氧化、聚合会促进胶体浑浊，也将增加啤酒的色泽和形成涩味、后苦味、辛辣味，破坏了啤酒协调的风味。

③ 使连二酮回升。啤酒中连二酮的前驱物质——α-乙酰乳酸，在有氧情况下，会氧化脱羧形成连二酮，影响啤酒的风味。啤酒中α-乙酰乳酸含量一般在0.01～0.03mg/L，主要是在发酵前期酵母形成、发酵后期细菌污染形成、发酵后期酵母出芽重新合成或酵母自溶时释放。

④ 破坏酒花香味和苦味。氧能促进酒花中不饱和帖烯化合物氧化，形成饱和烃，丧失酒花的新鲜香味，形成烷烃臭和苦味。氧也能促进α-酸的氧化，形成氧化α-酸，给啤酒带来粗糙的苦味和后苦味。

⑤ 产生氧化味。氧化促使啤酒中多种物质转化为风味氧化物质，产生氧化味。影响啤酒的风味稳定性。

⑥ 诱发喷涌病。氧气会使好氧类产气细菌快速繁殖，产生大量的气体，从而使啤酒产生喷涌现象，促使啤酒变质。

⑦ 促进生物浑浊。氧气促使啤酒在杀菌时未完全杀死的微生物菌体快速繁殖，菌体细胞增加，导致酒液微生物浑浊，微生物稳定性下降。

⑧ 促进美拉德反应。美拉德反应是一种非酶褐变，是羰基化合物和氨基化合物经过复杂的过程最终生成的棕色甚至黑色的大分子物质，加深了啤酒的色泽，影响啤酒的风味稳定性。氧的存在，促进了美拉德反应的进行。

（2）避免啤酒氧化的措施 氧和氧化对啤酒产生的危害非常大，必须在啤酒生产全过程中采取相应的措施严格控制。

① 糖化过程减少氧的摄入。糖化用水最好采用脱氧水，若不能采用脱氧水，则可先进水后投料，待水温升至投料温度时再投料，以除去水中部分溶解氧。采取密封式糖化设备，在生产过程中尽量少打开人孔，减少空气的进入；醪液均应从底部泵送导入，避免从上部喷洒倒醪，造成大量空气吸入；醪液搅拌时应低速进行，尽量减少搅拌次数或不搅拌，避免醪液或麦芽汁形成旋涡吸入空气；麦芽汁的过滤应密闭进行，尽量减少搅拌次数或不搅拌，避免醪液或麦芽汁形成旋涡吸入空气；麦芽汁的过滤应密闭进行，尽量缩短过滤时间；洗糟阶段，注意洗糟水的加入时间，不要在露出糟层以后加入，以防糟层吸氧；麦芽汁进入回旋沉淀槽时，可先从底部进入以防止氧化，同时尽量缩短麦芽汁在回旋沉淀槽内的滞留时间。对质量好的麦芽可采取复式浸出糖化法，糖化锅分段升温，减少倒醪次数，防止空气过多吸入，减少氧气在麦芽汁中的溶解量。

② 进行低温发酵。采取低温发酵，减少醇类物质的过量生成，较长时间低温贮存，促进啤酒充分成熟，以提高啤酒风味稳定性。

③ 实施CO_2备压。一般情况下，氧与啤酒接触时间越长，面积越大，温度越低，压力越高，啤酒中溶入氧就越多。啤酒过滤、输送、灌装过程中的管道、容器实施CO_2备压，可有效地减少酒与氧的接触。

④ 降低瓶颈空气含量。灌装啤酒时采取排氧措施，如滴无菌水或滴清酒引沫排氧、振荡激沫排氧等方式，可将大部分空气排出，减少啤酒瓶颈空气，可有效地避免啤酒氧化，对防止啤酒氧化是十分有利的。在无空气条件下灌装的啤酒，长时间贮存后，虽然质量有所下

降，但仍能保持啤酒特有的风味，相反排氧差、瓶颈空气含量高的啤酒，在较短时间内啤酒品质就会下降，风味稳定性降低。

⑤ 使用抗氧化剂。啤酒工业中使用的抗氧化剂主要有：维生素C、偏重亚硫酸钠、葡萄糖氧化酶及蔗糖在碱性溶液中制取的还原酮。最常用的是维生素C、维生素C的钠盐及异抗坏血酸。抗氧化剂在啤酒糖化、前酵、后酵、贮酒、清酒、过滤、灌装等生产工序均可加入。但是维生素C最好在啤酒灌装前最短时间内加入，以防事先被氧化消耗掉，维生素C的添加量一般为2～8g/100L，同时还要考虑啤酒中和瓶颈空气氧的含量。啤酒生产中也可用亚硫酸盐抗氧化，添加亚硫酸盐对啤酒中异杂味如羰基化合物起到一定的掩盖作用，但其添加量应严格控制。

在啤酒生产过程中添加抗氧化剂能有效防止氧的危害，但添加抗氧化剂不是绝对的，因此，啤酒生产过程中避免氧的混入才是最关键的措施。

第二节 啤酒的包装

啤酒包装是啤酒生产过程的最后一个环节，包装质量的好坏对成品啤酒的质量和产品销售有很大的影响。啤酒包装主要有瓶装、罐装、听装三种形式，经过灌酒、压盖、验酒、生物稳定处理、贴标、装箱等几步环节，成为成品啤酒或直接作为成品啤酒出售。

用来进行啤酒包装的材料应该具备以下能力：①能承受一定的压力。包装熟啤酒的容器应承受1.76MPa以上的压力，包装生啤酒的容器应承受0.294MPa以上的压力。②便于密封与开启。③能耐一定的酸度，不含有与啤酒发生反应的碱性物质。④有较强的遮光性，能够避免光对啤酒质量的影响。一般选择绿色、棕色玻璃瓶，或采用金属容器。

一、瓶装熟啤酒

瓶装熟啤酒是目前市场上最主要的包装形式，用来进行装酒的新旧瓶质量都要符合国标GB 4544—1996的要求，保证耐压和抗冲击等强度指标和外观质量要达标。一般耐内压力最小为1.2MPa，抗热震性温差最小为39℃，抗冲击能力最小为0.6J。其包装工艺流程如下：

啤酒瓶→洗瓶→验瓶→装酒→压盖→验酒→杀菌→贴标→装箱

（一）空瓶的洗瓶

1. 洗瓶的目的和要求

新旧瓶都必须洗涤，回收的旧瓶必须经过挑选，剔除油污瓶、缺口瓶、裂纹瓶等，然后清洗，瓶子经过洗瓶机，主要达到以下目的和要求。

（1）洗掉瓶子内外的灰尘、污渍、油烟等，去除商标。

（2）对酒瓶进行消毒、杀菌。

（3）使酒瓶内壁和外壁洁净、光亮，无异味。

（4）保持最低的瓶子破损率。

（5）瓶内无过多残液，一般要求容量为500mL以上的瓶子内积水少于3滴，500mL以下的瓶内积水少于2滴，酚酞试纸检测积水为中性。

（6）微生物检验合格，无大肠菌落，细菌菌落不超过2个。

2. 影响洗瓶效果的因素

（1）浸泡　瓶子表面污物的分离与脱落需要一定的浸泡时间和溶解时间。浸泡还与标签的去除效果有关。浸泡时间一般为8～10min。

(2) 温度 较高的清洗温度能加速污物的溶解与脱离。一般有效处理温度为70～85℃，在此温度下，还可达到满意的卫生指标。

(3) 喷冲 瓶子的喷冲、清洗段位于机器的上部。现代化的洗瓶机一般都设置了组合浸泡槽以及紧随其后的喷冲清洗站。

(4) 清洗剂 清洗剂一般为碱性，除具有灭菌作用外，还应该具备：①渗透性强，对有机物溶解性强，对洗涤物有很好的亲和力；②可以乳化油脂，不易附着在瓶子的表面，且能全溶于水；③不易产生膜状物，起泡性小，无毒，不产生有毒废水；④能在高硬度的水中使用，不结垢，价格低廉，易于计量添加。

(5) 添加剂

① 浓缩增效剂：通过添加浓缩增效剂可以显著改善清洗剂的效果。生产上使用的NaOH溶液浓度一般为1%～2%，如果在NaOH溶液中添加0.06%～2%的增效剂，能明显改善瓶子的清洗效果，还能抑制或消除碱液中的泡沫，软化水质，避免形成水垢。

② 表面活性剂：添加表面活性剂可以显著提高清洗效果，现在主要用的是配合NaOH溶液使用的不含磷表面活性剂，具有良好的污垢溶解能力，还能促进瓶子的表面水滑落，使洗涤后的瓶子富有光泽。

3. 洗瓶机的分类及特性

(1) 按结构分类：可分为单端式和双端式。单端式是指进出瓶均在洗瓶机的同一端，双端式是指进瓶与出瓶分别在洗瓶机的前后两端。

(2) 按瓶盒材料分类：可分为全塑型、半塑型和全铁型。

(3) 按洗瓶方式分类：可分为喷冲式和刷洗式。

(4) 按运行方式分类：可分为间歇式和连续式。

(5) 按洗瓶操作工艺流程方式分类：可分为刷洗式、冲洗式和浸泡加喷冲组合式等。

浸泡加喷冲组合式洗瓶机是通过对瓶子的浸泡和喷冲来达到洗瓶和消毒的目的。新瓶、旧瓶都能使用，清洗效果好，自动化程度和生产效率高，适合大生产使用，发展迅速。现代化啤酒厂几乎所有都在使用这种形式的洗瓶机。

4. 浸泡加喷冲组合式洗瓶机

(1) 浸泡加喷冲组合式洗瓶机的种类

① 单端式洗瓶机：主要特点是脏瓶的进口与洗净瓶的出口在洗瓶机的同一端，如图6-9所示。

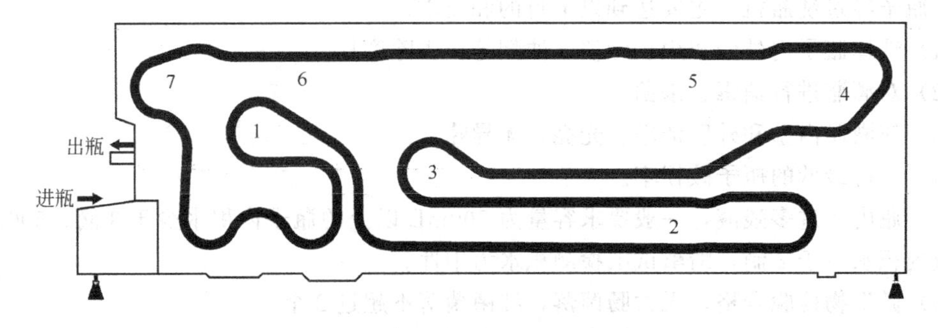

图6-9 典型的单端式洗瓶机示意

1—回收喷淋水预浸；2—碱液（洗涤液）预浸；3—倒空水；4—碱液（洗涤液）喷淋；5—循环水喷淋；6—清水喷淋；7—倒立淋干

a. 优点：操作方便，使用的人工少，机器的长度和占地面积较小。

b. 缺点：由于脏瓶的进口与洗净瓶的出口在洗瓶机的同一端，卫生条件稍差。

② 双端式洗瓶机：主要特点是脏瓶的进瓶口与洗净瓶的出瓶口分别位于洗瓶机的两端，如图 6-10 所示。

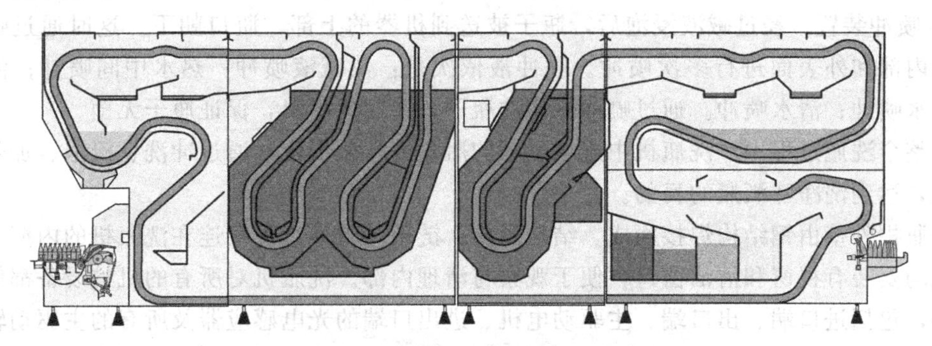

图 6-10　典型的双端式洗瓶机示意

a. 优点：脏瓶的进口与洗净瓶的出口分别设在洗瓶机的两端，卫生条件好。

b. 缺点：机器的长度和占地面积大，操作和控制麻烦，使用人工多，生产制造成本高。

(2) 浸泡加喷冲组合式洗瓶机结构和原理　根据生产能力和对产品要求的不同，洗瓶机的主要结构包括：进瓶和出瓶装置、链盒装置、预浸槽、后浸槽、喷冲站、除标签装置、碱液贮槽和贮水罐。

① 进瓶装置系统。脏瓶由安装了多排平行输送带的传送带送至洗瓶机的进瓶口，瓶子被导入洗瓶机的进瓶机构，使其并排立于进瓶装置旁，然后再由进瓶推进装置成排地将酒瓶同步推入载瓶架上的一排瓶盒内。低速及低推力喂瓶可保证进瓶良好。一排瓶喂入后，紧跟着的一排瓶停留在滑道前，然后由进瓶拨杆缓缓推上滑道。再顺着滑道推入瓶盒。一个齿轮驱动曲柄可将瓶子一步喂入瓶盒，不需要附加任何喂瓶装置。进瓶推进装置有指状曲柄连杆推瓶、四连杆式进瓶和回转托瓶梁进瓶三种。

② 出瓶装置系统。出瓶与进瓶的过程大致相同。常见的出瓶装置为缓冲滑落系统。出瓶装置通过一个塑胶旋轮出瓶，每卸一排瓶，旋轮转半圈，通过同步运行，瓶子可以从瓶盒轻轻地落在旋轮上面。旋轮接到瓶后，将稍停片刻，以确保安全、稳妥运作。旋轮接瓶至放到输瓶带上等动作均应小心、轻缓地完成，保证低速、低噪声生产。

进瓶和出瓶过程中，瓶子进入和输出时应平滑过渡，噪声小，不能倒伏，破碎玻璃碴不能影响正常运行。

③ 链盒装置。链盒装置由带耳的套筒滚子链及瓶盒组成。视洗瓶机能力的大小，瓶盒组件有上百排甚至几百排，每排瓶盒组件可有 10～70 个瓶盒。它们能够将瓶子从进瓶端输送至出瓶端，在喷冲洗区使瓶子与喷嘴对冲，使水流能畅通无阻地清洗到瓶子的内、外表面，使浸泡下来的标签快速除去。

链盒装置的两端固定于两根主传动链条上，并随链条而运动。链盒装置的驱动装置采用套装式涡轮减速器，并设有转矩监测和控制功能，如果运行中出现卡链现象，它可以自动停机，以防止拉断主链条。链条选用抗拉强度很高的材料制成，可以避免因拉伸变形而导致链条的错位或跑偏。

④ 预浸和碱液浸泡槽。瓶子在洗瓶机内，首先要经过预浸泡处理，除去瓶内残液，使瓶子得到预洗，清除瓶子外表易于脱落的污垢，使瓶子预热。大型洗瓶机大多设有 2～3 个

预浸槽。瓶子经过预浸后，进入碱液槽继续浸泡。为了加强浸泡效果，瓶子在洗瓶机内的运动轨迹常常设计成“之”字形。最后瓶子再次用该槽碱液喷淋，将已脱落仍残留在瓶盒内的标签冲刷出来。有些洗瓶机有多个不同温度、不同浓度的碱液槽（串联结构），能进一步提高清洗效果。

⑤ 喷冲装置。经过碱液浸泡后，瓶子被送到机器的上部，瓶口朝下。这时通过喷嘴对瓶子的内部和外表面进行多次喷冲。喷冲液依次是：热碱液喷冲；热水中间喷冲；温水喷冲；冷水喷冲；清水喷冲。通过喷冲，清洗瓶子，并完成降温，保证瓶子无菌。

在整个洗瓶过程中，洗瓶机中连续运动的瓶盒携带瓶子依次通过冲洗、浸泡、加热、冷却区域，达到洗净啤酒瓶的目的。

洗瓶机外壁由钢结构焊接而成，结构紧凑；链条导轨通过焊接连在洗瓶机的内壁上；所有区域均安装有视窗和清洁窗口，便于观察与清理内部。洗瓶机对所有的机械设备都做了过载保护，包括进口端、出口端、主驱动电机、进出口端的光电感应器及所有的主驱动轴。所有的喷嘴全部能够旋转，以保证瓶子内部得到强有力的清洗。

洗瓶机内部的水处理区包括由不锈钢制成的进口端壁体、主碱液区以及由涂漆钢制成的过碱液区。所有与啤酒瓶接触的部件均以无毒塑料包衬，以保证啤酒瓶的进出、输送平缓，减少噪音。为了保证洗瓶机机头部分无菌，还必须配备洗瓶机出口端以及出口端设备四壁的自动蒸汽和消毒系统。洗瓶机最好还要配备碱液浓度、洗瓶添加剂和防垢剂添加配比站。

值得注意的是，对洗瓶机的用水必须有相应的检测，尤其是硬度、pH 值。洗瓶机热水区的温度容易形成水垢，水垢形成，容易成为微生物繁殖的理想场所，对洗瓶质量造成影响。当喷淋管由于水垢原因被堵塞后，洗瓶机容易炸瓶。所以，必须将水质测定及在线添加防垢剂来防止洗瓶机的结垢作为日常工艺管理的重点来进行监控。

(3) 浸泡加喷冲组合式洗瓶机洗瓶过程　虽然洗瓶机的形式和种类不同，但洗瓶的原理是相同的，洗瓶机洗瓶过程如下：

预热（35～40℃）→预碱洗（55～60℃）→第一次碱洗（75～85℃）→第二次碱洗（60～70℃）→温水Ⅰ（35～40℃）→温水Ⅱ（25～25℃）→冷水（10～15℃）→净水

① 预浸：瓶子通过进瓶装置进入洗瓶机后，先用水温为 35～40℃的温水浸泡（预浸），浸泡时间随设备不同而异，大约 1min。为了节约用水和蒸汽，预浸用水使用温水喷洗后的水。

② 碱液浸泡：浸泡温度约 80℃，浸泡时间约 6min。用碱液处理酒瓶分两步，先用 80℃碱液Ⅰ浸泡，再用 85℃碱液Ⅱ喷洗。碱一般采用固体氢氧化钠，添加液体氢氧化钠时产生大量的热，易发生喷溅，要小心操作。碱液浓度的高低应根据瓶子的脏净程度进行适当的调整。在清洗回用的旧瓶时，可以适当使用洗瓶添加剂。

③ 碱液喷洗：用于喷洗的碱液为“碱液Ⅱ”，浓度低于“碱液Ⅰ”，并加少量磷酸盐。喷洗分两步，第一步喷洗温度为 70℃，第二步为 60℃。第一步喷洗后约 70℃的碱液与冷水在蛇管换热器中换热，碱液被冷却到 60℃，用于第二步碱液喷洗，冷水被加热到 40℃，用于前面的预浸和后面的温水喷洗。

④ 水喷洗：先用与碱液Ⅰ进行热交换加热到 40℃的温水喷洗，再用 28℃的冷水喷洗，最后用自来水喷洗后出瓶。在喷洗过程中，要保证水压在 0.1MPa 以上，喷淋管路和喷头都要保持通畅，使水喷到瓶子上保持一定的压力。另外，瓶子从碱液槽出来后，要逐步降温，以免炸瓶，造成损失。

(二) 空瓶检验

经洗瓶机清洗后，空瓶并不能直接灌装，必须除去不合格的瓶子，对空瓶进行检验。

1. 验瓶目的

验瓶的主要目的是去除不合格的瓶子，不合格的瓶子包括以下几种。

(1) 未洗净的瓶子。如有污物、商标屑、碱液或瓶内有残液等。

(2) 瓶子本身存在瑕疵。如破口，身上有结石、炸纹、气泡，瓶颈内凸等。

(3) 规格不符合要求的瓶子。

2. 验瓶方法

验瓶方法有人工验瓶和机器自动验瓶两种。人工验瓶比较灵活，可根据瓶子的实际情况进行判断。但长时间精力难以集中，高速灌装线单依靠人工验瓶已不能满足生产需要。大部分工厂已经开始普及自动验瓶机，它比人工验瓶节省大量的劳动力，效率高。自动验瓶机主要是采用光学照相成影原理，从不同角度成影，找出有瑕疵的瓶子。目前使用比较多的是直线形验瓶机。机器使用前要认真调试，使验瓶机既能保证瓶子质量又能降低瓶损。

3. 直线形验瓶机

直线形验瓶机主要配备有瓶底检测站、瓶口检测站、两个残液检测站、备用检测站（可安装其他设备如瓶壁检测站）和不同瓶型简捷转换部件，另外配有生产数据采集系统接口、电子监测系统和试验瓶程序等，以确保不合格的瓶子不进行灌装。

验瓶机将无压力输送进来的瓶子用一对同步驱动的胶带夹住，然后通过各检测站。

(1) 瓶底检测站　瓶底检验采用电子摄像机采集瓶底图像并转换成数字信号，反馈给独立的评估系统，并立即对数字信号进行分析，当确认瓶子不合格时，此瓶立即会被执行器从输送链条上打出。自动电子曝光装置和频闪光源可保证图像的稳定和良好的照明。

(2) 瓶口检测站　如果瓶口破损，会造成密封不严，最终导致啤酒质量遭到破坏，所以要对瓶口进行检验。瓶口检测原理与瓶底检测相同。通过在瓶子的上部安装有弧顶状红外线发光二极管照射瓶口，就能检测出皇冠盖瓶口上的极为微小的裂痕，执行机构将瓶口破损的瓶子剔除。

在验瓶阶段，大约会产生1.0%～1.2%不合格的瓶子，其中瓶口有缺陷的大约占0.7%～0.8%。

(3) 残液检验站　一般情况下，从洗瓶机出来的瓶子不应当含有碱液。但在实际生产中，仍会不可避免地出现瓶中残存残碱的现象，如果混入到啤酒中，就会危害健康，因此必须对残余碱液进行检测。残液的检测需要用红外线检测装置和高频辐射检测装置同时进行两次。

① 红外线检测装置。工作原理是采用以红外光为主的光源，由下而上垂直地穿透瓶子，红外光传感器接收透射光，由于液体具有较强的吸光性，通过透射光强度的变化，并测定其强度，最终将不合格的瓶子自动排出。

② 高频辐射检测装置。工作原理是采用高频电磁波发射-接收技术，由发射头发出的电磁波，沿瓶底面横向穿透瓶子到达接收器，如果瓶内有残余碱液，那么穿过碱液和与穿过空气和玻璃到达接收器的信号完全不同。由此识别含有碱液的瓶子，并通过输出控制信号，最终将不合格的瓶子自动排出。

(4) 瓶壁检验站　瓶壁检验装置的电子摄像机能够采集到整个瓶壁图像。通过折镜系统的折射，能得到四个图像，然后传送给评估系统进行评估。瓶壁有缺陷的地方将被检测数次。另外，根据需要，调节评估系统的检测精度。所有的空瓶检验设备都装有精密的机械装置和气动装置，磨损较严重的瓶子将很容易地被排除掉。

(5) 瓶型转换部件　啤酒厂会生产不同瓶型的啤酒，所以验瓶机也要与此相适应。直线形验瓶机不同瓶形按钮切换就可以选择相适应的瓶型及与之相关的摄像机的位置、检测光栅等，外部探头均可以根据不同瓶高进行调整。调节好后，首先运行试验程序，如果运行正常，再将设备置于全速生产。

直线形验瓶机其优点是占地面积小，标准件便于翻新改进，它既有坚固的结构，又有性能良好的电子检测系统。所有生产数据可输入、可存储，并能显示出现的故障，自动化程度较高，现有的生产线均可安装。

(三) 装酒

啤酒是含有 CO_2 的饮料，灌装要满足它的物理特性、化学特性和卫生要求，并保持灌装前后的啤酒质量稳定。啤酒灌装是啤酒包装过程中的关键工序，它决定了包装后成品啤酒的纯净、无菌、CO_2 含量和溶解氧等重要指标。在灌装过程中要重点注意：①要尽可能与空气隔绝，避免酒液与空气接触而氧化。即使是微量的氧也会影响啤酒的质量，因此要求灌装过程中的吸氧量不得超过 0.02～0.04mg/L。②灌装过程始终要保持压力，防止 CO_2 逸出损失，影响啤酒质量。③灌装设备结构复杂，必须经常不断地清洗，不仅要清洗与啤酒直接接触的部位，还要清洗全部设备，包括灌装阀。灌装全程要保持卫生，做到严格无菌。④灌装阀要具有良好的密封性，防止酒液产生涡流和涌酒现象，尽量减少酒液损失。

1. 灌装机的结构

国产 FDC32T8 型灌装机（图 6-11），适用于啤酒及其他含气饮料的灌装和压盖。该机的部件主要有：传动系统、输送瓶结构、升降瓶结构、液位控制和灌装阀等。

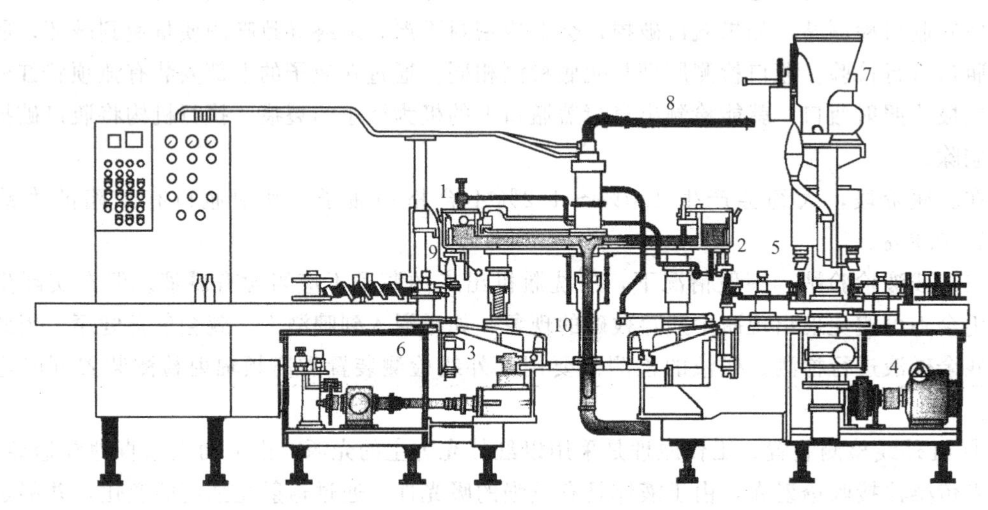

图 6-11　国产 FDC32T8 型灌装机结构示意图

1—灌装缸；2—灌装阀；3—提升气缸；4—驱动装置；5—输瓶有关零件；
6—机身；7—压盖机；8—CIP 循环用配管；9—破瓶自动分离结构；10—中间自由分离结构

(1) 传动系统　大型灌装机的传动一般是采用圆柱螺旋减速箱来带动各星轮转动。小型灌装机多采用齿轮直接传动各星轮。交流电机配以变频调速器，经减速器带动出瓶星轮，同时经齿轮和涡轮带动压盖机主轴，再经减速器带动中间星轮、灌装机转盘、进瓶星轮，最后经圆锥齿轮变向带动进瓶螺旋，从而实现整个灌装机和压盖机的运转。

(2) 瓶子输送系统

① 进出瓶输送带：它将待灌装的空瓶送至进瓶螺旋，由进瓶星轮送进灌装机，等瓶子被灌装压盖后，再由出瓶星轮将压盖后的瓶子送至出瓶系统。大型设备的进出瓶输送装置各有一条输送带，小型设备只有一条输送带。

② 进瓶控制装置：又称止瓶装置，分为气动挡块式和气动星轮式。当灌装机发生故障需暂停或来自洗瓶机的空瓶较少时，阻止瓶子前进。

(3) 定距分隔机构　输瓶系统源源不断地将瓶子送至灌装机，而灌装机的工作确是有节奏的，这就需要设置定距分隔装置，将输瓶系统送来的瓶子进行调整，按要求的距离排列，再逐个进入进瓶星轮从而恰当地进行灌装。定距分隔装置有螺旋式和拨轮式两种。其中螺旋式定距分隔结构的螺距沿瓶子的运动方向由小变大，等加速度传送瓶子。当瓶子到达螺旋末端时，瓶子的间隔距离及其线速度，均与进瓶星轮的间距和线速度相等，因而传送的稳定性较好。

(4) 星轮结构　星轮结构一般由星轮和导板组成。星轮由上而下两片组成，星轮槽形半径与瓶子直径大小有关，其间距由瓶子的高度决定，其材料一般为高密度聚乙烯。

(5) 托瓶部分　托瓶部分主要是由托瓶盘和托瓶气缸两部分组成。在灌装过程中，瓶子与灌装阀按需要结合或离开。瓶子在托瓶转盘上高度保持不变，而灌酒阀按需要程序做升降动作。托瓶气缸是垂直安装的，它的上面是托瓶盘，托瓶气缸以压缩空气为动力。瓶子先被定位于托瓶盘上，把空气导入托瓶气缸，并驱动活塞升高，从而使瓶子同灌装阀准确地压合在一起。瓶子的下降则通过与托瓶盘联动的辊轮及相应的固定安装的曲轨来实现，气缸内的空气反送回压缩空气管道。这样，压缩空气并未流失，从而大大降低了空气消耗。

(6) 酒缸　灌装机上配有酒缸，它的作用是贮存待灌装的啤酒。啤酒灌装机的酒缸通常是环形结构。根据灌装机灌装工艺流程的不同，酒缸有三种形式：①单室缸，只有一个环形贮酒室，灌装时进风、灌酒和回风共用，室内的酒是不满的，啤酒在缸的下部，液面上部空间充满背压 CO_2 气体。这种酒缸结构简单，制作方便，但不能用于不抽真空的灌装。②双室缸，与单室缸相同，它是液、气共存室。不同的是，它还有一个附加的真空室，与抽真空系统相通。③三室缸，三室缸的三个室是分开的，进风、酒液、回风分别置于三个环形室内，严格分开。回风不再排入贮酒室，贮酒室内总是满的，避免了啤酒与氧的接触。

在啤酒厂，双室缸灌装机应用十分普遍。

(7) 导酒管　目前灌装机采用的导酒管主要是定位式导酒管。定位式导酒管又分为长导酒管、短回风管和电磁阀短管三种。

(8) 灌装阀

① 长管灌装阀。导酒管的下口位于接近瓶底处，啤酒几乎是从瓶底由下而上缓慢地灌入瓶中的。这种灌装方式可避免过多地接触瓶中空气，因此，携氧量非常少，避免酒液氧化。

② 短管灌装阀。啤酒是沿着瓶子的内壁进入瓶中的。除去回气管占据的一小部分外，几乎整个瓶口截面都是啤酒流入的通道。短管灌装阀具有较高的效率。

2. 灌装过程

啤酒是在等压条件下进行灌装的，这样才能避免起沫和 CO_2 损失。装酒前瓶子抽成真空后充 CO_2，当瓶内压力与酒缸内压力相等时，啤酒灌入瓶内，气体通过回风管返回贮酒室，装酒过程如图 6-12 所示。

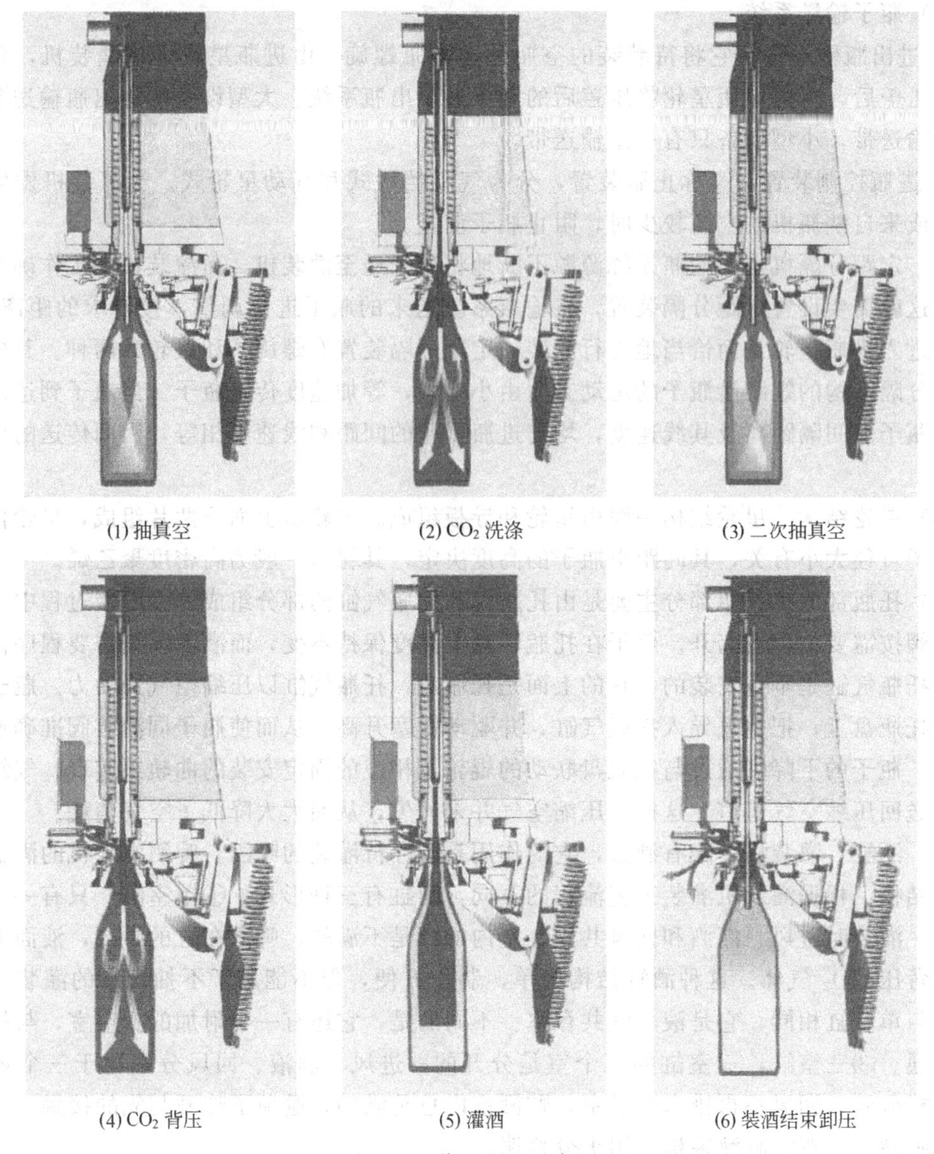

(1) 抽真空　(2) CO_2 洗涤　(3) 二次抽真空

(4) CO_2 背压　(5) 灌酒　(6) 装酒结束卸压

图 6-12　装酒过程示意图

(1) 第一次抽真空　瓶子和对中罩一起气密地压接到灌装阀上时，真空阀由固定的挡块顶开，在很短的时间内，瓶中真空度达 90%。被对中罩顶起的真空保护阀用来防止无进瓶情况下真空系统吸入过量空气引起的真空度降低。

(2) 中间 CO_2 背压　通过操作滚轮阀柄，开启 CO_2 气体阀，让 CO_2 由酒缸导入瓶中。这一过程十分短暂，当滚轮阀柄复位后即结束。此时瓶内压力升至接近大气压。

(3) 第二次抽真空　重复第一步过程，再次得到约 90%的真空度，由于此次被吸取的是上次抽真空后残留的空气和 CO_2 混合气，所以，瓶子中残余约 1%的空气。

(4) CO_2 背压　重复第二步过程，时间稍长。由于 CO_2 的充入，瓶中 CO_2 的浓度很高，最终瓶内的压力与酒缸压力达到平衡。

(5) 灌酒　当酒缸压力与瓶内压力平衡时，滚轮阀柄借助弹簧使啤酒阀密封件抬起，啤酒液向下经伞形分散帽沿瓶壁呈很薄的膜状流入瓶内，同时瓶内的 CO_2 气体通过回风管返回到酒缸中。

(6) 灌酒结束　当啤酒的液面达到回气管的管口时，瓶中所剩气体已无法排出，此时灌装结束。但啤酒在回气管内升高多少难以确定，它受灌酒速度、压力等影响。这一阶段灌装量出现了少量的过剩，因此需要进行液位校正。

(7) 液位校正　精确的灌装高度是衡量瓶装啤酒质量的一项指标。为了达到准确的高度，可通过滚轮阀柄的动作关闭啤酒阀，但气阀仍处于开启状态，然后通过固定安装的曲线挡块顶开侧向安装的 CO_2 附加阀，将压力略高的 CO_2 气体由附加槽导入瓶内。由于压差的缘故，超过回气管端口的那部分啤酒将通过回气管被压回酒缸，从而保证了精确地灌装高度。

(8) 卸压　通过一个固定安装的挡块顶开侧装的卸压阀，使瓶子与一个小的节流嘴发生连通，于是瓶内压力由于节流排气而渐渐趋于大气压，避免了压力突变导致啤酒起泡。

(9) CIP 清洗　现在的灌装机都必须具备 CIP 清洗能力。在 CIP 清洗过程时，只需将清洗帽安装于酒阀下，并借助对中罩将其紧压在灌装阀上，这样整个系统可通过清洗介质循环，灌装机得到充分清洗。

(四) 压盖

灌装结束后，应立即进行压盖，其间隔一般不超过 10s，为了保证啤酒的无菌、新鲜、CO_2 无损失，防止啤酒吸氧，影响产品质量和保质期。压盖机一般紧邻灌装机。

1. 皇冠机和皇冠盖

现在广泛使用回转式皇冠压盖机，主要由托瓶转台、压盖滑道、压盖模、高度调节装置(适应不同瓶型)、料斗、滑盖槽等组成。

皇冠盖一般有 21 个齿，皇冠盖内衬有高弹性的 PVC 塑料密封垫。由于皇冠盖密封性能好，制造容易，成本低，在啤酒行业广泛使用。

滑落槽是连接料斗和压盖头的通道。方向正确或不正确的瓶盖在料斗经分拣后进入滑落槽，所有进入压盖头的瓶盖应顺利、畅通。滑落槽带有瓶盖定向装置——直筒式正盖器，利用皇冠盖的裙边形状来实现定向。滑落槽通过正盖器将所有的瓶盖按同一方向排列。反向的盖子在下滑过程中经过正盖器的导槽被翻转 180°，从而达到正确的位置状态，为压盖过程做好准备。

皇冠盖在送至压盖头的过程中，需要动力进行输送，输送方式有两种：一是气动方式，二是机械/磁吸方式。气动输送的盖子借助压缩的无菌空气被送至压盖头的锥体下；而采用机械/磁吸的盖子是通过一个输送星轮过渡到压盖顶杆下面的，然后由压盖机端部的磁体牢牢吸持住。

2. 压盖工艺过程

压盖头做上下往复运动，当向下动作时向下施加压力，对瓶子进行封盖操作。压盖工艺过程共分为四步。压盖过程如图 6-13 所示。

(1) 送盖。瓶盖通过正盖器和瓶盖滑道从料斗中按照预定的方位送至压盖模处。

(2) 定位。瓶盖进入压盖头的压槽内定位，同时，装满啤酒的瓶子也输送到位，并对准压盖头的中心。

(3) 压盖。压盖头下降，瓶盖在压盖模的作用下被压向瓶嘴，实现封口。当瓶盖恰好置于瓶口上时，先由弹簧将盖子压紧，然后压盖头下降将皇冠盖的 21 个波纹齿朝下压弯，卡在瓶口颈部的狭窄部，形成瓶子与瓶盖之间的机械勾连。同时，压盖模下压使皇冠盖对密封

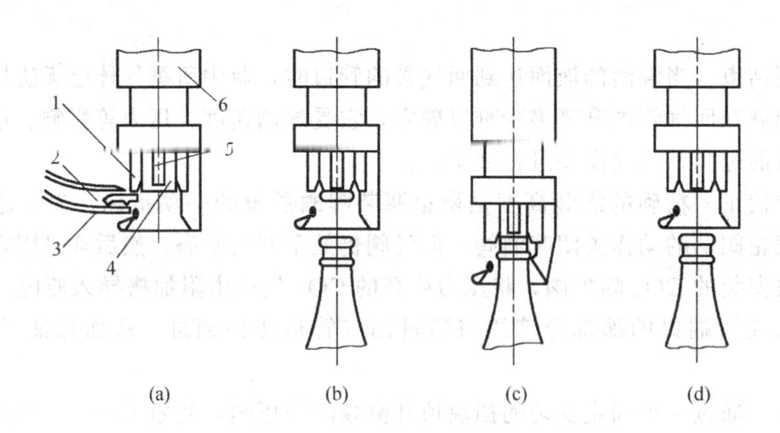

图 6-13 压盖过程示意

1—压盖模；2—皇冠盖；3—送盖滑槽；4—压头；5—磁铁；6—压盖头柱塞

垫产生压力，密封垫受挤压发生较大的弹性形变，与瓶口上缘形成良好的气密性。封口压力一般要大于 1.0MPa。

（4）复位。封口后，压盖头上升复位，当压紧瓶盖，压盖头上升时，弹簧的形变力通过压头将瓶子推脱压盖帽，以克服磁铁对瓶盖的吸力，便于出瓶。灌装压盖后，啤酒经出瓶星轮送出灌装机，并由输送带送入下一个工序。

（五）杀菌

为了保证啤酒的生物稳定性，有利于长期保存。啤酒杀菌要求在最低的杀菌温度和最短的时间内，杀灭酒内可能存在的有害微生物。啤酒灌装前除菌是采用瞬时杀菌或膜过滤，灌装后杀菌是采用隧道式喷淋杀菌。隧道式喷淋双层杀菌机是一大型的隧道式金属槽，瓶酒进入槽内后，由输送带运载不断向前移动，直至出口。隧道式喷淋双层杀菌机工作流程如图 6-14 所示。

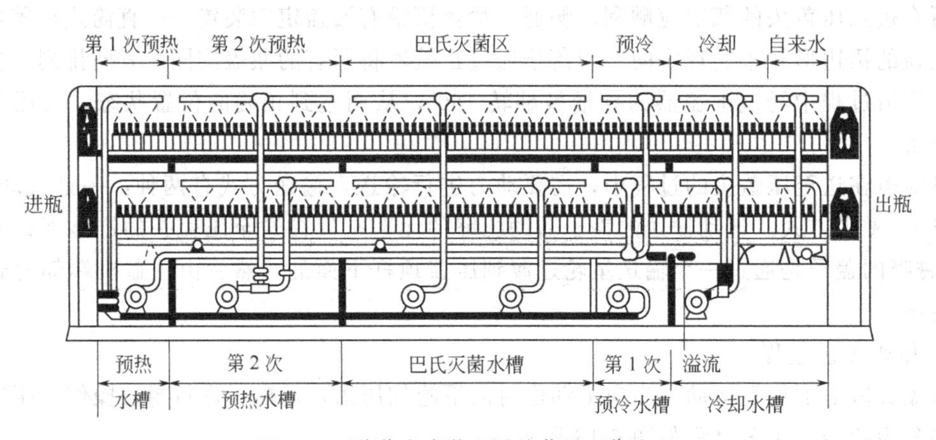

图 6-14 隧道式喷淋双层杀菌机工作流程

1. 隧道式喷淋杀菌机的主要组成

（1）传动装置　传动装置分为链带式、链网式和步移式传送带三种。前两种属连续运行的机械传动，由于链带或链网和瓶酒都不断经过加热、保温、冷却循环，热能损耗较大。步移式是一种栅床，做升降运动，属液压传动，栅床步移距离小，各部件温度变化不大，因此耗能较低，但结构复杂。步移式传送方式瓶酒传送平稳，传动部件始终处在同一温区，相对于连续运行方式而言，这种方式可以避免不同温区之间热量和水的交叉影响。

(2) 水的循环和喷淋系统　隧道式喷淋双层杀菌机根据灭菌要求，设有多个温区，各区均可采用自动调温阀调节温度，并自动记录。每个温区由水箱、过滤系统、泵和喷淋系统组成。利用各自独立的水循环系统对瓶酒进行加热和冷却。用不锈钢或特制黄铜制成的喷嘴，将水喷成水雾，喷淋到瓶子外壁，达到加热、杀菌和降温的作用，为达到较大的喷水量，可以使用喷嘴或者孔板系统。孔板系统的面积分布较均匀，刷洗简单，不容易堵塞，便于检查，因而得到广泛应用。

啤酒进入杀菌机是前面加热后面降温，所以杀菌机槽内的水应该是前面降温，后面加热，前后对应的水槽的水相互循环，进行热交换，保持了一种热量的平衡。

2. 杀菌过程控制要点

啤酒杀菌目的是杀死酒内的微生物体，保证啤酒的生物稳定性，但是还要考虑到杀菌对啤酒营养及风味的负面影响，所以啤酒厂要根据各自的微生物水平制订合适的杀菌单位。从啤酒风味来看，杀菌单位越小越好，一般控制在10～20PU比较好。

(1) 喷淋水正常喷淋　要保证喷淋水正常喷淋，就要做到喷淋水像水雾或伞状喷淋，避免喷淋头堵塞。为了保证喷淋水正常喷淋要做到以下几点：①瓶装啤酒在进入杀菌机前，用水喷洗瓶外残留的酒液，避免酒液进入杀菌机而产生“菌膜”；②杀菌机水槽内各有双层过滤网，要定期进行检查、清理；③每天检查喷淋效果，定期对杀菌机进行彻底刷洗和清理，避免菌膜或玻璃渣堵塞喷淋管；④为防止“菌膜”和水垢的沉积，可根据具体情况，适当添加防腐剂和螯合剂。

(2) 当杀菌机遇到意外停车时要及时降温处理　均衡持续生产对杀菌的正常运转非常重要。杀菌机上下游出现意外停机，杀菌机都要采取降温处理可以保证PU在要求范围内。一般情况下，杀菌机停车5min后，蒸汽会自动关闭。在经过10min后，需人工向高温区和杀菌槽内补充凉水降温，水温降幅不能超过22℃，以免引起爆瓶。

(3) 定期检查空车PU值是否在要求范围内　出口酒温度控制在30℃以下（必须在露点之上），保证啤酒口味新鲜。

(4) 巴氏杀菌温度变化　玻璃瓶的加热和冷却（尤其是冷却）都要逐步进行，隧道式杀菌机内几个区域的温度是由低温逐步加热到较高温度，达到所需的杀菌单位以后，再逐步降温到30℃以下（与露点相符）出槽，温度变化控制在2～3℃/min，以防爆瓶。

(六) 验酒

杀菌后的啤酒要进行检验，将不合格的啤酒挑出来，具体要求如下：①酒液清亮透明，无悬浮物和杂质；②瓶盖不漏气、漏酒；③瓶外部清洁，无不洁附着物；④啤酒液位符合现行国标要求：≥500mL标签容量的，液位要满足标签容量±10mL；≤500mL标签容量的，液位要满足标签容量±8mL。

目前啤酒厂验酒采用人工验酒与机械检验相结合的方式进行。

机械检验漏气，不漏气的瓶酒因瓶颈空间保持一定压力，酒内气泡不释放。漏气酒因瓶颈压力下降，可以从酒液面产生气泡检验出来。但轻微的漏气，有时用人力难以检查出来，可以在验酒的上线输送带下面安装超声波振荡器，促使酒液面产生大量气泡，从而被自动检瓶仪检出排除。漏气检测仪如图6-15所示。

用人力从瓶外检查瓶酒内极微细的异物是比较困难的，特别是已经沉淀在瓶底的异物。

当瓶酒灌装和压盖后，瓶中的异物会在酒瓶的高速运转中悬浮起来，然后用CCD摄影机在汞灯的照射下，被检出而自动排除。

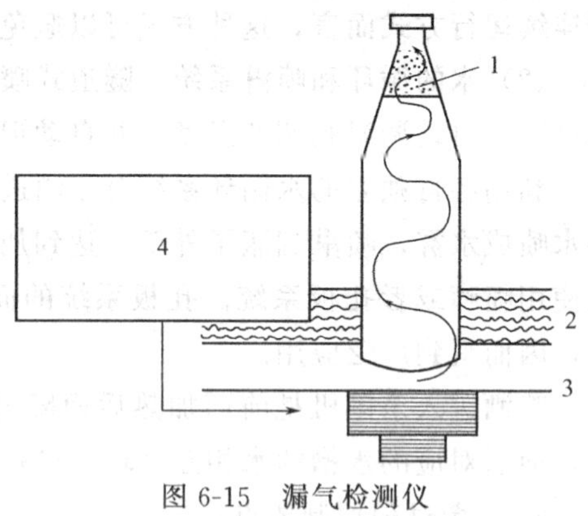

图6-15 漏气检测仪

1—气泡；2—水；3—瓶酒输送带；4—超声波振荡装置

（七）贴标

啤酒的商标直接影响到啤酒的外观质量，商标必须与产品一致，商标应整齐美观，不能歪斜，不脱落，无缺陷，生产日期必须表示清楚。黏合剂要求pH值呈中性，初黏性好，瞬间黏度适宜，啤酒存放时不能掉标，遇水受潮不能脱标、发霉、变质，不能含有害物质及散发有害气体。

目前啤酒生产厂家都采用贴标机进行贴标，最广泛使用的是回转式贴标机。贴标过程是连续的，机器速度高，性能稳定，操作方便，可以同时贴多种商标，因此得到广泛应用。

1. 回转式贴标机的基本结构

回转式贴标机最基本的组成部分是标签盒、夹标转鼓和取标板。如图6-16所示。

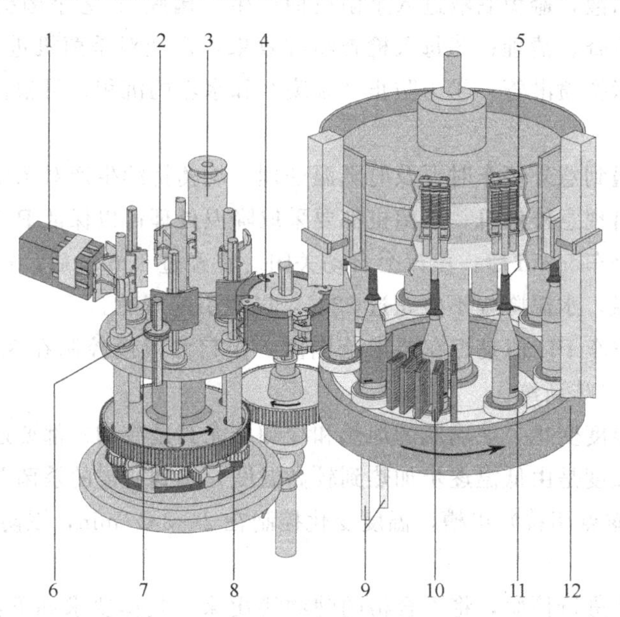

图6-16 贴标机结构

1—标签配送台；2—夹胶棘爪；3—胶辊；4—夹紧轧辊；5—定心铃；6—喷码；7—在油缸中运转的棘爪齿；8—控制凸轮；9—瓶台润滑油；10—刷子；11—瓶板；12—瓶台

（1）标签盒 标签盒的作用是装载成叠的标签，并且给它施加持续的推力。标签盒前端设置了可调的持标爪以防标签脱落。对标签施加的压力应当持续而且稳定。对于高速运行的设备，往往采用较重的玻璃球来产生所需的压力。

（2）夹标转鼓 夹标转鼓用来夹取涂了胶的标签，并将其转贴到瓶子上。此过程既可采用真空方式，也可采用机械夹持方式实现。夹标转鼓具有多个抓标钩，抓标钩借助凸轮来夹与松。通过夹标转鼓上的几个抓标钩及止挡条的作用，可夹持住标签的未涂标处，标签是从与夹标转鼓同步转动的取标板上揭下来的。胶掌边缘的凹槽可以使标签两侧边缘有未涂胶的小块区域。揭下来的标签平靠在贴标海绵块上，然后由于抓标钩松开而被贴到随主转台回转而经过的瓶子上。

(3) 取标板　均匀分布在标签台中心转盘上的各个取标板在动力的驱使下绕盘心转动，胶辊及夹标转鼓同步转动，取标板受标签台内不动的凸轮曲线控制，各自能够在各个位置按所需的角度摆动。单个取标板运行到胶辊处，按一定的摆动规律与胶辊做纯滚动，使取标板在离开胶辊位置时，其弧面各处与胶辊接触一次。由于有胶水不断从胶水桶抽吸至胶辊，并在胶水刮刀的帮助下，使胶辊表面刮出一层薄的胶水膜，取标板与胶辊滚动促使取标板表面粘上胶水。取标板粘胶水后转至标盒位置时，经过自身摆动、变向，其一侧首先与标签纸的一侧接触粘住标签纸，随着转动的继续，取标板粘起这一侧标签纸，并使其脱离抓标钩的约束。取标板的运动规律是弧面各点与标签纸面做切向滚动。当取标板另一侧运动到标签纸的另一侧时，整张标签纸已经被取标板粘住。

2. 贴标机的工作步骤

贴标机贴标包括：上胶、取标、传标、贴标、滚压熨平 5 个机械动作和瓶子定位、进瓶、压瓶、标盒前移、压标、出瓶 6 个辅助动作。

上胶，即取标板经过涂胶机构涂上液体黏合剂；取标，即通过取标板从标盒中取出标签，要保证每次只取一张标，无瓶时不取标；传标，即把取出的标签传送到粘贴位置，这个动作由夹标转鼓完成；贴标，涂好胶的标签到达粘贴位置，同时瓶子也应由贴标机上的分件机构按贴标工作节拍逐个由链条式输送机构输送到达该位置；滚压熨平，标签贴到瓶子上，并不能保证整个标签全都贴在瓶子上，这就需要熨平机构熨平，使标签纸贴牢，避免起皱、鼓泡、翘曲、卷边等，然后由送出机构送出贴标机。

(八) 装箱

贴标后的瓶装啤酒，基本完成了包装任务，最后一项是进行外包装，如装箱、装筐或塑封等。目前市场上箱装规格（瓶装毫升数×瓶数）有 355×24、355×12、500×12、500×6、600×12、640×12 等几种，筐装以 500/600/640×12 规格居多，塑封以 500/600/640×9 或 500/600/640×6 为主。

箱装啤酒对瓦楞纸箱有相应的质量要求。瓦楞纸箱的强度指标，如耐破强度、边压强度等以及水分要求按照国标 GB/T 6543—2008 执行。另外由于目前国内封箱机种类较多，因此纸箱在压痕线深浅、纸板尺寸方面要有设备适应性。这方面必须经过上线试验后才能摸索出不同设备的特性。

塑封啤酒对于塑封膜也有相应的国标 GB/T 13519—1992 要求，塑封啤酒和筐装啤酒都是目前中低档市场上比较流行的包装形式。

装箱现在主要使用机械装箱机。装箱机分为装纸箱机、装塑料周转箱机、装托盘外加收缩膜的包装机、装箱与卸箱两用机等。灌装好的瓶子在装箱之前，需经过整队通道编排队形，通过机械运动的瓶流疏导器将瓶子分流，变成多个单路纵队，然后进入抓取台，以便能顺利抓取而不至于缺瓶，最后通过抓瓶头抓取一定数目的瓶子开始装箱。装箱后的啤酒为了便于存放和运输，按一定的高度码到铁框底托盘上。

二、桶装啤酒

桶装啤酒包装简便、成本低、口味新鲜，目前包装容器一般采用不锈钢桶或不锈钢内胆、带保温层的保鲜桶，桶的规格有 50L、30L、20L、10L、5L 等。目前世界桶装啤酒产量已占全部啤酒产量的 20%左右，欧洲桶装啤酒的比例较大，英国桶装啤酒约占 80%左右，桶装啤酒较瓶装或听装包装成本节约 30%，极富竞争力。

（一）桶装啤酒的操作要点

酒桶使用后回收，需先进行预清洗备用。预清洗包括：压力检验、排除残酒、碱液/酸液清洗、热水清洗、蒸汽灭菌等方面。桶装啤酒有半自动清洗灌装线和全自动清洗灌装线两种。

1. 半自动清洗灌装

包括 2 个清洗工位，1 个杀菌工位，1 个灌装工位，每个工位的转换，需由操作者协助将桶旋转 90°，灌装采用 CO_2 背压灌装。整个清洗、杀菌和灌装过程均实行程序控制。生产能力约为 30～50 桶/h。

2. 全自动清洗灌装

一般全自动清洗灌装机包括 4 个清洗工位，1 个杀菌工位，1 个 CO_2 背压工位，清洗包括冷水清洗、碱液/酸液清洗及热水清洗。采用二级脉冲清洗，确保内壁清洗干净。灌装采用 CO_2 背压灌装。整个清洗、杀菌和灌装过程实行程序控制。生产能力为 50～120 桶/h。

（二）桶装啤酒的技术要求

桶装啤酒的要求：温度≤6℃，压力 0.25～0.3MPa；CO_2 含量≤5.5g/L。

为适应一些大型啤酒厂生产桶装啤酒的需要，近年来国外开发桶装生产线，以提高生产能力。桶装线的生产能力最高可达 1500 桶/h，并且采用了先进的线上监控技术，确保质量要求。

三、罐装熟啤酒

罐装熟啤酒工艺流程如下：

空罐→无菌水冲罐→灌装→封罐→灭菌→液位检测→喷印日期→装箱

1. 送罐

送罐之前，罐体经检验不合格者必须清除，空罐经紫外线灭菌，装酒前将空罐倒立，以 0.35～0.4MPa 的无菌水喷洗，洗净后倒立排水，用压缩空气吹干。

2. 罐装封口

灌装机缸顶温应在 4℃以下，灌装啤酒应清亮透明，采用 CO_2 或压缩空气背压，酒阀不漏气，酒管畅通，酒液高度一致，酒容量 355±8mL。封口后，易拉罐不变形，不允许泄漏，保持产品正常外观。装罐原理与玻璃瓶相同，采用等压装酒，应尽量减少泡沫的产生。

3. 杀菌

罐装封口后，倒置进入巴氏杀菌机，喷淋水要充足，保证达到灭菌效果所需 15～30PU；不得出现胖罐和罐底发黑。由于罐的热传导较玻璃好，杀菌所需的时间较短，杀菌温度一般为 61～62℃，时间 10min 以上。杀菌后，经鼓风机吹除罐底及罐身的残水。

4. 液位检查

采用 γ-射线液位检测仪检测液位，当液位低于 347mL 时，接收机收集信息经计算机处理后，传到拒收系统，被弹出而排除。

5. 打印日期

自动喷墨机在易拉罐底部喷上生产日期或批号。打印后，罐装啤酒倒正然后装箱。

6. 装箱

将 24 个易拉罐正置于纸箱中；装箱用包装机或手工进行，也可采用加热收缩薄膜密封捆装机，压缩空气工作压力为 0.6MPa，热收缩薄膜加热 140℃左右，捆装热收缩后，薄膜覆盖整洁，封口牢固。

四、包装注意事项

（一）要保证洁净

1. 包装容器的洁净

所使用的包装容器必须经过清洗和严格检查，不能使包装后的啤酒污染。

2. 灌装设备的洁净

灌酒结束后对灌装设备尤其是灌装机的酒阀、酒槽、酒管要进行刷洗和灭菌，凡与啤酒接触的部分都不能有积垢、酒石和杂菌，灌酒设备最好与其他设备隔绝，灌装机的润滑部分与灌酒部分应防止交叉污染，输送带的润滑要用专用的肥皂水或润滑油。

3. 管道的洁净

一切与啤酒直接或间接接触的管道，都要保持洁净，每天要走水，每周要刷洗，每次要灭菌。

4. 压缩空气或 CO_2 的洁净

用于加压的压缩空气或 CO_2 都要进行净化，对无油空压机送出的压缩空气要进行脱臭、气水分离（干燥），要经常清理空气过滤器，及时更换脱臭过滤介质，排除气水分离器中的积水。对 CO_2 要经过净化、干燥处理，保证 CO_2 纯度达 99.5%以上。

5. 环境的洁净

保持灌酒车间环境的清洁卫生，每班都要进行清洁、灭菌。

（二）防止氧的进入

啤酒灌装过程中氧的进入对啤酒质量的危害很大，要尽可能减少氧的进入和降低氧化作用。

(1) 灌装前要用水充满管道和灌装机酒槽，排除其中的空气，再以酒顶水，减少酒与空气的接触。

(2) 适当降低灌装压力或适当提高灌装温度，减少氧的溶解。要求采用净化的 CO_2 作抗压气源，或用抽真空充 CO_2 的方法进行灌装。

(3) 加强对瓶颈空气的排除。啤酒灌装后，压盖之前采用对瓶敲击、喷射高压水或 CO_2、滴入啤酒或超声波振荡等，使瓶内啤酒释放出 CO_2 形成细密的泡沫向上涌出瓶口，以排除瓶颈空气。

(4) 灌装机尽可能靠近清酒罐，以降低酒输送中的空气压力，或采用泵送的办法，减少氧的溶解。

(5) 清酒中添加抗氧化剂如维生素 C（或其钠盐）、亚硫酸氢盐等。

（三）低温灌装

低温灌装是啤酒灌装的基本要求。啤酒温度低时 CO_2 不易散失，泡沫产生量少，利于啤酒的灌装。

(1) 啤酒灌装温度在 2℃，不要超过 4℃，温度高应降温后再灌装。

(2) 每次灌装前（尤其在气温高时），应使用 1～2℃的水将输酒管道和灌装机酒槽温度降下来，再进行灌装。

（四）灭菌

灭菌是保证啤酒生物稳定性的手段，必须控制好灭菌温度和灭菌时间，保证灭菌效果。同时，要避免灭菌温度过高或灭菌时间过长，以减少对酒体的损害，防止啤酒氧化。灭菌后的啤酒要尽快冷却到一定温度以下（要求35℃以下）。

五、啤酒的总损失率

（一）啤酒总损失的构成及损失率

啤酒的总损失率简称酒损，是指在整个啤酒生产过程中，所形成的热麦芽汁产量与经冷却、发酵、贮酒、过滤、罐装等各个工艺过程后，形成的啤酒实际产量之差和热麦芽汁产量的比值，用百分数表示。啤酒的总损失包括冷却损失、发酵损失、滤酒损失、罐装损失四部分，各部分的损失率见表6-1。

表6-1 啤酒总损失率的组成和损失率的比较 单位：%

名称	占总损失率	损失幅度
冷却损失	40～50	2.0～5.0
发酵损失	15～20	0.5～3.0
过滤损失	25～30	1.0～4.0
灌装损失	15～20	1.5～5.0

总损失率的计算公式如下：

总损失率＝[1－(1－冷却损失率)×(1－发酵损失率)×(1－过滤损失率)×(1－灌装损失率)]×100％

（二）控制啤酒总损失的方法

1. 冷却损失

(1) 损失部位：①输送过程中管道、容器中残留的麦芽汁；②废渣、废糟中的残留麦芽汁；③管道、阀闸的渗漏等。

(2) 控制方法：①减少输送环节与输送距离，用定量顶水办法顶送麦芽汁（包括薄板换热器）；②采用洗涤、压榨（过滤）和回收放入过滤槽；③经常检查、维修管道接头和阀门。

2. 发酵损失

(1) 损失部位：①麦芽汁和啤酒输送损失；②冷凝固物、酵母泥中的残留。

(2) 控制方法：①回收管道中残留麦芽汁、啤酒；②采用离心分离、过滤等回收麦芽汁、啤酒。

3. 过滤损失

(1) 损失部位：①酒头、酒尾损失；②管道、阀门的渗漏。

(2) 控制方法：①严格控制酒头、酒尾的浓度和回收数量；②经行检查、维修管道接头和阀门。

4. 灌装损失

(1) 损失部位：①灌酒阀的渗漏损失；②压力控制、酒温控制不当或因CO_2含量太高造成的喷溢损失；③玻璃瓶质量差引起的爆瓶损失；④清酒罐及管道残留损失。

(2) 控制方法：①选用高质量的灌装机，经常调节灌酒阀；②可在清酒灌和灌装机之间设置均压阀和过冷却器，CO_2含量控制按灌装机质量和酒温调节；③控制玻璃瓶质量，不合格啤酒瓶不能进入车间；④灌酒结束后将灌酒机酒槽、管道中的残酒压回清酒灌回收。

第三节　成品啤酒的质量标准

我国啤酒的质量标准执行 GB 4927—2008，对啤酒标准从感官、理化、卫生、保质期四个方面作了具体要求。

一、感官标准

（1）淡色啤酒的感官指标应符合表 6-2 规定。

表 6-2　淡色啤酒的感官指标

项　目			优　级	一　级
外观①	透明度		清亮透明，允许有肉眼可见的微细悬浮物和沉淀物(非外来异物)	
	浊度(保质期内)/EBC		⩽0.9	⩽1.2
泡沫	形　态		泡沫洁白细腻，持久挂杯	泡沫较洁白细腻，较持久挂杯
	泡持性②/s	瓶装	⩾180	⩾130
		听装	⩾150	⩾110
香气和口味			有明显的酒花香气，口味纯正，爽口，酒体协调，柔和，无异香、异味	有明显的酒花香气，口味纯正，较爽口，酒体协调，无异香、异味

① 对非瓶装的“鲜啤酒”无要求。
② 对桶装（鲜、生、熟）啤酒无要求。

（2）浓色啤酒、黑色啤酒的感官指标应符合表 6-3 规定。

表 6-3　浓色啤酒、黑色啤酒的感官指标

项　目			优　级	一　级
外观			酒体有光泽，允许有肉眼可见的微细悬浮物和沉淀物(非外来异物)	
泡沫	形态		泡沫细腻，挂杯	泡沫较细腻挂杯
	泡持性/s	瓶装	⩾180	⩾130
		听装	⩾150	⩾110
色度 EBC	浓色		15.0～40.0	
	黑色		＞40.0	
香气和口味			具有明显的麦芽香气，口味纯正，爽口，酒体醇厚，柔和，杀口，无异味	有较明显的麦芽香气，口味纯正，较爽口，杀口，无异味

二、理化标准

（1）淡色啤酒的理化指标应符合表 6-4 规定。

（2）浓色啤酒、黑色啤酒的理化指标应符合表 6-5 规定。

三、卫生标准

卫生指标按 GB 2758—2005 标准执行。

（1）感官指标　澄清清亮，允许有肉眼可见的微细悬浮物和沉淀物（非外来异物），无异臭及异味。

（2）理化指标　符合表6-6的要求。

表6-4　淡色啤酒的理化指标

项　目		优　级	一　级
酒精度[①]/%（体积比）	≥14.1°P	≥5.2	
	12.1～14.0°P	≥4.5	
	11.1～12.0°P	≥4.1	
	10.1～11.0°P	≥3.7	
	8.1～10.0°P	≥3.3	
	≤8.0°P	≥2.5	
原麦芽汁浓度[②]/°P	≥10.1°P	$X-0.3$	
	≤10.0°P	$X-0.2$	
总酸/（mL/100mL）	≥14.1°P	≤3.5	
	10.1～14.0°P	≤2.6	
	≤10.0°P	≤2.2	
CO_2[③]/%（质量比）		0.35～0.65	
双乙酰/（mg/L）		≤0.10	≤0.15
蔗糖转化酶活性[④]		呈阳性	

① 不包括低醇啤酒。

② X为标签上标注的原麦芽汁浓度，“$X-0.3$”、“$X-0.2$”为允许的负偏差。

③ 桶装（鲜、生、熟）啤酒CO_2不得小于0.25%（质量比）。

④ 仅对生啤酒和鲜啤酒有要求。

表6-5　浓色啤酒、黑色啤酒的理化指标

项　目	优　级	一　级
酒精度[①]/%（体积比）	≥14.1°P	≥5.2
	12.1～14.0°P	≥4.5
	11.1～12.0°P	≥4.1
	10.1～11.0°P	≥3.7
	8.1～10.0°P	≥3.3
	≤8.0°P	≥2.5
原麦芽汁浓度[②]/°P	≥10.1°P	$X-0.3$
	≤10.0°P	$X-0.2$
总酸/（mL/100mL）		≤3.5
CO_2[③]/%（质量比）		0.30～0.65
蔗糖转化酶活性[④]		呈阳性

① 不包括低醇啤酒。

② X为标签上标注的原麦芽汁浓度，“$X-0.3$”、“$X-0.2$”为允许的负偏差。

③ 桶装（鲜、生、熟）啤酒CO_2不得小于0.25%（质量比）。

④ 仅对生啤酒和鲜啤酒有要求。

表 6-6　理化指标

项　目	指　标
SO_2 残留量(游离 SO_2 计)/(g/kg)	≤0.05
黄曲霉毒素 B_1 含量/(μg/kg)	≤5
铅残留量(以 Pb 计)/(mg/L)	≤0.5
甲醛/(mg/L)	≤2.0
N-二甲基亚硝胺含量/(μg/L)	≤3

(3) 细菌指标　符合表 6-7 的要求。

表 6-7　细菌指标

项　目	指　标	
	生啤酒	熟啤酒
细菌总数/(个/mL)	—	≤50
大肠菌群/(个/100mL)	≤50	≤3
肠道致病菌	不得检出	

四、保质期

瓶装、听装熟啤酒保质期不少于 120 天（优级、一级），60 天（二级）；瓶装鲜啤酒保质期不少于 7 天；罐装、桶装鲜啤酒保质期不少于 3 天。

思考题

1. 简述啤酒过滤的目的与要求。
2. 简述板框式硅藻土过滤机的操作过程。
3. 简述提高啤酒非生物稳定性的措施。
4. 简述氧和氧化的危害及其预防措施。
5. 简述瓶装啤酒的包装过程。

参 考 文 献

[1] 丁立孝，赵金海. 酿造酒技术. 北京：化学工业出版社，2008.
[2] 岳春. 食品发酵技术. 北京：化学工业出版社，2008.
[3] 王传荣. 发酵食品生产技术. 北京：科学出版社，2006.
[4] 周广田，聂聪等. 啤酒酿造技术. 济南：山东大学出版社，2004.
[5] 顾国贤. 酿造酒工艺学. 北京：中国轻工业出版社，2002.
[6] 逯家富，赵金海. 啤酒生产技术. 北京：科学出版社，2007.
[7] 黄亚东. 啤酒生产技术. 北京：中国轻工业出版社，2010.
[8] 逯家富. 啤酒生产技术. 北京：科学出版社，2004.
[9] 徐清华，生物工程设备. 北京：科学出版社，2004.
[10] 周广田. 现代啤酒生产技术. 北京：化学工业出版社，2007.
[11] 程殿林. 啤酒生产技术. 北京：化学工业出版社，2010.
[12] 田洪涛. 啤酒生产问答. 北京：化学工业出版社，2007.
[13] 柳冰雄. 酿造酒工艺学. 北京：轻工业出版社，1985.
[14] 孙俊良. 发酵工艺. 北京：中国农业出版社，2002.
[15] 何国庆. 食品发酵与酿造工艺学. 北京：中国农业出版社，2001.
[16] 布里格斯. 麦芽与制麦技术. 北京：中国轻工业出版社，2005.
[17] 昆策（KunzeWolfgang）. 啤酒工艺实用技术. 第8版. 北京：中国轻工业出版社，2008.
[18] 张国平，等. 啤酒大麦品质的遗传和改良（英文版）. 杭州：浙江大学出版社，2009.
[19] 逯家富，等. 啤酒生产实用技术. 北京：科学出版社，2010.